優雅的 SciPy

Python 科學研究的美學

Elegant SciPy

The Art of Scientific Python

Juan Nunez-Iglesias, Stéfan van der Walt, and Harriet Dashnow 著

張靜雯 譯

© 2018 GOTOP Information, Inc.
Authorized Chinese Complex translation of the English edition of Elegant SciPy,
ISBN 9781491922873 © 2017 Juan Nunez-Iglesias, Stéfan van der Walt and Harriet Dashnow
This translation is published and sold by permission of O'Reilly Media, Inc., which owns or
controls all rights to publish and sell the same.

目錄

前言

> 和典型的婚紗不同，它很優雅 -- 在技術的用語中，「優雅」就像是一個只有短短幾行的演算法程式，卻能做出驚人的產出。
>
> —Graeme Simsion，*蘿西效應*

歡迎你閱讀本書，書裡大部分的內容都是在講書名中的“SciPy”，所以就在這兒花一點時間談一下，有關書名中的 Elegant（優雅）部分（譯註：原文書名為 Elegant SciPy）。已經有很多手冊、導覽和文件網站是介紹 SciPy 函式庫的了，所以本書要更往前再進一步，不僅僅是教你如何寫能用的程式碼，而是要啟發你寫出超讚的程式。

在*蘿西效應*這本書中（詼諧愛情故事，如果有興趣，可以從*蘿西效應*的前傳*蘿西計畫*開始閱讀這個愛情故事（*https://en.wikipedia.org/wiki/The_Rosie_Project*）），Graeme Simsion 將 Elegant 的字義作了兩次不同的解讀，原來這個字的意思是視覺上很簡潔、有型和優美，就像第一代的 iPhone。而 Graeme Simsion 書中主角 Don Tillman，用電腦演算法來*定義* Elegant 這個字，也就是讀或寫出 Elegant 的程式碼時，沐浴在它散發的美麗優雅光芒下，感覺平靜。

一段好的程式碼，讓人感覺什麼都對了，當你看著該段程式碼時，會感覺到它的意圖明顯，通常很簡潔（但又不會過於簡潔讓人看不懂），執行時也很有*效率*。對於作者而言，看著一段 Elegant 的程式碼所帶來的快樂，是從程式碼背後的學問而來，這些學問可以在日後撰寫程式碰到問題時，帶來新的啟發。

諷刺的是，這些新啟發往往引誘我們賣弄小聰明，去寫出晦澀難懂的程式碼。PEP8（Python 設計文件）以及 PEP20（Python 精神守則）提醒著我們“讀一段程式碼的機會，比寫一段程式來得多”，所以“易讀才是重點”。

有好的抽像結構與明智使用的函式，才能造就一段簡潔優雅的程式碼，光是將一堆亂七八糟的函式集結起來是無法達成的。面對簡潔優雅的程式碼，一開始可能要花一兩分鐘想一下，最終想通時，你會有“阿 - 哈！就是這樣”的反應。加上清楚的變數與函式名稱，以及謹慎專業的寫下註解，可以輔助閱讀者理解程式碼，一旦**理解**了程式碼的各種構成後，應該可以感受到它的正確性不言而喻。

在紐約時報（*New York Times*），一位名為 J. Bradford Hipps 軟體工程師最近發表了一篇“to write better code,[one should] read Virginia Woolf”（譯註：想要寫好程式碼，就要讀維吉尼亞 . 吳爾芙）的文章（*http://nyti.ms/2sEOOwC*）：

> 實際上，軟體工程師的創造力比邏輯能力好。
>
> 面對程式編輯器的開發者，如同面對空白頁的作家一樣。[...] 他們同樣焦慮著，是要選擇“一直以來都是這麼做”，或是打破傳通的慾望。當程式碼模組完成或是文章完成後，衡量他們產出品質的標準也一樣：包括優雅、簡潔、一致性，甚至是不對稱的美麗。

本書的重點也在於此。

好了，現在關於 Elegant 的部分已經講完了，讓我們回到“SciPy”吧！

在不同的語境下，“SciPy”這個名詞可代表一個軟體函式庫、一個生態圈或是社群。讓 SciPy 這麼讚的主要原因，就是因為它有傑出的線上文件（*https://docs.scipy.org*）和教學（*http://www.scipy-lectures.org*），再出一本普通參考書已經沒有太大意義，所以本書的目標就是要用 SciPy 產生最好的程式碼。

本書的程式碼，都是從 NumPy、SciPy 或相關函式庫中，選取聰明又優雅程式碼。初學讀者可學到如何將這些函式庫應用在真實世界問題，我們也會用真實的科學數據來作為範例。

我們也希望這本書如同 SciPy 本身一樣，背後由社群驅動，所以我們從 Python 的生態圈裡取出具優雅原則程式碼，來當作我們的範例。

本書讀者

本書的目的是要讓你的 Python 能力晉級到全新境界，藉由範例中優良的程式碼來學習 Python。

我們設定讀者至少見過 Python，並知道變數、函式、迴圈或是用過一點 NumPy，甚至曾經用 Python 的進階教材，如 *Fluent Python*。如果以上描述與你不符，則在進入本書之前，請先閱讀一些初階的 Python 教學，例如 Software Carpentry（*http://software-carpentry.org*）。

也許你還不知道“SciPy stack”到底是一個函式庫或是 International House of Pancakes（譯註：IHOP，美國的連鎖餐聽）的一道點心，而且你也不知道最佳做法（best practice）是什麼。或是你是一位科研人員，已經讀過一些線上 Python 教學，也從其它的研究室或是前輩那取得了一些分析腳本，也試過亂搞一下這些腳本了。此時你可能在學習 Python 的過程之中感覺孤立無援，但事情並不是你想的那樣。

在我們的內容中，會教你如何在網路上查到你要的資料，也會告訴你郵件討論串、repository 及會遇見學者前輩的研討會在何處。

這是一本讓你讀一次，日後需要找靈感時會一直回來看的一本書（也許是回來找某段優雅的程式碼）。

為何選用 SciPy？

在 Python 科研生態系中主流函式庫為 NumPy 和 SciPy，SciPy 這個軟體函式庫內含研究資料的函式，例如統計、訊號處理、影像處理及函數最佳化。SciPy 是架構在 NumPy 之上，NumPy 是 Python 的數值陣列計算函式庫。由於有了 NumPy 和 SciPy，整個應用和函式庫的生態系在過去幾年發展迅速，含括多種學科如：天文學、生物學、氣象學、氣候科學、材料學及其它。

這種增長沒有消退的跡象，在 2014 年 Thomas Robitaille 和 Chris Beaumont 說（*http://bit.ly/2sF5dRM*）Python 在天文學中使用率增加。而以下是我們更新（*http://bit.ly/2sF5i82*）他們的圖形至 2016 下半年：

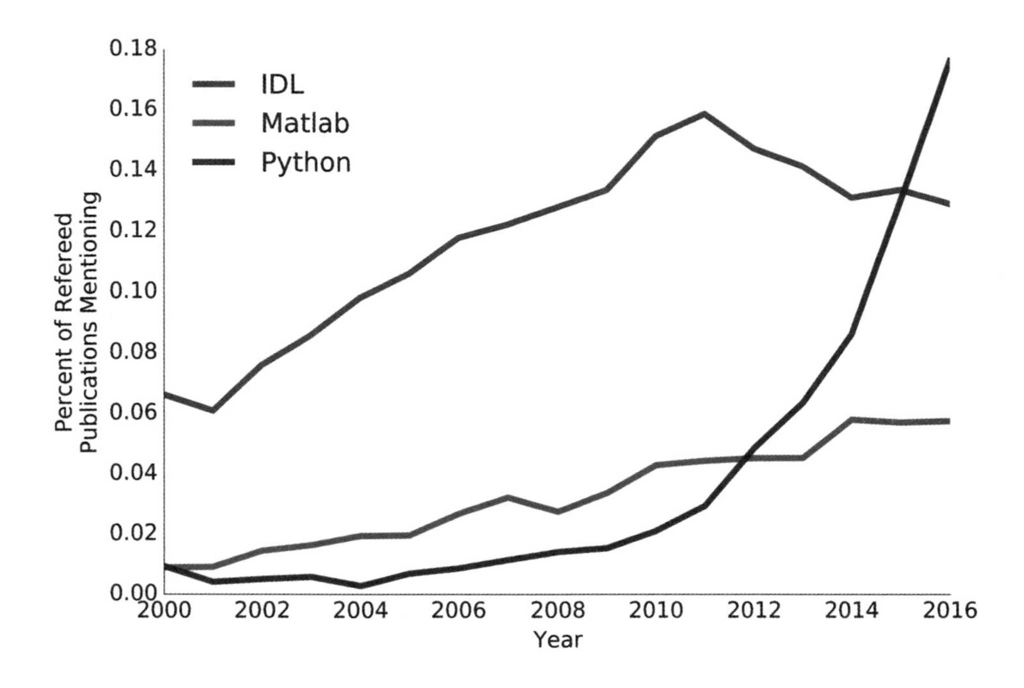

顯然，SciPy 和相關的函式庫將會主導接下來幾年的科學研究資料分析。

Software Carpentry（*http://softwarecarpentry.org*）是另外一個例子，這個組織專門教科研要用的電腦技巧，大多數都使用 Python，目前需求仍然大過於供給。

什麼是 SciPy 生態圈？

> *SciPy*（唸作 *Sign Pie*）是一個以 *Python* 為基礎的開源軟體，應用於數學、科學和工程的生態圈。
>
> —*http://www.scipy.org*

SciPy 生態圈指的就是各種 Python 套件。在本書裡，我們會用到數個其中主要成員：

- **NumPy**（*http://www.numpy.org*）是 Python 中的科研基礎函式庫，它提供了有效率的陣列運算以及廣泛支援各種數字計算，包含線性代數、隨機數、傅利葉轉換等。NumPy 的殺手級應用是 "N 維度陣列" 或 ndarry，這些資料結構能有效率的儲存數值並定義任意維度的陣列（隨後會有更多介紹）。

- **SciPy**（*http://www.scipy.org/scipylib/index.html*）函式庫，是一群有效率的數值演算法的集合，應用在訊號處理、積分、最佳化和統計領域。SciPy 將這些演算法包裝成對使用者比較友善的介面。
- **Matplotlib**（*http://matplotlib.org*）是用來描繪 2D 圖（以及基礎的 3D 圖）的強效工具，它的名稱由來是因為其語法受 Matlab 啟發。。
- **IPython**（*https://ipython.org*）是一個 Python 的互動介面，可以讓你快速的測試資料。
- **Jupyter**（*http://jupyter.org*）是一個運作在你瀏覽器中的筆記本，讓你可以建立含有程式碼、文字和數學運算式，以及互動 widget[1] 的豐富文件格式文件。事實上，本書的內容文字就被轉換到 Jupyter 筆記本中，執行後產出本書（這樣一來我們才知道所有的範例程式能正確運作）。Jupyter 是由一個 IPython 擴展開始發展的，現在已經可以支援多種程式語言、包含 Cython、Julia、R、Octave、Bash、Pearl 和 Ruby。
- **pandas**（*http://pandas.pydata.org*）提供快速、欄為單位的資料結構在一個容易使用的套件中。它適合搭配標籤資料集合使用，例如：關連式資料庫的資料表、管理時間序列資料和滑動視窗。pandas 裡也有一些好用的資料分析工具，用來分析清理、群聚或描圖。
- **scikit-learn**（*http://scikit-learn.org*）為機器學習提供一個統一的介面。
- **scikit-image**（*http://scikit-image.org*）提供一個可整合其它的 SciPy 生態圈的影像分析工具。

SciPy 裡還有其它的 Python 套件，我們在書本也會看到一些。雖然目書重點放在 NumPy 和 SciPy 上，但許多關聯套件，是造就 Python 在科學研究界強大影響力的原因。

Python 2 到 Python3 的大變化

在你與 Python 相伴的旅程之中，你可能已經聽過一些人爭執著哪一版 Python 比較好。你可能會想不通，通常最新的版本不就是最好的嗎？（有雷劇透：最新的的確最好）

在 2008 年底，Python 核心開發者發布了 Python 3，主要更新是支援較好的 Unicode 處理、型態一致性和串流資料處理。但情況就像 Douglas Adams 嘲弄著宇宙的生成 [2] “這件

1 Fernando Perez, "'Literate computing' and computational reproducibility: IPython in the age of data-driven journalism" (*http://bit.ly/2sFdfdl*) (blog post), April 19, 2013.

2 Douglas Adams, *The Hitchhiker's Guide to the Galaxy* (London: Pan Books, 1979).

事已惹惱了一票人，而且被認為不是明智的行為。”，這樣的情況肇因於 Python 2.6 或 2.7 程式碼無法不加以修改直接轉換成 Python 3.0（雖然要改的地方也不是特別多）。

持續前進與向後相容之間，永遠都會有一點難以兩難。特別是底層的 C API 而言，Python 核心團隊覺得要有一些決斷才能擺脫過去的桎梏，著手將這個語言推向 21 世紀（Python 1.0 是 1994 年發表，已經超過 20 年了，在科技世界裡 20 年差不多是一輩子了）。

以下是 Python 3 進階版的其中一項變化：

```
print "Hello World!"  # Python 2 print statement
print("Hello World!") # Python 3 print function
```

只是加個括號幹嘛大驚小怪！呃，也是啦。不過萬你一想要把訊息改為輸出到其它的**串流輸出介面**呢？例如習慣上是將錯誤訊息指定送到**標準錯誤**（*standard error*）輸出。

```
print >>sys.stderr, "fatal error"  # Python 2
print("fatal error", file=sys.stderr)  # Python 3
```

改版以後看起來清楚多了，Python 2 版本的寫法令人困擾。

別外一個 Python 3 進階版變更是整數除法，改為人類習慣使用的除法形式。（註 >>> 表示我們是在 Python 的互動介面 shell 中下命令）

```
# Python 2
>>> 5 / 2
2
# Python 3
>>> 5 / 2
2.5
```

當 Python 3.5 在 2015 年發表了新的**矩陣乘法運算子**（*matrix multiplication*）@時，我們超興奮在第 5 章和第 6 章有這個運算子的使用範例！

Python 3 最大的變革應該就是支援 Unicode 吧！ Unicode 是一種編碼文字，讓使用者不限於只能使用英文字母，而是可以使用全世界的字母，在 Python 2 中使用 Unicode 需要另行定義，如：

```
beta = u"β"
```

但是在 Python 3，可以在**任意**地方使用 Unicode：

```
β = 0.5
print(2 * β)

1.0
```

Python 的核心團隊決定，世界所有語言的字母對 Python 而言都一樣尊貴。如果新的程式碼編寫者是來自非英語系國家時，這一點特別好用。不過考慮到共用性問題，我們基本上還是建議使用英文字母進行程式碼撰寫，但這個 Unicode 的支援，在 Jupyter 筆記本這種數學導向的工具裡還是特別好用。

在 IPython 終端或 Jupyter 筆記本中，若輸入一個 LaTeX 符號名稱，後面再接一個 TAB 鍵，它就會變成 Unicode，例如：`\beta<TAB>` 會變成 β。

Python 3 的更新使得部分既存 2.x 程式碼無法執行，有些變得執行速度比以前緩慢。若不考慮這些相容性問題的話，由於大多數的已知問題在 Python 3 已獲修正，所以我們建議所有使用者儘快昇級到 Python 3（Python 2.x 現在已進入維護階段，這個維護階段會到 2020 年為止），我們在本書裡也會使用到很多 Python 3 的新功能。

本書使用的版本是 **Python 3.6**。

關於更多昇級問題，可以閱讀 Ed Schofield 的 Python-Future 以及 Nick Coghlan 教學（*http://bit.ly/2sEZoUp*）。

SciPy 生態圈和社群

SciPy 是一個擁有許多功能的函式庫，和 NumPy 一起使用的話，它就變成 Python 的殺手級應用之一。它的功能已經是許多函式庫的基礎，你將會在本書內容中碰見那些函式庫。

上面提到的函式庫的作者與眾多使用者，在世界各地有很多活動和研討會，包括在美國 Austin 的年度 SciPy 研討會、EuroSciPy（歐洲）、SciPy India（印度）、PyData 以及其它。我們很建議你參加其中其中一個，見見那些在 Python 世界裡最好的科研軟體的作者們。如果你無到親臨現場，只是好奇想看看這些研討會是在做什麼，線上也有許多公開的演講連結（*https://www.youtube.com/user/EnthoughtMedia/playlists*）。

免費開源軟體（FOSS）

SciPy 社群支持開源軟體開發，幾乎所有 SciPy 函式庫的原始碼都可以讓任何人自由的讀取、編輯和使用。

如果你想要讓其它人使用你的程式碼，最好的方法就是讓它免費且公開，如果你使用了閉源程式碼軟體（相對於開源），但它的動作和你想要的有異，那就太不幸了。你只能寫郵件給開發者，並請他們加入你想要的新功能（最終可能也不會實現），或是自己重寫一套新的。如果程式碼是開源的，你就可以使用在本書學到的技巧輕易對它進行加入或修改功能。

而且，萬一你發現程式有問題，能夠直接取存原始碼進行修改，對開發者或使用者來說都輕鬆。即便你無法完全瞭解程式碼，也可以在問題分析上更深入一點，這能幫助開發者修正問題，對每個人來說都是學習的機會！

開放原始碼和開放科學

在科研界的程式寫作，以上所說的都很常見而且重要：科研用軟體通常都架構在前人的結果，或照自己的想法修改它。而且，由於科學研究持續推進發表，許多程式碼並沒有在發佈前經過詳盡的測試，多少隱含大小不一的問題。

另外一個讓程式碼開源的好理由是推廣研究的再利用，我們或許都讀過一些很酷的論文，下載程式碼並試著用它搭配我們自有的資料執行，不料發現我們的系統無法生成執行檔，或是無法執行，或發現有問題、功能不正常、結果不正確等情況。藉由將科研軟體開源，不僅是能提昇軟體的品質，也可以查看理論到底是如何實作的、作了哪些假設，或甚至就是內定值而已？開源能解決很多上述的問題，能讓其它科學家使用其它科學家的程式碼，促成新的合作機會或是加速科研的進度。

開放原始碼授權

如果你想讓別人使用你的程式碼，首先你**必須**對程式碼進行授權。如果你沒有做這個授權的動作，原則上它就不是開源的。即使你公開你的程式碼也一樣（例如：放在公眾可存取的 GitHub 上），如果沒有進行軟體的授權動作，別人就不能使用、編輯或是發布你的程式碼。

當在選擇授權種類時，首先你要決定想讓別人怎麼使用你的程式碼。你想要大家可以進行販售圖利？或是可銷售內含你程式碼的軟體？或是你想要限制只有免費散佈的軟體才能使用你的程式碼？

FOSS（Free and Open Source Software）授權可以大致分為兩種類：

- Premissive
- Copy-left

Premissive 授權，是指你讓任何人都可以用任何形式使用、編輯和發布你的程式碼，包括將你的程式碼放入商業軟體中。這個分類中，常見的有 MIT 和 BSD 兩種授權。SciPy 社群使用的是 New BSD License（又稱“Moditied BSD”或“3-Clause BSD”）。使用這授權表示會收到形形色色大眾對程式碼的修改，包括產業界公司和新創公司等。

Copy-left 授權，意指你讓任何人都可以用任何形式使用、編輯和發布你的程式碼，這種授權規定衍生的程式碼發布時，也要以 Copy-left 授權進行。在這個前提之下，Copy-left 授權產生使用者使用程式碼的限制。

最常見的 copy-left 授權是 GNU Public License，或稱 GPL。使用 Copy-left 授權最大的缺點是拒絕潛在使用者和營利事業，甚至是未來的你自己的使用！大幅度的降低會使用你程式碼的使用者總數，削減你軟體的成功。在科研界中可能會導致引用數變少。

如果在選擇授權種類上需要更多輔助資訊，你可以到 Choose a License 網站（*http://choosealicense.com*）。如果是在科研界，我推薦由 Washington 大學 Physical Sciences 的研究主任，也是全能的 SciPy 專家 Jake VanderPlas，他所發表的一篇部落文章“The Whys and Hows of Licensing Scientific Code”（*http://bit.ly/2sFj0HS*），我直接在下面引用 Jake 對於軟體授權切中要領的重點：

> …如果你只想從這篇文件中得到三個重點資訊，那就會是以下三點：
>
> 1. 永遠對你的程式碼進行授權動作，未授權的程式碼是閉鎖的程式碼，所以任何形式的開源授權都比閉鎖來得好（注意事項請接著看第 2 點）。
> 2. 永遠使用 GPL-compatible 的授權型態，GPL-compatible 授權讓你的程式碼有廣泛的相容性，型態包括 GPL、new BSD、MIT 及其它（注意事項請接著看第 3 點）。
> 3. 永遠使用 permissive 型態、BSD-style 授權。像 new BSD 或 MIT 這種 permissive 型態授權比 copyleft 型態如 GPL 或 LGPL 來得好。

本書中的所有程式碼都是 3-Clause BSD 授權，因為我們從別人取得的程式碼，大多都是 premissive 授權，或是其它類似授權（不一定是 BSD）。

至於你自己的程式碼，我們建議你遵守你的社群定義。在科研界的 Python 社群，通常是 3-Clause BSD，如果是 R 語言社群，就是 GPL 授權。

GitHub

關於發布程式碼時，應做開源授權這件事情已經說完了。希望可以有大量的人下載你的程式碼並使用它、修正錯誤，並加入新功能。但你要把程式碼放在哪，才能讓別人找到呢？問題修正以後及新增功能以後的程式碼要如何加回你的程式碼之中呢？你要怎麼持續追蹤這些問題和修正呢？你可以想像，如果沒有善加管理，事情很快就會失去控制了。

請到 GitHub。

GitHub（*https://github.com*）是一個托管、分享和開發程式碼的網站，它的基礎是 Git 版本控制軟體（*http://git-scm.com*）。對於學習如何使用 GitHub 有一些很好的資源，例如 Peter Bell 和 Brent Beer 的 *Introducing GitHub*。在 SciPy 生態圈裡大多數專案都托管在 GitHub 上，所以學習一下怎麼使用它是很值得的。

GitHub 對開源貢獻有巨大的影響，因為它允許使用者可以免費公開程式碼或是協同工作。不管是誰都可以建立複製一份程式碼（稱為 *fork*），並隨心所欲進行編輯。這些人最終把變更合併回原來程式碼的動作稱為 *pull request*。另外還有一些很好的功能像是問題管理和變更請求，或是管理誰能夠直接編輯你的程式碼。你甚至可以持續追蹤編緝、程式碼貢獻者，或其它有趣的東西。GitHub 的功能有一大堆，但我們在後面幾章會介紹其中一些，留下大部分讓你自己去探索。總歸來說，GitHub 已經在軟體開發界大眾化（圖 P-1），也降低了進入的門檻。

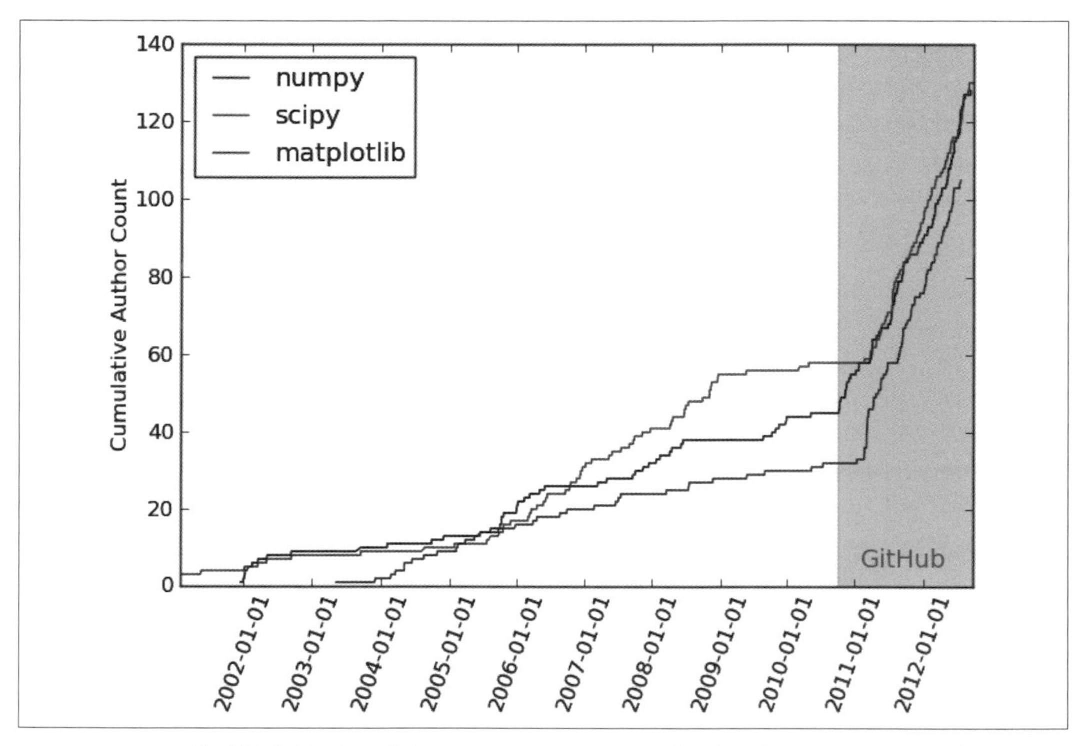

圖 P-1　GitHub 的影響（本圖取得作者 Jake VanderPlas 的同意後使用）

讓你自己在 SciPy 生態圈插旗

隨著你愈來愈熟悉 SciPy，並開始在你的研究中使用它，你可能會遇到某個套件缺乏你需要的功能，或你想要將某件事改良更有效率，或發現有問題。當你碰到這種情況時，就表示你該對 SciPy 生態圈作出貢獻的時候到了。

我們強烈的建議你試著做以下的動作，社群之所以存在，就是因為人們願意分享或改良既有程式碼，並且，如果每個人都貢獻一點點，集結起來力量就很大。但在這種大愛的貢獻之下，還是有一些實際的個人利益。藉由社群的力量，你可以變成更好的撰寫者，所有你所貢獻的程式碼，都會被別人檢查過，並給你一些回饋意見。而且，你會在過程中學到如何使用 Git 和 GitHub，它們是管理和分享你程式碼的有力工具。甚至可能在 SciPy 社群中取得廣大的科研人脈，或是令人驚喜的事業機會。

我想要你不只當自己只是 SciPy 使用者，請加入一個社群，並用你的力量促使科研界進步。

Py 的世界中充滿奇思妙想

萬一你擔心 SciPy 社群對菜鳥不友善，請記得社群是由一群像你的人或科學研究者所組成，通常具有很好的幽默感。

在 Python 的世界中，難免會看到一些類似蒙提·派森劇團（英語：Monty Python，也作 The Pythons，英國的一個超現實幽默表演團體）的幽默，像是 Airspeed Velocity（*http://spacetelescope.github.io/asv/using.html*）是用來測量你的軟體執行速度（之後會再講到），它的名稱是來自“*Monty Python and the Holy Grail*”裡的台詞“what is the airspeed velocity of an unladen swallow ？”。

另外一個有好玩名稱的套件叫“Sux”（譯註：是 sucks 的口語），功能是讓你在 Python 3 裡用 Python 2 的套件，名字是取“Six”的紐西蘭口音，而“Six”是讓你在 Python 2 裡用 Python 3 語法的套件。Sux 的語法可以舒緩你在 Python 3 時使用到只支援 Python 2 套件時的不爽心情：

```
import sux
p = sux.to_use('my_py2_package')（譯註：sux.to_use ==> sucks to use）
```

一般來說，Python 函式庫的命令都很歡樂，我期待你也可以享受於製造一些有趣的名稱！

協助

當我們 Google 想要做的事，或是查詢出現的錯誤訊息時，通常會看到 Stack Overflow（*http://stackoverflow.com/*）網站，它是一個優良的程式設計的問與答網站。如果你一下子找不到想找的東西，只要試著將你的搜尋關鍵字修改一下，看看是不是也有其它的人碰到類似的問題。

有時候，你可能真的是第一個碰到這個問題的人（特別可能在你使用一個全新的套件時發生），此時請不要放棄希望！之前我們說過，SciPy 社群是由一群散布網路各處友善的人士所組成，所以你的下一步是 Google“`<library name> mailing list`”，以找到郵件討論串來取得協助。函式庫作者和強者前輩會定期讀取這些郵件，而且也很歡迎新人加入討論。請注意，在張貼（post）訊息以前要先訂閱（*subscribe*）的規定，如果你沒有遵守，就表示會有某個人得手動檢查你的郵件是不是垃圾郵件，確認不是以後才能進行張貼，加入郵件討論串的步驟看起來有點煩人，不過我們還是高度推薦，因為這是學習的好地方！

安裝 Python

雖然本書假設你已經有 Python. 3.6 可以使用（或更新版），而且也已安裝好需要的 SciPy 套件。我們還是在 *environment.yml* 檔案中列出所有會用到的東西及版本，和本書資料一同存放。要得到所有元件，最簡單的方法就是安裝 conda（*http://conda.pydata.org/miniconda.html*），它是一個管理 Python 環境的工具。你可以將 *environment.yml* 檔傳給 conda，它會一次將需要的東西及正確的版本都安裝好。

```
conda env create --name elegant-scipy -f path/to/environment.yml
source activate elegant-scipy
```

可以到本書的 GitHub repository（*https://github.com/elegant-scipy/elegant-scipy*）獲取更多訊息。

本書資源

所有本書會用到的程式碼和資料都可以在 GitHub repository（*https://github.com/elegant-scipy/elegant-scipy*）取得。在 repository 中的 README 檔裡，有如何從 markdown 原始碼建置 Jupyter 筆記本的步驟說明，完成後就可以使用 repository 裡的資料來進行動作。

深入

我們集結 SciPy 社群裡最優雅的程式碼成為本書，用來探索真實世界 SciPy 可解決的科學問題。這本書也會帶領你進入一個歡迎新人加入又互相合作的科學編碼的社群。

歡迎閱讀 *Elegant SciPy*《*優雅的 SciPy*》。

本書編排慣例

本書以下列各種字體來達到強調或區別的效果：

斜體字（*Italic*）

代表新名詞、網址 URL、電子郵件、檔案名稱，以及檔案屬性。中文以楷體表示。

定寬字（`Constant width`）

用於標示程式碼，或是在本文段落中標註程式片段，如變數或函式名稱、資料庫、資料型別、環境變數、陳述式、關鍵字等等。

定寬粗體字（**`Constant width bold`**）

標示指令或其他由使用者輸入的文字。

定寬斜體字（*`Constant width italic`*）

標示應以使用者輸入或是依前後文決定內容來取代的文字。

這個圖示代表提示或建議。

這個圖示代表一般註解。

這個圖示代表警告或需要特別注意的地方。

色彩的使用

有些範例使用了色彩標示，在紙本書上不能看到這些色彩，請紙本書的讀者到 glegant-scipy.org 上參考本書的原始碼。

使用範例程式

本書的程式碼範例可於 *https://github.com/elegant-scipy/elegant-scipy* 取得。

本書的目的為協助你完成工作。一般而言，你可以在自己的程式或文件中使用本書的範例程式碼，除非重製了程式碼中的重要部分，否則無須聯絡我們。例如，為了撰寫程式而使用了本書中的數個程式碼區塊，這樣無須取得授權，但是將書中的範例製作成光碟並銷售或散佈，則需要取得授權。此外，在回覆問題時引用了本書的內容或程式碼，同樣無須取得授權，但是把書中大量範例程式放到你自己的產品文件中，就必須要取得授權。

雖然沒有強制要求，但如果你在引用時能標明出處，我們會非常感激。出處一般包含書名、作者、出版社和 ISBN。例如：「*Elegant SciPy* by Juan Nunez-Iglesias, Stéfan van der Walt, and Harriet Dashnow (O'Reilly). Copyright 2017 Juan Nunez-Iglesias, Stéfan van der Walt, and Harriet Dashnow, 978-1-491-92287-3」。

假如你不確定自己使用範例程式的程度是否會導致侵權，歡迎隨時聯絡我們：*permissions@oreilly.com*。

致謝

我們要感謝很多很多對本書作重要奉獻的人，若沒有這些人的幫助，就不會有這本書的存在。

首先，感謝 NumPy、SciPy 及其它相關函式庫貢獻者，希望本書可以將其卓越貢獻表達出來。

再來，許多貢獻者來自 SciPy 科研界，包括對好幾個章節提供理論基礎的：Vighnesh Birodkar、Matt Rocklin 以及 Warren Weckesser。我們也必須一定要感謝那些在出版時無法收錄的貢獻者，你們的產出很有啟發性，希望在本書的新版可以收錄。也感謝 Nicolas Rougier 的建議，我們已將這些建議作成範例和練習題了。

還有其他人提供我們數據和程式碼，這大大省節我們搜尋和探查的時間。Lav Varshney 提供線蟲腦神經空間分布圖 MATLAB 程式碼（第 3 和第 6 章），還有 Stefano Allesina 所提供 St. Mark food 網站資料（第 6 章）。

我們非常感激在本書出版期間，提出建議和修正錯誤的每個人，其中包括 Bill Katz、Matthias Bussonnier 以及 Mark Hyun-ki Kim。

還要感謝 Thomas Caswell、Nelle Varoquaux、Lav Varshney 和 Greg Wilson 所做的技術檢閱，他們在忙錄之中抽時間看完初稿，並提供他們的專業建議。

我們仍然會持續的從你 / 妳，也就是親愛的讀者們回收建議並持續改善本書，但在那之前都是由我們的朋友和家人先看過初稿，並提供很有價值的回饋、建議和鼓勵。我要對 Malcolm Gorman、Alicia Oshack、PW van der Walt、Simon Kocbek、Nelle Varoquaux 以及 Ariel Rokem 說聲：謝謝你們。

當然，我們要感謝 O'Reilly 的編緝 Meg Blanchette、Brian MacDonald 以及 Nan Barber。特別是 Meg，她就是找我們出這本書的人，也是在我們完全不知道要如何下手時，提供非常有價值的引導的人。

第一章

優雅的 NumPy：科研界 Python 的基礎

> *[NumPy]* 它無所不在，處處圍繞著我們，即使是現在，在這個房間裡。當你打開窗戶或是打開電視時都可以看到它的蹤跡，上班 ... 去教堂 ... 繳稅時都可以感受到它。
>
> —莫菲斯，駭客任務

本章會談到一些 SciPy 的統計及其它功能，著重在學習 NumPy 陣列，它是 Python 中用來作數值計算的資料結構。我們在接下來的內容中會看到 NumPy 的陣列是如何有效率地運算數值資料。

從本章開始到第二章，我們會用 The Cancer Genome Atlas（TCGA）專案的基因表現資料來預測皮膚癌病患的死亡率，並在過程中學習一些重要的 SciPy 觀念。在我們作死亡率預測之前，為了能在不同的個體和基因之間比較測量值，所以要先把基因表現（gene expression）資料做 RPKM 正規化（稍後會解釋什麼叫做基因表現）。

先從一小段程式範例開始介紹本章的主要概念。之後的每一章，我們都會以一段程式碼範例作為開頭，這些範例在 SciPy 生態圈的不同應用中，都堪稱優雅又強大的程式碼。在這一個範例中想強調的是 NumPy 的向量化和廣播規則，可用來有效率地操作資料陣列。

```
def rpkm(counts, lengths):
    """Calculate reads per kilobase transcript per million reads.

    RPKM = (10^9 * C) / (N * L)
```

```
    Where:
    C = Number of reads mapped to a gene
    N = Total mapped reads in the experiment
    L = Exon length in base pairs for a gene

    Parameters
    ----------
    counts: array, shape (N_genes, N_samples)
        RNAseq (or similar) count data where columns are individual samples
        and rows are genes.
    lengths: array, shape (N_genes,)
        Gene lengths in base pairs in the same order
        as the rows in counts.

    Returns
    -------
    normed : array, shape (N_genes, N_samples)
        The RPKM normalized counts matrix.
    """
    N = np.sum(counts, axis=0)  # sum each column to get total reads per sample
    L = lengths
    C = counts

    normed = 1e9 * C / (N[np.newaxis, :] * L[:, np.newaxis])

    return(normed)
```

這個範例展示了 NumPy 陣列的幾個用法，這些用法讓你的程式碼更簡潔：

- 陣列可以是一維，像串列一樣，但也可以是二維，像矩陣一樣，也可以是更高的維度。這個特性可以用來代表不同種類的數值資料，在我們的例子中所運算的是二維矩陣。
- 陣列可以和**座標軸**一起運作，在第一行，我們就藉指定 `axis=0` 來計算每個欄位的總合。
- 陣列容許將許多數值運算一起做。舉例來說，在函式結尾處，我們將基因計數的二維陣列（C）除以欄位加總的一維陣列（N），這就是廣播。待會就會有更多例子用來說明什麼是廣播。

在探索 NumPy 的強大功能之前，先看一下我們要使用的生物數據資料。

數據介紹：什麼是基因表現？

接下來要藉由分析基因表現來看 NumPy 和 SciPy 如何解決真實世界生物問題。我們將會用建構在 NumPy 之上的 pandas 函式庫讀取資料檔，然後將這些資料用 NumPy 陣列作計算。

分子生物學的中心法則（central dogma of molecular biology）（*https://en.wikipedia.org/wiki/Central_dogma_of_molecular_biology*）指出，一個細胞（或是一個有機體）運作的所需一切資訊，都被儲存於一個稱為**去氧核醣核酸**（*deoxyribonucleic acid*，DNA）的分子中。這個分子有著重覆的骨幹，上面依次序排列**化學鹼基**（*base*）群（如圖 1-1）。鹼基群分為四種，分別為胞嘧啶（cytosine，C）、胸腺嘧啶（thymine，T）、腺嘌呤（adenine，A）以及鳥嘌呤（guanine，G）。

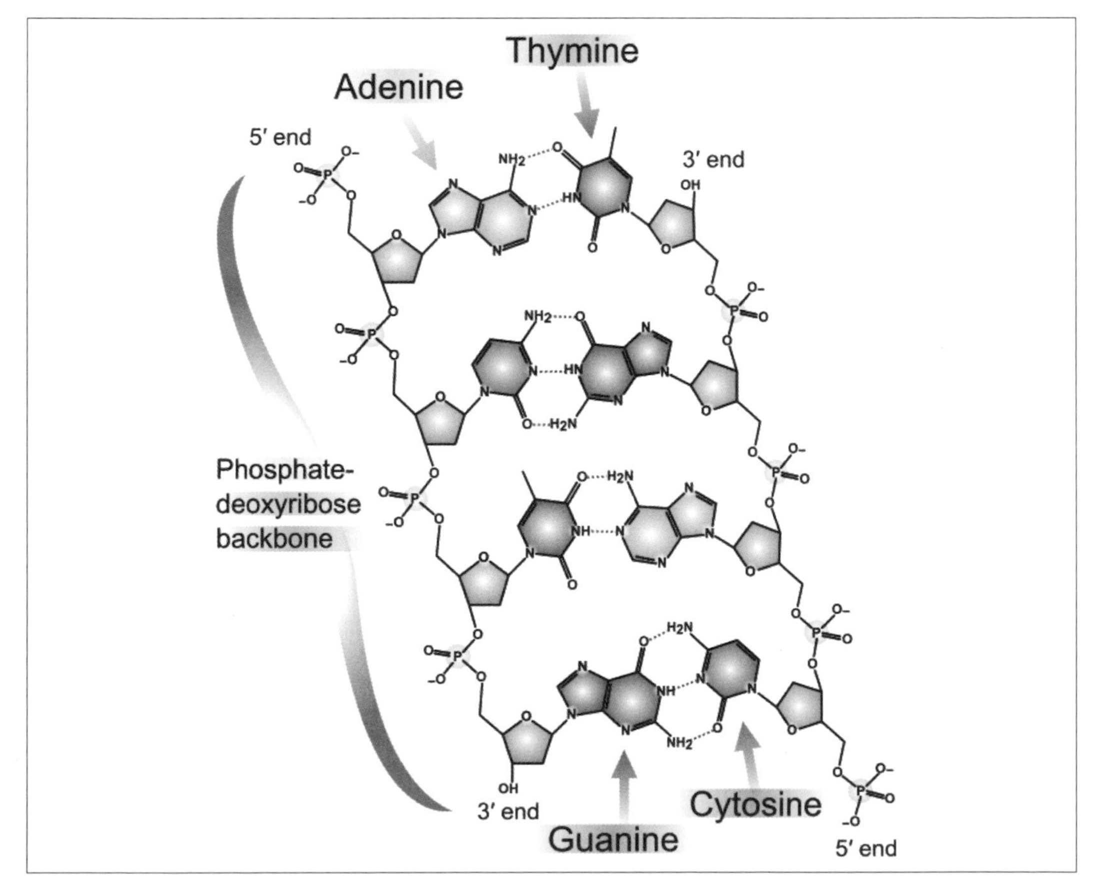

圖 1-1　DNA 的化學結構（此圖由 Madeleine Price Ball 提供，在 CC0 public domain license 授權下使用）

若想存取這些鹼基資訊，要先將 DNA **轉錄**為它的姐妹分子 mRNA（*messenger ribonucleic acid*）才行。mRNA 最終會被**轉譯**為蛋白質，蛋白質被細胞使用（如圖 1-2），DNA 中記錄如何生成蛋白質的區段（透過 mRNA）被稱為基因。

從一個特定基因可生成多少 mRNA，稱為此基因的表現。雖然在理想上我們應該測量的是生成的蛋白質量，但由於測量蛋白質的量比測量 mRNA 難上許多，還好基因生成 mRNA 的表現程度通常和它能生成多少蛋白質存在有相關關係[1]。所以，我們通常是測量生成 mRNA 的表現程度，並使用這個測量結果進行研究分析。接下來你會看到，我們不是用蛋白質，而是使用 mRNA 表現程度來預測生物差異。

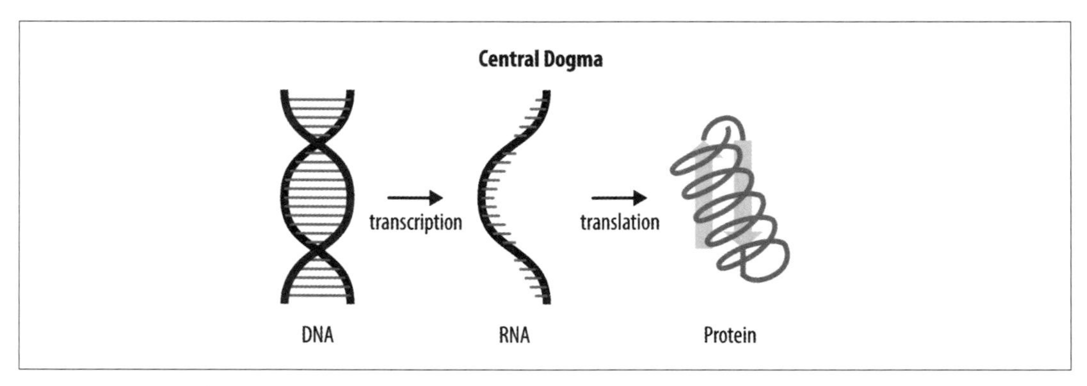

圖 1-2　分子生物學的中心法則

讓我們先瞭解一件事，就是你身體裡每個細胞裡的 DNA 都是一樣的，而不同種類細胞間的差異是由 DNA 轉錄為 RNA 時的**差異表現**（*differential expression*）造成：也就是說會有不同細胞的原因，是因為不同區段的 DNA 被處理，產生不同的分子（如圖 1-3）所造成。在本章和下一章裡會看到，藉由不同的基因表現就能區分出不同種類的癌症。

目前最先進的 mRNA 測量技術是 RNA 定序（RNA seq）。首先，要從生物組織樣本（例如病人的活體組織切片）取得 RNA，然後反轉錄回到 DNA（比較穩定），之後要用化學修改過的鹼基，而這些鹼基被併入 DNA 序列時會發亮，便可以被讀出。至今，高效的讀序機器也只能讀出簡短片段（通常大約是 100 個鹼基左右）。這樣的簡短片段被稱為 "read"。我們測量數以百萬計的 read，用它們的鹼基排列順序來計算從每個基因來的 read 數量有多少（如圖 1-4），我們的分析就用這個計算數據結果來做。

1　Tobias Maier, Marc Güell, and Luis Serrano, "Correlation of mRNA and protein in complex biological samples" (*http://bit.ly/2sFtzLa*), FEBS Letters 583, no. 24 (2009).

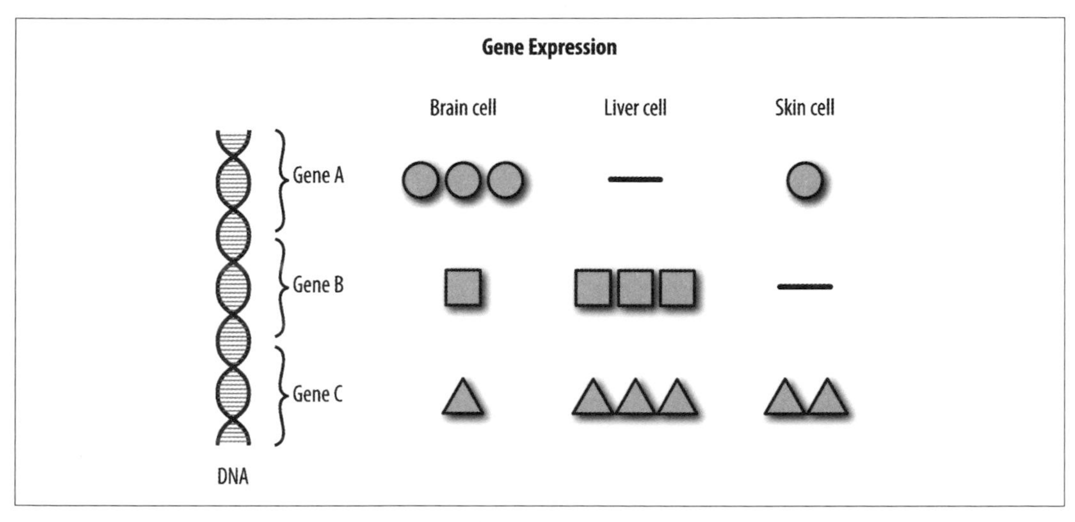

圖 1-3　基因表現

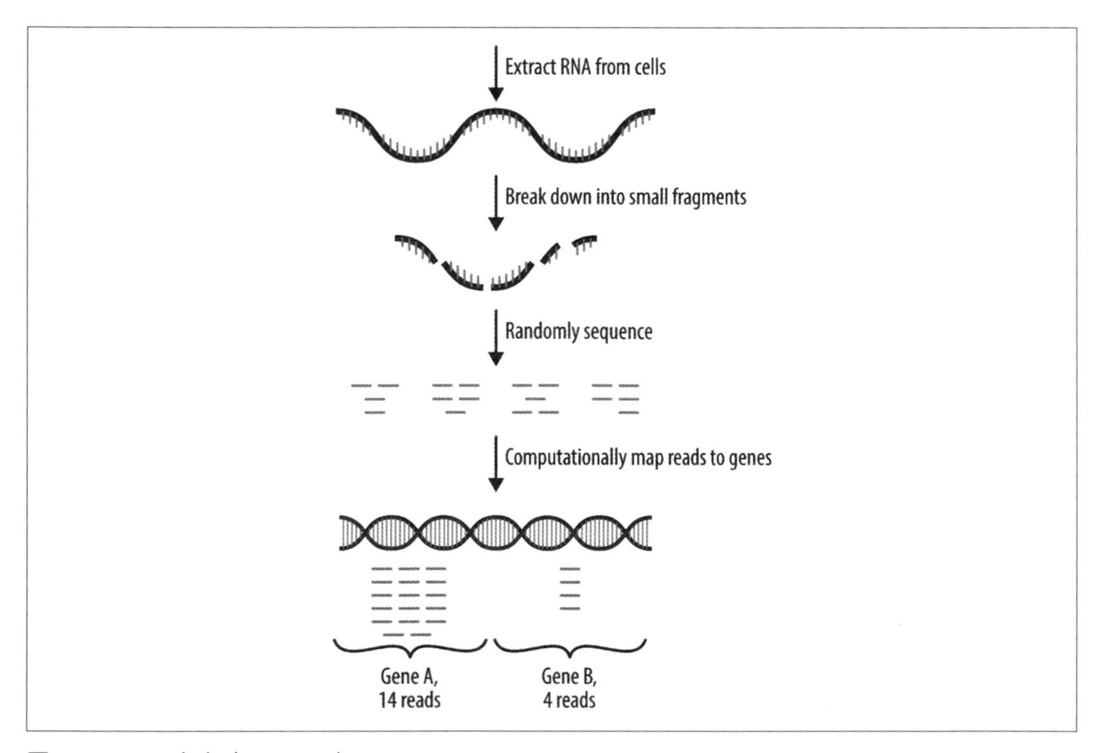

圖 1-4　RNA 定序（RNAseq）

表 1-1 是一個小型的基因表現計算數據範例

表 1-1　基因表現計算數據

	Cell type A	Cell type B
Gene 0	100	200
Gene 1	50	0
Gene 2	350	100

上面的計數表中，整數的意思是不同類細胞的不同基因共有多少 read。看到不同細胞對應的每種基因之數值差異了嗎？我們要用這些資訊來學習這兩種類細胞的差異。

用 Python 來表現這個數據的其中一個方法就是使用數個 list：

```
gene0 = [100, 200]
gene1 = [50, 0]
gene2 = [350, 100]
expression_data = [gene0, gene1, gene2]
```

上面不同細胞的基因表現被儲存在 Python 的整數 list 中，然後再把這些 list 整合成另一個 list（可以叫它 *meta-list*），可以用兩層的 list 索引來取出個別數據：

```
expression_data[2][0]
350
```

由於 Python 直譯器的關係，這些 list 數據指標的儲存很沒有效率。首先，由於 Python 的 list 儲存的單位是**物件**，所以上面的 gene2 並不是一個整數的 list，而是一個**整數指標**的 list（譯按：整數指標指向整數物件），這是沒有必要的浪費。另外，這也表示每個 list 以及其中每個整數，在你的電腦裡面是以隨機位置存放，現在的處理器在存取記憶體時，都是存取連續的區塊，所以分散在記憶體中很沒有效率。

這就是 NumPy 陣列要解決的問題。

NumPy N 維陣列

NumPy 的其中一種重要的資料型態就是 N 維陣列（稱 ndarray，或就叫它陣列）。N 維陣列是 SciPy 中許多厲害資料操作技巧的基礎，特別是接下來會談到的向量化和廣播，這些技巧讓我們可以寫出強大、簡潔的資料操作程式碼。

首先，讓我們瞭解一下 ndarray，這些陣列一定要是同質的：也就是所有在陣列裡的東西都要是一樣的型別，在我們的例子中，用的是整數。ndarray 被稱為 N 維陣列是因為它們可以有數個維度，一個維度在概念上意思就類似 Python 的 list。

```
import numpy as np

array1d = np.array([1, 2, 3, 4])
print(array1d)
print(type(array1d))

[1 2 3 4]
<class 'numpy.ndarray'>
```

陣列提供特定的屬性和方法，只要在陣列名稱後面接點就可以使用了。舉例來說，你可以取得陣列的 *shape*：

```
print(array1d.shape)

(4,)
```

結果如上，你可以看到輸出是一個數組架構，但裡面卻只有一個數字。你可能會好奇為什麼不能像 list 一樣用 `len`。其實是可以的，但如果遇到二維的情況 `len` 就不適用了。

以下才是我們用來表達表格 1-1 的方法：

```
array2d = np.array(expression_data)
print(array2d)
print(array2d.shape)
print(type(array2d))

[[100 200]
 [ 50   0]
 [350 100]]
(3, 2)
<class 'numpy.ndarray'>
```

現在你可以看到 `shape` 屬性彙整了資料陣列多個維度的 `len`。

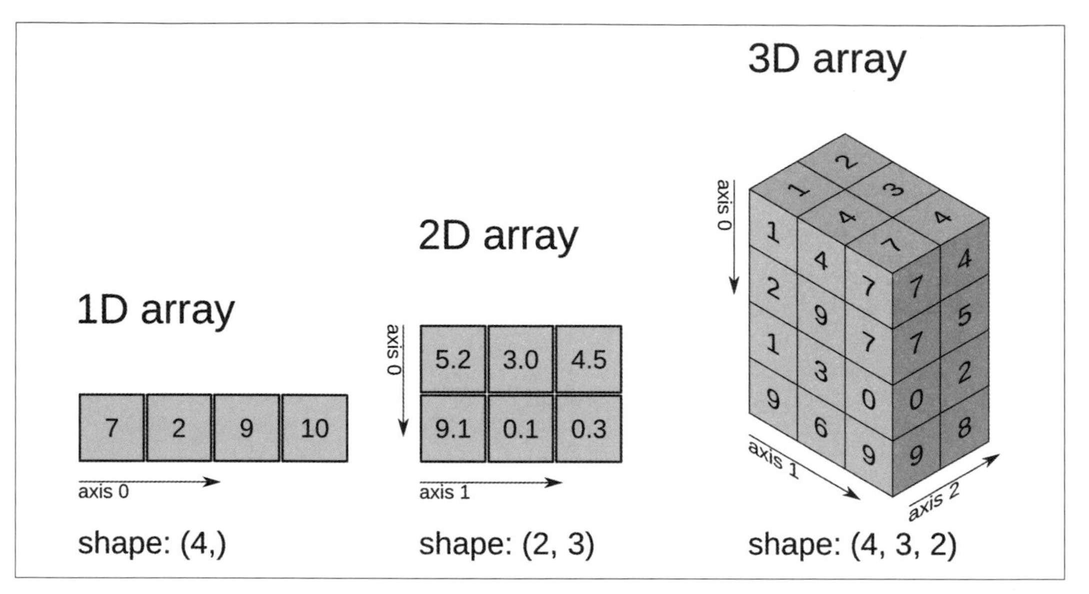

圖 1-5　以視覺化的方法呈現 NumPy 一維、二維和三維 ndarray

陣列還有另外一個叫 `ndim` 的屬性，意思是維度：

```
print(array2d.ndim)
```

```
2
```

當你開始用 NumPy 分析自己的數據後，就會更熟悉了。

NumPy 陣列還可以用在更高維度的資料，例如核磁共振造影（MRI）資料，它是三維空間的測量值，如果我們想儲存一段時間的 MRI 資料，就要用到四維陣列。

現在回到二維資料，後面的章節可能會用到更高維度的資料，並且會教你如何撰寫高維度資料的程式碼。

為何用 ndarray 不用 Python list ？

陣列運算比較快，因為它們支援低階語言 C 向量化運算。假設你有個 list，想把每個元素都乘上 5，一般 Python 的方法是寫一個迴圈，並遍歷 list 中所有元素，將每個元素個別乘 5。不過，如果你用陣列來做，元素乘以 5 的動作可以一次做完，由於在背後使用高度優化的 NumPy 函式庫，它迭代的速度非常地快。

```
import numpy as np

# Create an ndarray of integers in the range
# 0 up to (but not including) 1,000,000
array = np.arange(1e6)

# Convert it to a list
list_array = array.tolist()
```

讓我們實際用 IPython magic 中的 `timeit` 函式來比較一下，將每個元素乘 5 會花多少時間。首先是使用 list：

```
%timeit -n10 y = [val * 5 for val in list_array]

10 loops, average of 7: 102 ms +- 8.77 ms per loop (using standard deviation)
```

接著，使用 NumPy 內建的向量運算：

```
%timeit -n10 x = array * 5

10 loops, average of 7: 1.28 ms +- 206 µs per loop (using standard deviation)
```

結果快了超過 50 倍，而且程式碼更精簡！

使用陣列也省空間，在 Python 中每個在 list 中的元素都是物件，而且每個物件都還要給予合理的保留記憶體空間（或不合理？）。相反地，陣列中每個元素只用必要的空間。舉例來說，一個 64 位元整數型態的陣列，每個元素就是占 64 位元，加上額外一點點陣列運作用的空間，例如前面談到的 `shape` 屬性所占的空間，總合加起來還是比 Phython 的 list 所占用的空間小很多（如果你有興趣研究 Python 是如何作記憶體管理，可以參考 Jake VanderPlas 的部落格文章 "Why Python Is Slow: Looking Under the Hood"（*http://bit.ly/2sFDbW8*））。

而且，在對陣列做計算時，你也可以直接**切出**需要的部分陣列值，而**不用做資料拷貝**的動作：

```
# Create an ndarray x
x = np.array([1, 2, 3], np.int32)
print(x)

[1 2 3]

# Create a "slice" of x
y = x[:2]
print(y)
```

```
[1 2]

# Set the first element of y to be 6
y[0] = 6
print(y)

[6 2]
```

請注意，雖然我們改變得是 y，但 x 也同時會改變。因為 y 是直接參照一樣的資料！

```
# Now the first element in x has changed to 6!
print(x)

[6 2 3]
```

所以使用陣列的參照時要特別小心，如果不想重疊到原始資料，則使用拷貝就可以了，要作拷貝也很簡單：

```
y = np.copy(x[:2])
```

向量化

稍早我們提到陣列處理的速度很快，NumPy 還有另外一個加速的利器就是**向量化**（*vectorization*）。向量化就是當你將陣列中每個元素都做同樣計算時，不需要使用 `for` 迴圈。這樣除了加速以外，另外一個好處就是讓程式碼更好讀。讓我們看一下範例：

```
x = np.array([1, 2, 3, 4])
print(x * 2)

[2 4 6 8]
```

上面建立了一個 x 陣列，包含 4 個值，我們把 x 中每個元素乘上單一數值 2。

```
y = np.array([0, 1, 2, 1])
print(x + y)

[1 3 5 5]
```

上面範例是把 x 的每個元素與 y 裡對應的元素相加，陣列 y 的 shape 與 x 相同。

以上範例既簡單又可以說明向量化，NumPy 讓以上範例執行速度快，遠超過用迴圈的方法（可用 IPython magic 的 `%timeit` 測量看看）。

廣播

ndarray 有一個強大但是常被誤解的功能叫廣播（broadcasting）。廣播會在兩個陣列間暗中進行一些動作，讓陣列只要 shape 相容就可以執行運算，這件事就是建立比原來運算陣列都大的陣列。舉例來說，將 shape 重新改為適當值的話，它就可以用來計算外積（*https://en.wikipedia.org/wiki/Outer_product*）：

```
x = np.array([1, 2, 3, 4])
x = np.reshape(x, (len(x), 1))
print(x)

[[1]
 [2]
 [3]
 [4]]

y = np.array([0, 1, 2, 1])
y = np.reshape(y, (1, len(y)))
print(y)

[[0 1 2 1]]
```

兩個陣列 shape 的相容條件是，對每個維度而言，其大小若不是等於 1，就是和另外一個陣列相等（譯按：依序檢查每個維度，若相等就沒問題，若大小不相等時，其中之一的大小 =1 也可以。）。[2]

現在檢查一下兩個陣列的 shape：

```
print(x.shape)
print(y.shape)

(4, 1)
(1, 4)
```

兩個陣列都是二維，並且內維度都是 1（譯按：內維度（inner dimension）矩陣相乘時，鄰接的維度），所以此時是相合的。

```
outer = x * y
print(outer)

[[0 1 2 1]
 [0 2 4 2]
```

2 維度的比較總是從最後一個維度開始，然後向前比，多出來的維度可以被忽略（例如 (3,5,1) 和 (5,8) 是相合的）。

```
 [0 3 6 3]
 [0 4 8 4]]
```

從外積的結果可知輸出陣列的大小，此範例就是一個（4,4）陣列：

```
print(outer.shape)
```

```
(4, 4)
```

你可以自行檢查看看，對於所有 `(i,j)` 而言，`outer[i, j] = x[i] * y[j]` 都應該成立。

這範例實現了 NumPy 的廣播規則（*http://bit.ly/2sFpZ3H*），也就是隱式的將一個陣列大小為 1 的維度，擴展為符合另外一個陣列的維度。如果還不太瞭解也別擔心，本章後面還會談到更多關於廣播規則。

本章之後會看到，將廣播用在真實世界的資料陣列計算上真的很有價值，它讓我們將複雜的動作變得簡單有效率。

基因表現資料集

我們要用的資料集，是從 Cancer Genome Atlas（TCGA）專案（*http://cancergenome.nih.gov*）皮膚癌樣本 RNAseq 實驗中取得的數據。已經為你把資料整理好了，所以可以直接從本書 repository 中取出 *data/counts.txt* 使用。

在第二章我們將會使用這些基因表現資料來預測皮膚癌患者的死亡率，製作類似 TCGA 聯盟的文獻（*http://bit.ly/2sFAwfa*）中的 5A 和 5B 圖（*http://bit.ly/2sFCegE*）的簡化版本。但在那之前，我們得先做一些基本資料處理，然後想一想有沒有改良的方法。

用 pandas 讀取資料

首先用 pandas 讀入計數資料表，pandas 是操作和分析資料的 Python 函式庫，它特別加強表格和時間序列資料的處理。這裡我們將用 pandas 讀出混合型態資料的表格，會使用到 `DataFrame` 型態，這種型態是一種以 R 語言的資料框架物件為基礎的彈性表格格式。舉例來說，我們要讀的資料有基因名稱（字串）欄位以及多個計數（整數）欄位，所以將它讀入單一數值型態的陣列是錯的。雖然 NumPy 支援混合資料型態（稱為“結構化陣列”），但因為會導致後面的動作變得複雜，所以這種型態也不適用於我們的資料。

藉由利用 pandas 資料框架讀取資料，我們就可以繼續使用 pandas 進行資料拆解，並取出相關資訊，儲存到其它更有效率的資料型態中。所以，基本上這裡只是使用 pandas 進行資料的引入，在後面的章節會再使用 pandas，如果想瞭解更多關於 pandas，可以閱讀 pandas 建立者 McKinney 的著作 "*Python for Data Analysis*"（O'Reilly 出版）。

```
import numpy as np
import pandas as pd

# Import TCGA melanoma data
filename = 'data/counts.txt'
with open(filename, 'rt') as f:
    data_table = pd.read_csv(f, index_col=0) # Parse file with pandas

print(data_table.iloc[:5, :5])
```

```
       00624286-41dd-476f-a63b-d2a5f484bb45  TCGA-FS-A1Z0  TCGA-D9-A3Z1  \
A1BG                                1272.36        452.96        288.06
A1CF                                   0.00          0.00          0.00
A2BP1                                  0.00          0.00          0.00
A2LD1                                164.38        552.43        201.83
A2ML1                                 27.00          0.00          0.00

       02c76d24-f1d2-4029-95b4-8be3bda8fdbe  TCGA-EB-A51B
A1BG                                 400.11        420.46
A1CF                                   1.00          0.00
A2BP1                                  0.00          1.00
A2LD1                                165.12         95.75
A2ML1                                  0.00          8.00
```

pandas 幫我們把抬頭列抽出來，並以它為欄位名稱，第一欄是每種基因的名稱，其它的欄代表從不同個體取得的樣本。

我們還需要一些輔助資料，包括個體名稱和基因長度。

```
# Sample names
samples = list(data_table.columns)
```

為了要作正規化，我們將會需要基因的長度資訊，可以利用 pandas 的花式索引功能，將資料表的第一欄基因名稱設為索引。

```
# Import gene lengths
filename = 'data/genes.csv'
with open(filename, 'rt') as f:
    # Parse file with pandas, index by GeneSymbol
    gene_info = pd.read_csv(f, index_col=0)
print(gene_info.iloc[:5, :])
```

```
            GeneID  GeneLength
GeneSymbol
CPA1          1357        1724
GUCY2D        3000        3623
UBC           7316        2687
C11orf95     65998        5581
ANKMY2       57037        2611
```

現在檢查一下基因長度資料和前面的計數資料是不是匹配。

```
print("Genes in data_table: ", data_table.shape[0])
print("Genes in gene_info: ", gene_info.shape[0])

Genes in data_table:  20500
Genes in gene_info:  20503
```

結果基因長度資料裡的基因名稱比實驗的計數資料中還多。讓我們濾掉多餘並留下匹配的基因名稱，而且要確定兩者的名稱排列次序是一樣的。這時候 pandas 的索引就派上用場了！我們要將兩批資料按基因名稱先作交集，並且將交集結果作為索引重新排序兩批資料，排完後兩邊的基因就會依相同名稱排序。

```
# Subset gene info to match the count data
matched_index = pd.Index.intersection(data_table.index, gene_info.index)
```

接下來是對基因名稱作交集，並對資料作索引。

```
# 2D ndarray containing expression counts for each gene in each individual
counts = np.asarray(data_table.loc[matched_index], dtype=int)

gene_names = np.array(matched_index)

# Check how many genes and individuals were measured
print(f'{counts.shape[0]} genes measured in {counts.shape[1]} individuals.')

20500 genes measured in 375 individuals.
```

還有基因長度：

```
# 1D ndarray containing the lengths of each gene
gene_lengths = np.asarray(gene_info.loc[matched_index]['GeneLength'],
                          dtype=int)
```

看一下我們物件裡的維度資訊：

```
print(counts.shape)
print(gene_lengths.shape)
```

```
(20500, 375)
(20500,)
```

結果如我們預期般地匹配了！

正規化

現實世界的測量資料充斥著各種人為干擾，在對資料進行分析前，確認是否需要做正規化的動作是很重要的。舉例來說，電子溫度計與人眼判讀水銀溫度計的測量結果可能就會差很多。所以，比較樣本通常都要先做某種資料角力（data wrangling），讓數據在一致的範圍中。

在我們的例子中，想要確認的資料的差異是來自真實的生物差異，而不是技術干擾。基因表現資料集常用的方法，是做兩層的正規化：對個體作正規化（欄），以及對基因作正規化（列）。

個體正規化

舉例來說，在 RNAseq 實驗中不同個體之間的計數差異可能很大，所以讓我們先看一下所有基因表現計數分布。首先，以個體為單位，將每一欄基因表現計數加總，用來查看不同個體之間的計數差異是多還是少。為了要畫出每個個體的總計數分布圖，我們要用核密度計算（kernel density estimation，KDE），由於它可以表現數據的分佈情況，因此常被用來對直方圖作平滑。

在我們開始之前，還要花點工夫準備畫圖（之後每章都會用到），關於以下幾行程式碼，可以參考“設定繪圖”提示框裡的內容。

```
# Make all plots appear inline in the Jupyter notebook from now onwards
%matplotlib inline
# Use our own style file for the plots
import matplotlib.pyplot as plt
plt.style.use('style/elegant.mplstyle')
```

設定繪圖

前面的程式碼只做了幾件事就讓我們的點圖變漂亮了。

首先，`%matplotlib inline` 是 Jupyter 筆記本的 magic 命令（*http://bit.ly/2sF9HIb*），讓所有的繪點都在筆記本上出現，而不是另外開一個新視窗顯示。如果你想互動式的執行 Jupyter 筆記本，則可以改用 `%matplotlib notebook`，就會得到一張可以互動的圖，而不是一張靜點描點圖。

其次，我們引入 `matplotlib.pyplot`，然後指定點樣式 `plt.style.use('style/elegant.mplstyle')`，之後每章要畫圖以前都會指定繪點樣式。

你可能看過別人引入既有的樣式如 `plt.style.use('gg plot’ )`，而我們沒有用的原因是，我們想要特定的樣式設定，而且想要整本書都使用一樣的樣式，所以使用自行定義的 Matplotlib 樣式。若想知道這是怎麼做的，可以參考 *Elegant SciPy* repository 中的 stylesheet 檔：*style/elegant.mplstyle*。Mapplotlib 的 stylesheets 官方文件中（*http://bit.ly/2sFz24N*）可以看到更多參考資訊。

現在回到畫基因計數分布圖！

```
total_counts = np.sum(counts, axis=0)  # sum columns together
                                       # (axis=1 would sum rows)

from scipy import stats

# Use Gaussian smoothing to estimate the density
density = stats.kde.gaussian_kde(total_counts)

# Make values for which to estimate the density, for plotting
x = np.arange(min(total_counts), max(total_counts), 10000)

# Make the density plot
fig, ax = plt.subplots()
ax.plot(x, density(x))
ax.set_xlabel("Total counts per individual")
ax.set_ylabel("Density")

plt.show()

print(f'Count statistics:\n  min:  {np.min(total_counts)}'
      f'\n  mean: {np.mean(total_counts)}'
      f'\n  max:  {np.max(total_counts)}')
```

```
Count statistics:
  min:  6231205
  mean: 52995255.33866667
  max:  103219262
```

現在可以看到，最低的和最高個體在基因表現總數上存在巨大的差異（如圖 1-6），也就是不同個體的 RNAseq read 數量差異很大（譯按：取樣時個體有些取的多，有些取的少的意思），這種情況，我們會說這些個體有著不同的 library size。

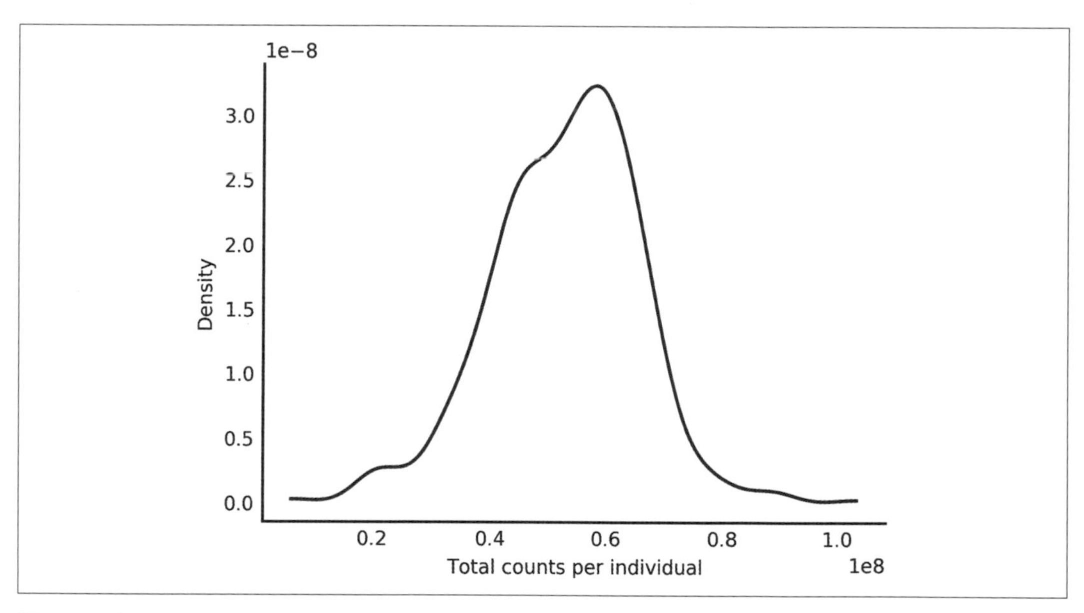

圖 1-6　使用 KDE 平滑後的個體基因表現計數密度圖

對個體的 library size 作正規化

讓我們仔細看每個個體的基因表現範圍，這樣在施作正規化後，才知道有沒有差異。讓我們只隨機取其中的 70 個個體來做，以免畫出來的圖太複雜。

```
# Subset data for plotting
np.random.seed(seed=7) # Set seed so we will get consistent results
# Randomly select 70 samples
samples_index = np.random.choice(range(counts.shape[1]), size=70, replace=False)
counts_subset = counts[:, samples_index]

# Some custom x-axis labelling to make our plots easier to read
def reduce_xaxis_labels(ax, factor):
```

```
    """Show only every ith label to prevent crowding on x-axis
        e.g. factor = 2 would plot every second x-axis label,
        starting at the first.

    Parameters
    ----------
    ax : matplotlib plot axis to be adjusted
    factor : int, factor to reduce the number of x-axis labels by
    """
    plt.setp(ax.xaxis.get_ticklabels(), visible=False)
    for label in ax.xaxis.get_ticklabels()[factor-1::factor]:
        label.set_visible(True)

# Bar plot of expression counts by individual
fig, ax = plt.subplots(figsize=(4.8, 2.4))

with plt.style.context('style/thinner.mplstyle'):
    ax.boxplot(counts_subset)
    ax.set_xlabel("Individuals")
    ax.set_ylabel("Gene expression counts")
    reduce_xaxis_labels(ax, 5)
```

很明顯地高基因表現那端有很多異常值，而且個體之間差異很大，但是在礙於數值擠在 0 附近不好看（如圖 1-7），所以我們對資料作 log(n + 1) 讓它比較容易看（如圖 1-8）。log 和 n + 1 都可以用廣播來簡化程式碼並加快運算。

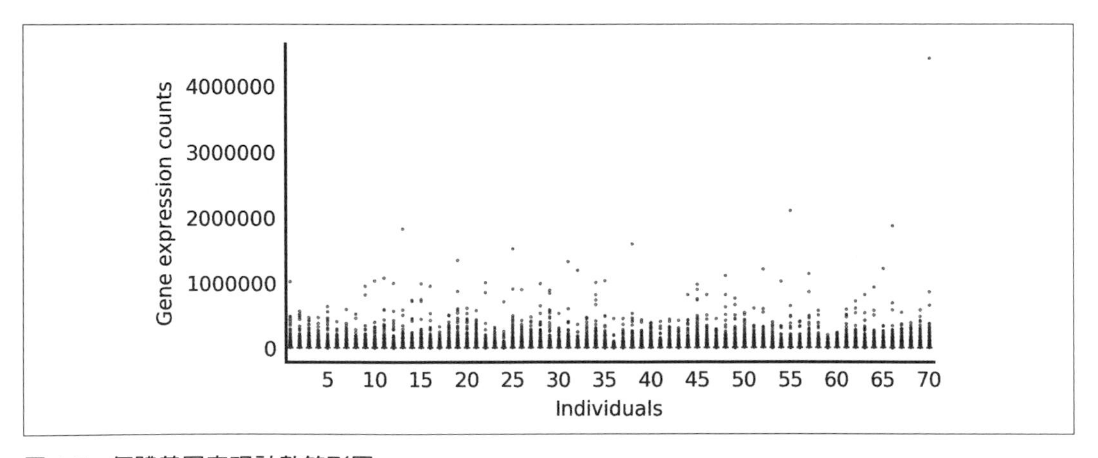

圖 1-7 個體基因表現計數箱形圖

```
# Bar plot of expression counts by individual
fig, ax = plt.subplots(figsize=(4.8, 2.4))

with plt.style.context('style/thinner.mplstyle'):
    ax.boxplot(np.log(counts_subset + 1))
    ax.set_xlabel("Individuals")
    ax.set_ylabel("log gene expression counts")
    reduce_xaxis_labels(ax, 5)
```

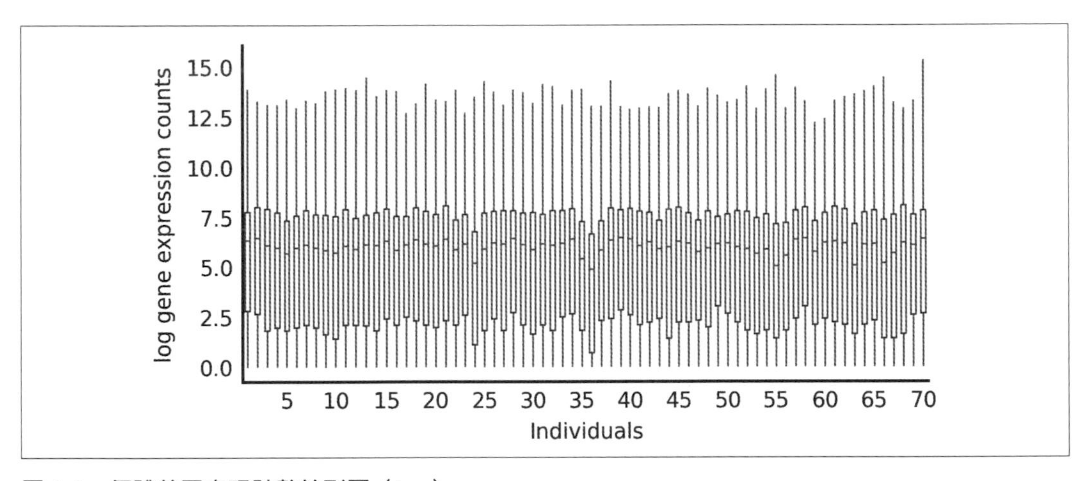

圖 1-8　個體基因表現計數箱形圖（log）

現在來看看，如果對 library size 作完正規化以後會怎樣（圖 1-9）。

```
# Normalize by library size
# Divide the expression counts by the total counts for that individual
# Multiply by 1 million to get things back in a similar scale
counts_lib_norm = counts / total_counts * 1000000
# Notice how we just used broadcasting twice there!
counts_subset_lib_norm = counts_lib_norm[:,samples_index]

# Bar plot of expression counts by individual
fig, ax = plt.subplots(figsize=(4.8, 2.4))

with plt.style.context('style/thinner.mplstyle'):
    ax.boxplot(np.log(counts_subset_lib_norm + 1))
    ax.set_xlabel("Individuals")
    ax.set_ylabel("log gene expression counts")
    reduce_xaxis_labels(ax, 5)
```

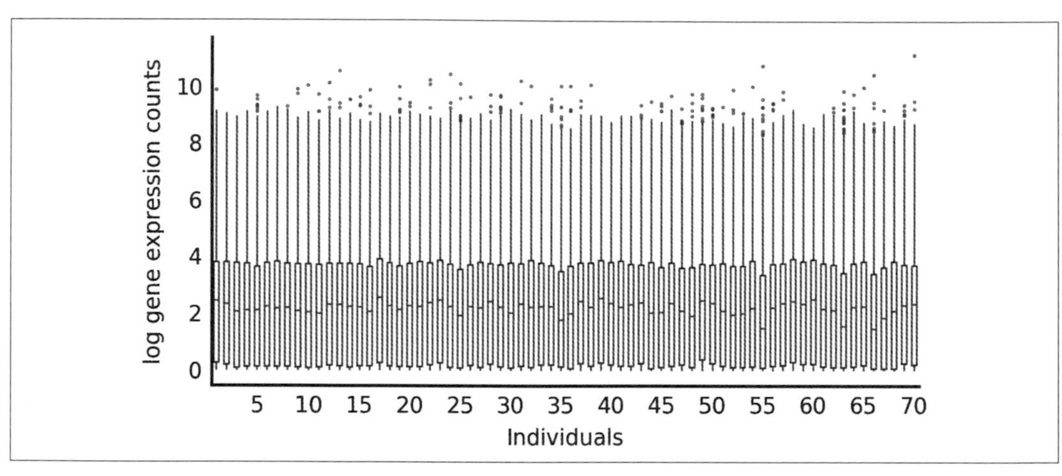

圖 1-9　正規化 library size 個體基因表現箱形圖（log）

現在好多了！請注意剛才用了兩次廣播，第一次是將所有的基因表現計數除以欄位總合時，第二次是把所有的值乘一百萬時。

最後，讓我們將正規化後的資料和原始資料作比對。

```
import itertools as it
from collections import defaultdict


def class_boxplot(data, classes, colors=None, **kwargs):
    """Make a boxplot with boxes colored according to the class they belong to.

    Parameters
    ----------
    data : list of array-like of float
        The input data. One boxplot will be generated for each element
        in `data`.
    classes : list of string, same length as `data`
        The class each distribution in `data` belongs to.

    Other parameters
    ----------------
    kwargs : dict
        Keyword arguments to pass on to `plt.boxplot`.
    """
    all_classes = sorted(set(classes))
    colors = plt.rcParams['axes.prop_cycle'].by_key()['color']
    class2color = dict(zip(all_classes, it.cycle(colors)))
```

```
    # map classes to data vectors
    # other classes get an empty list at that position for offset
    class2data = defaultdict(list)
    for distrib, cls in zip(data, classes):
        for c in all_classes:
            class2data[c].append([])
        class2data[cls][-1] = distrib

    # then, do each boxplot in turn with the appropriate color
    fig, ax = plt.subplots()
    lines = []
    for cls in all_classes:
        # set color for all elements of the boxplot
        for key in ['boxprops', 'whiskerprops', 'flierprops']:
            kwargs.setdefault(key, {}).update(color=class2color[cls])
        # draw the boxplot
        box = ax.boxplot(class2data[cls], **kwargs)
        lines.append(box['whiskers'][0])
    ax.legend(lines, all_classes)
    return ax
```

現在我們可以為正規化和未正規化的資料畫出彩色的箱型圖了。每個類別我們只取三個個體來展示：

```
log_counts_3 = list(np.log(counts.T[:3] + 1))
log_ncounts_3 = list(np.log(counts_lib_norm.T[:3] + 1))
ax = class_boxplot(log_counts_3 + log_ncounts_3,
                   ['raw counts'] * 3 + ['normalized by library size'] * 3,
                   labels=[1, 2, 3, 1, 2, 3])
ax.set_xlabel('sample number')
ax.set_ylabel('log gene expression counts');
```

你可以看到，當我們把 library size（該類的加總值）考慮進去以後，正規化過的圖形變得更加相似（如圖 1-10）。現在我們可比較個體與個體間的相似度了！但基因和基因間的呢？

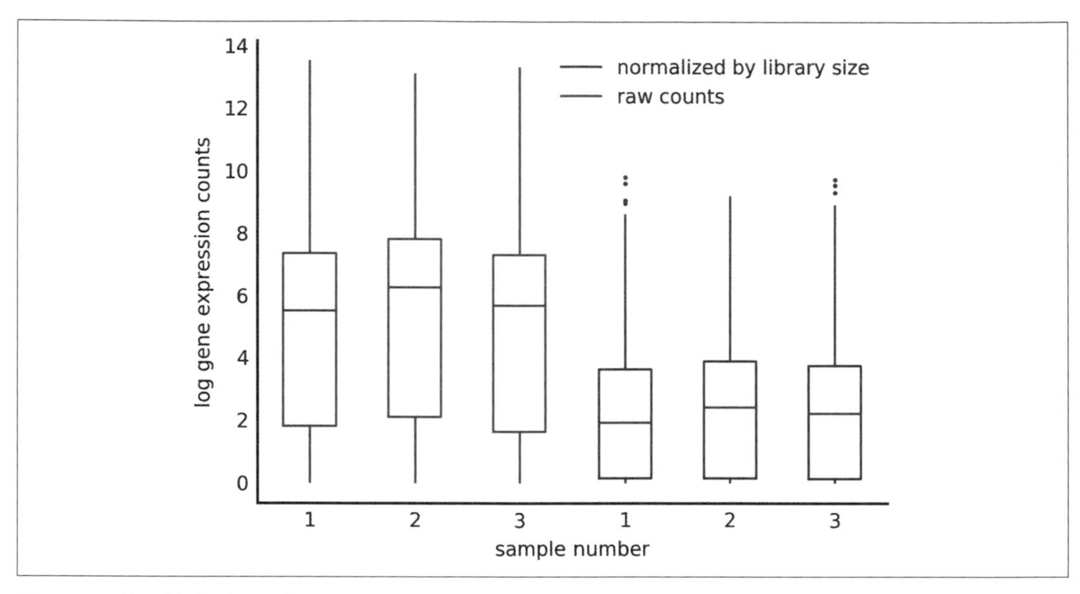

圖 1-10　將原始資料和正規化 library size 基因表現取三個個體做比較

基因正規化

在針對基因進行比較時，可能也會碰到一些困難。一個基因的計數和基因的長度有關，假設基因 B 比基因 A 長度長了兩倍，同時兩基因表現程度差不多（例如都能產生相似數量的 mRNA 分子）。在基因定序時，我們將轉錄結果切成小分段，並從一大堆小分段裡取樣出很多 read。所以，如果一個基因是兩倍長，邏輯上來說它就會產生兩倍數量的分段，那麼在做 read 取樣時很可能取到兩倍的量，基因 B 的計數就會比基因 A 的計數多兩倍（如圖 1-11）。所以若我們想要比較不同基因的表現，就要做一些正規化的動作。

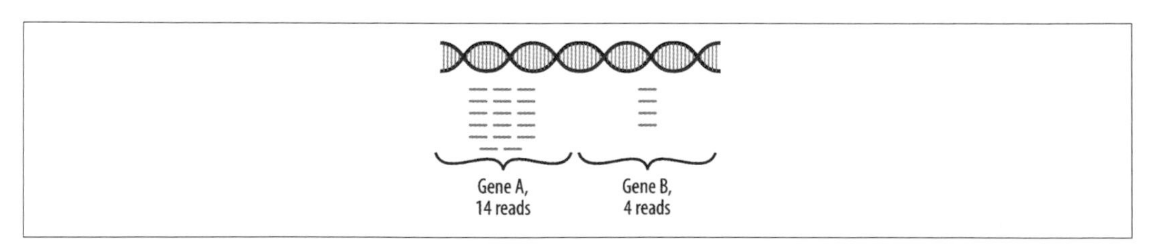

圖 1-11　計數和基因長度的關係

讓我們看看資料表裡面基因長度和計數之間的關聯性，首先，定義一個用來畫圖的工具：

```
def binned_boxplot(x, y, *,  # check out this Python 3 exclusive! (*see tip box)
                   xlabel='gene length (log scale)',
                   ylabel='average log counts'):
    """Plot the distribution of `y` dependent on `x` using many boxplots.

    Note: all inputs are expected to be log-scaled.

    Parameters
    ----------
    x: 1D array of float
        Independent variable values.
    y: 1D array of float
        Dependent variable values.
    """
    # Define bins of `x` depending on density of observations
    x_hist, x_bins = np.histogram(x, bins='auto')

    # Use `np.digitize` to number the bins
    # Discard the last bin edge because it breaks the right-open assumption
    # of `digitize`. The max observation correctly goes into the last bin.
    x_bin_idxs = np.digitize(x, x_bins[:-1])

    # Use those indices to create a list of arrays, each containing the `y`
    # values corresponding to `x`s in that bin. This is the input format
    # expected by `plt.boxplot`
    binned_y = [y[x_bin_idxs == i]
                for i in range(np.max(x_bin_idxs))]
    fig, ax = plt.subplots(figsize=(4.8,1))

    # Make the x-axis labels using the bin centers
    x_bin_centers = (x_bins[1:] + x_bins[:-1]) / 2
    x_ticklabels = np.round(np.exp(x_bin_centers)).astype(int)

    # make the boxplot
    ax.boxplot(binned_y, labels=x_ticklabels)

    # show only every 10th label to prevent crowding on x-axis
    reduce_xaxis_labels(ax, 10)

    # Adjust the axis names
    ax.set_xlabel(xlabel)
    ax.set_ylabel(ylabel);
```

Python 3 提示：利用 * 號建立 Keyword-Only 參數

從 Python 3 開始支援"keyword-only"變數（*https://www.python.org/dev/peps/pep-3102/*），這種變數讓你可以使用關鍵字為識別進行呼叫，而不像舊版用參數位置識別。舉例來說，你可以用以下方法呼叫剛才的 `binned_boxplot`：

```
>>> binned_boxplot(x, y, xlabel='my x label', ylabel='my y label')
```

但不能像下面的方式，因為下面的呼叫方法只適用於 Python 2，在 Python 3 中會引發錯誤：

```
>>> binned_boxplot(x, y, 'my x label', 'my y label')

---------------------------------------------------------------------------
TypeError                                 Traceback (most recent call last)
<ipython-input-58-7a118d2d5750in <module>()
    1 x_vals = [1, 2, 3, 4, 5]
    2 y_vals = [1, 2, 3, 4, 5]
----3 binned_boxplot(x, y, 'my x label', 'my y label')

TypeError: binned_boxplot() takes 2 positional arguments but 4 were given
```

這個變化主要讓使用者避免如下的意外：

```
binned_boxplot(x, y, 'my y label')
```

也就是將 y 軸標籤誤用到 x 軸，這是使用多個無明確順序可選變數常會發生的錯誤。

現在，計算基因長度和計數：

```
log_counts = np.log(counts_lib_norm + 1)
mean_log_counts = np.mean(log_counts, axis=1)  # across samples
log_gene_lengths = np.log(gene_lengths)

with plt.style.context('style/thinner.mplstyle'):
    binned_boxplot(x=log_gene_lengths, y=mean_log_counts)
```

可以在下圖中看到，基因長度越長，測量到的計數越多！如前面說明，這是技術上的誤差，而不是生物學上的訊息！那麼我們應該如何修正它呢？

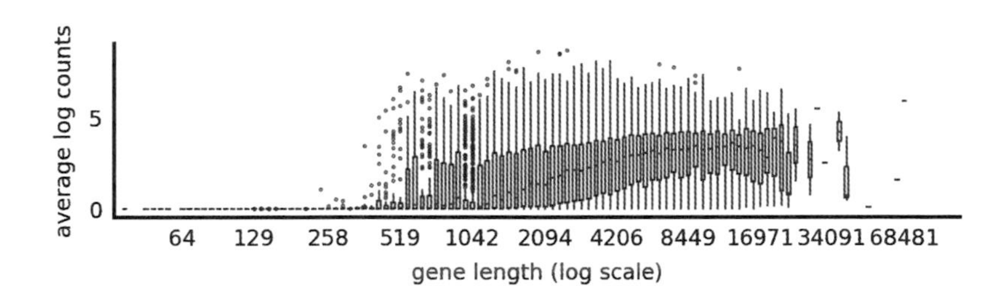

對樣本和基因作正規化：RPKM

對 RNAseq 資料作正規化最簡單的方法是 RPKM（Reads Per Kilobase Million）。RPKM 會同時對個體和基因作正規化，當我們計算 RPKM 時，會同時對 library size（每欄的加總）以及基因長度作正規化。

為了解 RPKM 是如何算出來的，所以定義以下值：

- C = 一個基因的所有 read 數量
- L = 以鹼基（base-pares）為單位，基因體中表現蛋白質的部份（Exon）的長度
- N = 實驗中所有取得的 read 數量

首先，讓我們計算以千個鹼基（kilobase）為單位的 read 數（譯註：kilobase 是基因長度單位，是 1000 個鹼基（base））。

每個鹼基的 read 數應該為：

$$\frac{C}{L}$$

公式要計算的是每千個鹼基有多少 read，而不是每個鹼基有多少 read，千個鹼基 kilobase=1000 鹼基，所以我們要把長度（L）除以 1000。

每個千鹼基（kilobase）的 read 數應該是：

$$\frac{C}{L/1000} = \frac{10^3 C}{L}$$

接著，對 library size 作正規化，如果我們單純除上所有的 read 數量：

$$\frac{10^3 C}{LN}$$

但生物學家覺得這樣數字太大了，應該要以百萬個 read 為單位，所以：

$$\frac{10^3 C}{L(N/10^6)} = \frac{10^9 C}{LN}$$

結論是 RPKM 等於：

$$RPKM = \frac{10^9 C}{LN}$$

現在，來對整個表現計數陣列做 RPKM 計算吧。

```
# Make our variable names the same as the RPKM formula so we can compare easily
C = counts
N = counts.sum(axis=0)  # sum each column to get total reads per sample
L = gene_lengths  # lengths for each gene, matching rows in `C`
```

首先計算 `10^9`，由於計數（C）是一個 ndarray，所以可以使用廣播功能。如果將一個 ndarray 乘上一個單一值，那個單一值就會廣播到整個陣列。

```
# Multiply all counts by 10^9
C_tmp = 10^9 * C
```

接著，要除以基因長度。剛才已看過在 2 維陣列裡廣播一個單一值，是把每個陣列元素都乘上該值。但如果我們想把一個 2 維陣列除以一個 1 維陣列呢？

廣播規則

廣播就是讓不同 shape 的 ndarray 可以一起做計算，NumPy 定義以下廣播規則以簡化操作。當兩個陣列維度相同時，如果兩陣列的每個維度的大小均相同，或存在不相等的維度大小，但其中一者為 1，就可以做廣播。如果陣列維度不同，則用 (1,) 來填補缺少的陣列維度，就可以套用前面的廣播規則了。

舉例來說，假設我們有兩個 ndarray，A 的 shape 是（5,2），B 的 shape 是（2,）。我們想利用廣播作 `A * B`，此時 B 的維度比 A 少，所以在計算時，會假設 B 多一個維度，該維度大小為 1，所以 B 的新 shape 會變成（1,2）。現在 B 的維度大小和 A 都不一樣，廣播會將數個 B 相疊，使得達到 shape（5,2）。這個動作是“虛擬”的，不會使用額外的記憶體空間，接下來的矩陣相乘就只剩元素相乘的動作而已，最後輸出的陣列 shape 將和 A 相同。

假設我們有另外一個陣列 C，它的 shape 是（2,5）。若要將 C 和 B 相乘（或相加），就會假裝 B 有另外一個維度（1,），（2,5）和（1,2）這兩者 shape 不相符，所以不能套用廣播。這種情況就要手動對 B 增加維度為（2,5）和（2,1）後，廣播就可以運作了。

在 NumPy 中，可以手動使用 `np.newaxis` 指定為 B 增加一個維度，我們將會在 RPKM 正規化中用到。

先看看我們的陣列的維度。

```
print('C_tmp.shape', C_tmp.shape)
print('L.shape', L.shape)

C_tmp.shape (20500, 375)
L.shape (20500,)
```

`C_tmp` 有兩個維度，而 `L` 只有一個維度，所以在廣播時，`L` 會被加入一個新的維度，就會是：

```
C_tmp.shape (20500, 375)
L.shape (1, 20500)
```

這兩者的維度不符合廣播規則！我們想要 L 的第一個維度和 `C_tmp` 一致，所以手動調整 `L` 的維度：

```
L = L[:, np.newaxis] # append a dimension to L, with value 1
print('C_tmp.shape', C_tmp.shape)
print('L.shape', L.shape)

C_tmp.shape (20500, 375)
L.shape (20500, 1)
```

現在我們的一個維度相等，而不相等的維度也等於 1 了，所以可進行廣播。

```
# Divide each row by the gene length for that gene (L)
C_tmp = C_tmp / L
```

最後，要正規化 library size，也就是每欄的計數加總，記得前面就先計算過的 N 為：

```
N = counts.sum(axis=0) # sum each column to get total reads per sample

# Check the shapes of C_tmp and N
print('C_tmp.shape', C_tmp.shape)
print('N.shape', N.shape)
```

```
C_tmp.shape (20500, 375)
N.shape (375,)
```

一旦做了廣播的動作，N 就會長出新的維度：

```
N.shape (1, 375)
```

廣播可以使用目前的維度，所以我們不用額外動作，不過為了增加可讀性，為 N 增加一個維度也無不可。

```
# Divide each column by the total counts for that column (N)
N = N[np.newaxis, :]
print('C_tmp.shape', C_tmp.shape)
print('N.shape', N.shape)

C_tmp.shape (20500, 375)
N.shape (1, 375)

# Divide each column by the total counts for that column (N)
rpkm_counts = C_tmp / N
```

把這些程式碼作成一個函式，這樣方便後面再使用。

```
def rpkm(counts, lengths):
    """Calculate reads per kilobase transcript per million reads.

    RPKM = (10^9 * C) / (N * L)

    Where:
    C = Number of reads mapped to a gene
    N = Total mapped reads in the experiment
    L = Exon length in base pairs for a gene

    Parameters
    ----------
    counts: array, shape (N_genes, N_samples)
        RNAseq (or similar) count data where columns are individual samples
        and rows are genes.
    lengths: array, shape (N_genes,)
        Gene lengths in base pairs in the same order
        as the rows in counts.

    Returns
    -------
    normed : array, shape (N_genes, N_samples)
        The RPKM normalized counts matrix.
```

```
    """
    N = np.sum(counts, axis=0)  # sum each column to get total reads per sample
    L = lengths
    C = counts

    normed = 1e9 * C / (N[np.newaxis, :] * L[:, np.newaxis])

    return(normed)

counts_rpkm = rpkm(counts, gene_lengths)
```

對基因做 RPKM 正規化

現在讓我們來看一下 RPKM 正規化的效果。首先看一下圖 1-12，它是基因長度的平均 log 計數分布（X 軸是基因長度取 log，Y 軸是對 count 做平均後取 log）：

```
log_counts = np.log(counts + 1)
mean_log_counts = np.mean(log_counts, axis=1)
log_gene_lengths = np.log(gene_lengths)

with plt.style.context('style/thinner.mplstyle'):
    binned_boxplot(x=log_gene_lengths, y=mean_log_counts)
```

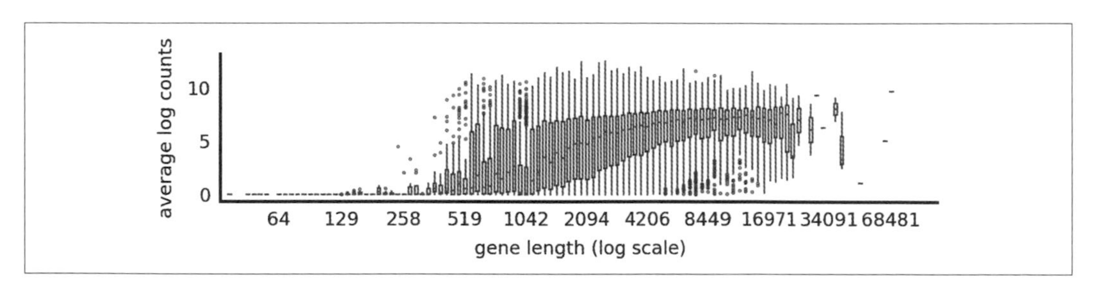

圖 1-12　在未作 RPKM 正規化前的基因長度和平均表現計數關係圖（取 log）

現在看看作過 RPKM 正規化的圖：

```
log_counts = np.log(counts_rpkm + 1)
mean_log_counts = np.mean(log_counts, axis=1)
log_gene_lengths = np.log(gene_lengths)

with plt.style.context('style/thinner.mplstyle'):
    binned_boxplot(x=log_gene_lengths, y=mean_log_counts)
```

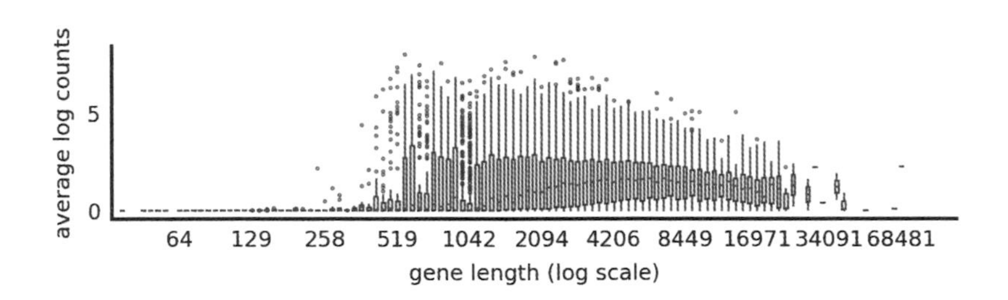

你可以看到表現計數的平均值變得比較平了，特別是大於 3000 鹼基長度的基因。（比較小的基因仍只有較低的表現計數，也許是因為基因長度太小不足以表現出 RPKM 方法的威力）

RPKM 正規化對於不同基因的表現計數比較很有用，我們前面已經看過較長的基因有著較高的計數，但這並不表示它們的基因表現程度比較高。讓我們聚焦在一個短基因和一個長基因，並比較它們 RPKM 正規化前後的計數值。

```
gene_idxs = np.array([80, 186])
gene1, gene2 = gene_names[gene_idxs]
len1, len2 = gene_lengths[gene_idxs]
gene_labels = [f'{gene1}, {len1}bp', f'{gene2}, {len2}bp']

log_counts = list(np.log(counts[gene_idxs] + 1))
log_ncounts = list(np.log(counts_rpkm[gene_idxs] + 1))

ax = class_boxplot(log_counts,
                   ['raw counts'] * 3,
                   labels=gene_labels)
ax.set_xlabel('Genes')
ax.set_ylabel('log gene expression counts over all samples');
```

如果我們只看原始計數，較長的 TXNDC5 的基因表現較短基因 RPL24 稍高一些（如圖 1-13），但經過 RPKM 正規化之後，就是不同的景像了：

```
ax = class_boxplot(log_ncounts,
                   ['RPKM normalized'] * 3,
                   labels=gene_labels)
ax.set_xlabel('Genes')
ax.set_ylabel('log RPKM gene expression counts over all samples');
```

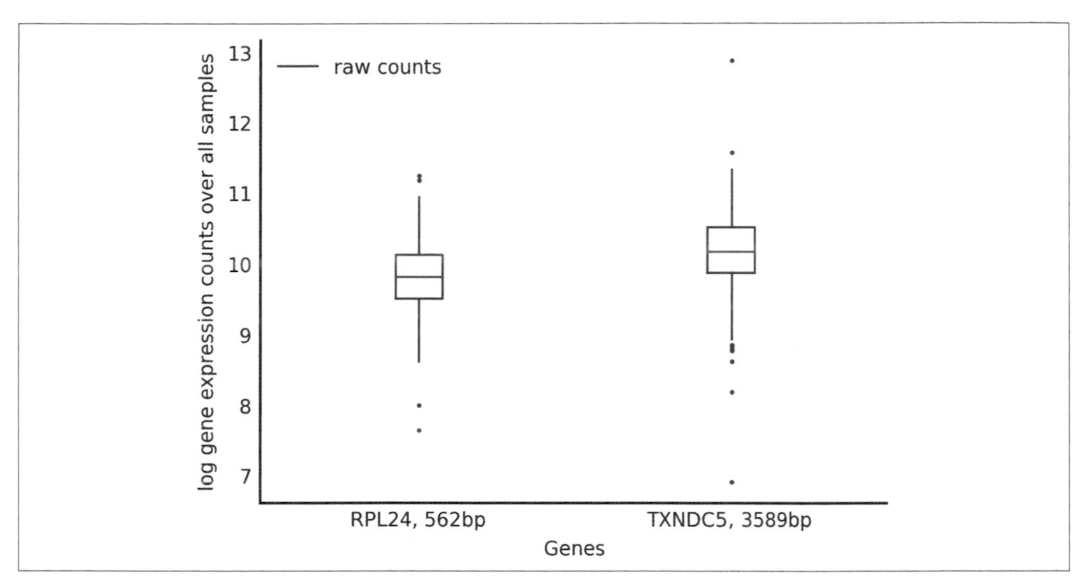

圖 1-13　在 RPKM 正規化前的兩個基因表現比較

經 RPKM 正規化後，RPL24 的表現明顯高出 TXNDC5 許多（如圖 1-14）。這是因為 RPKM 包括了對基因長度作正規化的緣故，所以現在可合理地去比對兩個基因表現了。

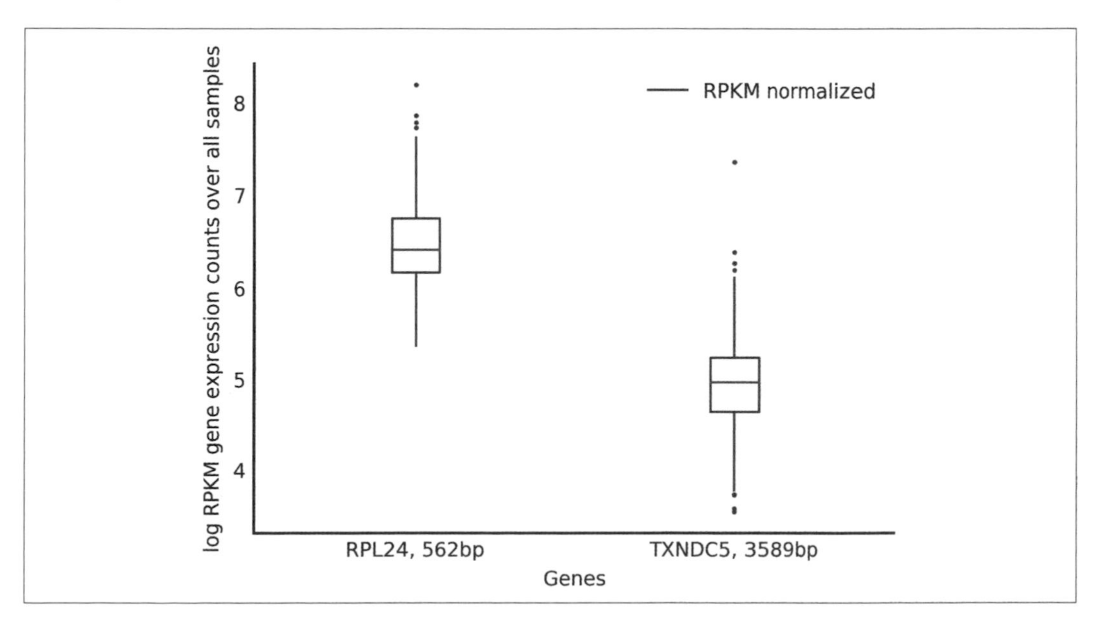

圖 1-14　在 RPKM 正規化後的兩個基因表現比較

本章回顧

目前為止，我們完成以下工作：

- 利用 pandas 引入資料
- 熟悉 NumPy 的重要物件類別 ndarray
- 使用廣播使我們的計算更簡潔

在第二章我們會繼續使用同樣的資料集，實作一個更複雜的正規化技巧，然後利用群聚分析來做皮膚癌病患死亡率預測。

第二章

NumPy 和 SciPy 的百分位正規化

> 不要因為起初不能明白空間國更深層的奧秘而苦惱，你會漸漸領悟過來的。
>
> —Edwin A. Abbott，空間國：一個多維的傳奇故事

在這一章，我們會繼續第一章的基因表現分析，並且把目標改為：我們想要使用每個病人的基因表達完整資料（他們基因表達的全部測量結果）來估算他們的預期存活率。為了要使用完整的資料，我們需要比第一章的 RPKM 更強的正規化方法，也就是百分位正規化（*https://en.wikipedia.org/wiki/Quantile_normalization*），它是一種讓測量符合某個特定分佈的方法。這個方法有一個必要的假設：如果資料分布不符合想要的形狀，那我們就讓它符合！這聽起來有點像作弊，不過事實證明它在很多情況下既好用又簡單，很多時候資料有沒有特定的分佈不重要，但值的相對差異很重要。舉例來說，Bolstad 和他的同伴指出這個方法在還原微陣列中已知基因表現量十分有用（*http://bit.ly/2tmz3xS*）。

在本章過程中，我們會再產生一次 TCGA 聯盟專案的論文"Genomic Classification of Cutaneous Melanoma"（*http://bit.ly/2sFAwfa*）中簡化版的 5A 和 5B 圖（*http://bit.ly/2sFCegE*）。

我們用 NumPy 和 SciPy 進行百分位正規化，能既快又有效率又簡潔地生成結果。百分位正規化包括三個步驟：

1. 以欄為基準，排列整欄的數值
2. 計算排序後每列的平均值（譯按：所以會生出一欄平均欄，值是橫列加總）
3. 將每欄的分位數置換為平均欄的分位數（譯註：每欄從大到小，用平均欄對應的大到小數字替換，例如：樣本一的最大數字用平均欄的最大數字替換，樣本一的第二大數字用平均欄的第二大數字替換，...，以此類推。）

```
import numpy as np
from scipy import stats

def quantile_norm(X):
    """Normalize the columns of X to each have the same distribution.

    Given an expression matrix (microarray data, read counts, etc) of M genes
    by N samples, quantile normalization ensures all samples have the same
    spread of data (by construction).

    The data across each row are averaged to obtain an average column. Each
    column quantile is replaced with the corresponding quantile of the average
    column.

    Parameters
    ----------
    X : 2D array of float, shape (M, N)
        The input data, with M rows (genes/features) and N columns (samples).

    Returns
    -------
    Xn : 2D array of float, shape (M, N)
        The normalized data.
    """
    # compute the quantiles
    quantiles = np.mean(np.sort(X, axis=0), axis=1)

    # compute the column-wise ranks. Each observation is replaced with its
    # rank in that column: the smallest observation is replaced by 1, the
    # second-smallest by 2, ..., and the largest by M, the number of rows.
    ranks = np.apply_along_axis(stats.rankdata, 0, X)

    # convert ranks to integer indices from 0 to M-1
    rank_indices = ranks.astype(int) - 1

    # index the quantiles for each rank with the ranks matrix
    Xn = quantiles[rank_indices]

    return(Xn)
```

由於基因表達計數資料變異性很大，所以通常會在百分位正規化以前對資料作 log 轉換。我們要另外寫一個輔助函式來作 log 轉換：

```
def quantile_norm_log(X):
    logX = np.log(X + 1)
    logXn = quantile_norm(logX)
    return logXn
```

一樣地，這兩個函式也展示出 NumPy 的強大功能（前三點在第一章已看過）：

- 陣列可以是一維，概念上像是串列，也可以是二維，像是矩陣，也可以是更多維度。這個特性讓它可以用來表示多種型態數值資料，在我們的例子中用的是二維矩陣。
- 陣列一次可以執行多種數學運算，在第一行 `quantile_norm_log` 中，我們只執行了一次呼叫，就把 `X` 裡的值都加 1 並執行 log 運算，這個功能被稱為**向量化**（*vectorization*）。
- 陣列可以指定**軸**進行操作。在 `quantile_norm` 的第一行，我們指定了 `sp.sort` 裡的 `asix` 參數，就可對所有欄做排序，後來指定**另外**一個 `asix` 沿另一個軸計算平均數。
- 陣列是 Python 科研生態圈中重要的基石，`scipy.stats.rankdata` 函式操作的不是 Python 串列，而是 NumPy 的陣列，這一點在其它的 Python 科研函式庫也一樣。
- 即使是沒有提供 `axis=` 關鍵字的函式，也可以用 NumPy 的 `apply_along_axis` 函式，來指定要動作的目標軸。
- 陣列透過**花式索引**（*fancy indexing*）進行多種操作：例如 `Xn = quantiles[ranks]`。花式索引在 NumPy 中可能是最棘手也是最有用的一部分，我們在接下來的內容會看到更多相關內容。

取得資料

如同在第一章一樣，我們要用到 TCGA 皮膚癌 RNAseq 資料。目標是要用 RNA 表現資料來估計皮膚癌患者的死亡率。如同之前說過的，這一章結束以前，我們會製作 TCGA 聯盟論文（*http://dx.doi.org/10.1016/j.cell.2015.05.044*）中 5A 和 5B 圖的簡化版本（*http://bit.ly/2sFCegE*）。

跟第一章一樣，首先我們要用 pandas，讓讀取資料的工作變得容易。首先，第一步就是將計數資料讀成 pandas 表格。

```
import numpy as np
import pandas as pd

# Import TCGA melanoma data
filename = 'data/counts.txt'
data_table = pd.read_csv(filename, index_col=0)  # Parse file with pandas

print(data_table.iloc[:5, :5])

       00624286-41dd-476f-a63b-d2a5f484bb45  TCGA-FS-A1Z0  TCGA-D9-A3Z1  \
A1BG                                1272.36        452.96        288.06
A1CF                                   0.00          0.00          0.00
A2BP1                                  0.00          0.00          0.00
A2LD1                                164.38        552.43        201.83
A2ML1                                 27.00          0.00          0.00

       02c76d24-f1d2-4029-95b4-8be3bda8fdbe  TCGA-EB-A51B
A1BG                                 400.11        420.46
A1CF                                   1.00          0.00
A2BP1                                  0.00          1.00
A2LD1                                165.12         95.75
A2ML1                                  0.00          8.00
```

檢查 data_table 中的欄和列資料，我們可以看出欄是樣本，列代表基因，然後把計數放入 NumPy 陣列中。

```
# 2D ndarray containing expression counts for each gene in each individual
counts = data_table.values
```

個體的基因表達分布差異

現在先讓我們以繪製樣本的計數分布來感受一下我們的計數資料。我們會使用高斯核心來平滑資料差異，以得到較好的分布全貌。

首先，如之前一樣，設定繪圖樣式：

```
# Make plots appear inline, set custom plotting style
%matplotlib inline
import matplotlib.pyplot as plt
plt.style.use('style/elegant.mplstyle')
```

接下來，寫一個繪圖的函式，該函式中呼叫 SciPy 的 gaussian_kde 函式來畫出平滑分布。

```
from scipy import stats

def plot_col_density(data):
    """For each column, produce a density plot over all rows."""

    # Use Gaussian smoothing to estimate the density
    density_per_col = [stats.gaussian_kde(col) for col in data.T]
    x = np.linspace(np.min(data), np.max(data), 100)

    fig, ax = plt.subplots()
    for density in density_per_col:
        ax.plot(x, density(x))
    ax.set_xlabel('Data values (per column)')
    ax.set_ylabel('Density')
```

在我們作正規化以前，先用這個函式來畫原始資料的分布圖。

```
# Before normalization
log_counts = np.log(counts + 1)
plot_col_density(log_counts)
```

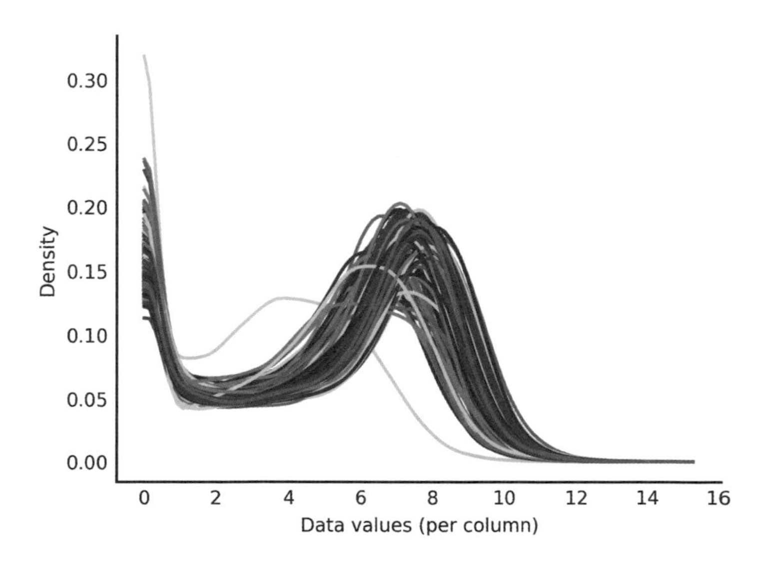

我們可以粗略地看到計數的分布非常相似，只是有些樣本分布的平一些，而有些向右位移了一些。事實上，要注意它們是作過 log 的，所以不同分布的峰值其實有著巨大的差異！在本章後半段對計數資料作分析時，會假定我們樣本的基因計數差異來自於生物的個體差異。但現在看到分布位移的主要原因，看起來是由技術造成的，比較像是處理每個樣本的方法不同而造成的差異，而不是因為生物本身差異，所以我們要試著去作正規化，以去除樣本間的差異。

我們要做的是百分位正規化，一如在本章開始時所說，所有個體樣本應該要有相似的分布，所以應該是一些技術上的操作不同，而產生圖中看到的差異。比較正式的說法是，若有一個 shape 為 (n_genes, n_samples) 的表現計數矩陣（微矩陣、read 計數等），百分位正規化讓可以讓所有的個體樣本（欄）分布都相同。

只要使用 NumPy 和 SciPy，這工作就變得又快又簡單。讓我們先回顧一下章節開頭的地方所介紹的百分位正規化實作。

假設讀入的矩陣為 X：

```
import numpy as np
from scipy import stats

def quantile_norm(X):
    """Normalize the columns of X to each have the same distribution.

    Given an expression matrix (microarray data, read counts, etc.) of M genes
    by N samples, quantile normalization ensures all samples have the same
    spread of data (by construction).

    The data across each row are averaged to obtain an average column. Each
    column quantile is replaced with the corresponding quantile of the average
    column.

    Parameters
    ----------
    X : 2D array of float, shape (M, N)
        The input data, with M rows (genes/features) and N columns (samples).

    Returns
    -------
    Xn : 2D array of float, shape (M, N)
        The normalized data.
    """
    # compute the quantiles
    quantiles = np.mean(np.sort(X, axis=0), axis=1)

    # compute the column-wise ranks. Each observation is replaced with its
    # rank in that column: the smallest observation is replaced by 1, the
    # second-smallest by 2, ..., and the largest by M, the number of rows.
    ranks = np.apply_along_axis(stats.rankdata, 0, X)
```

```
    # convert ranks to integer indices from 0 to M-1
    rank_indices = ranks.astype(int) - 1

    # index the quantiles for each rank with the ranks matrix
    Xn = quantiles[rank_indices]

    return(Xn)


def quantile_norm_log(X):
    logX = np.log(X + 1)
    logXn = quantile_norm(logX)
    return logXn
```

現在來看一下經過百分位正規化以後的分布圖：

```
# After normalization
log_counts_normalized = quantile_norm_log(counts)

plot_col_density(log_counts_normalized)
```

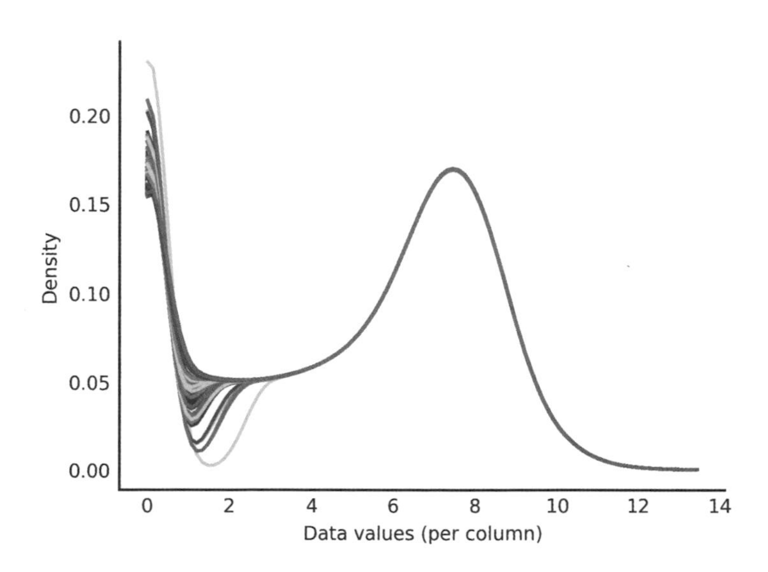

一如你預期的，這些分布看起來幾乎一樣！（左側的分布差異是來自不同資料欄中很低的值—0,1,2...。）

現在，已經將計數的值正規化，所以要開始使用基因表達資料來估計病人的預後了。

雙分群計數資料

將樣本分群可以讓我們看出哪些個體有類似的基因表達，這些個體在其它的分析中可能會有類似的樣本特性。現在資料已經正規化，那麼就可以對矩陣中的基因（列）和樣本（欄）作分群了。對列作分群可以看出哪些基因表達值有相關性，表示它們是一起動作的。**雙分群**的意思就是可以同時對列和欄的資料作分群。藉由對列分群，我們找到哪些基因是一起動作的，藉由對欄分群，我們可找到哪些樣本是相似的。

由於分群計算量龐大，所以我們只對變異最大的 1500 個基因作分析，它們已足夠代表全部資料的特性。

```
def most_variable_rows(data, *, n=1500):
    """Subset data to the n most variable rows

    In this case, we want the n most variable genes.

    Parameters
    ----------
    data : 2D array of float
        The data to be subset
    n : int, optional
        Number of rows to return.

    Returns
    -------
    variable_data : 2D array of float
        The `n` rows of `data` that exhibit the most variance.
    """
    # compute variance along the columns axis
    rowvar = np.var(data, axis=1)
    # Get sorted indices (ascending order), take the last n
    sort_indices = np.argsort(rowvar)[-n:]
    # use as index for data
    variable_data = data[sort_indices, :]
    return variable_data
```

接著，我們需要一個函式來對資料作雙分群，一般來說你可選用 scikit-learn（*http://scikit-learn.org*）函式庫的複雜分群演算法（sophisticated clustering algorithm）。不過，為了要簡單和易於展示我們範例，改用階層分群演算法（hierarchical clustering algorithm）。而 SciPy 函式庫剛巧就有超棒的階層分群演算法模組可用，不過它的介面有點難搞就是了。

提示您，階層分群演算法藉漸進式合併群，來達成將觀測資料分組的方法：一開始每個觀測資料都有自己的群，然後會不斷合併最相近的兩個群，直到所有觀測資料都變成同一個群為止，不停合併的過程可以用**合併樹**來表示。若在此樹特定高度切一刀，我們就可以藉指定這一刀的高低得到較多的群，或是較少的群。

`scipy.cluster.hierarchy` 中有個 `linkage` 函式，它使用特定的計量（像尤拉距離（Euclidean Distance）、曼哈頓距離（Manhattan Distance）或其它）以及特定的連結方法，也就是依據兩個群的距離（舉例來說，用所有觀測資料中兩兩分群的平均距離），對矩陣的列執行階層分群。

它會用“連結矩陣”的形式回傳合併樹，樹中包含每次合併計算出來的距離以及產出群中觀測資料的數量。`linkage` 文件中是這麼描述回傳值的：

> 回傳值是一個分群矩陣，其索引值小於 n，索引值代表 1 到 n 個原始觀測資料。群 Z[i, 0] 和 Z[i, 1] 的距離是 Z[1, 2]，第四個值 Z[i, 3] 代表新的群是由多少原始觀測資料所構成。（譯按：`linkage` 原始文件中說，回傳值是一個陣列 z，陣列大小是 $(n-1)\times 4$，第一維索引 $0\sim n-1$ 代表原始資料 $1\sim n$，第 i 次動作時，$Z[i, x]$ 四個元素的說明如原作所述。）

哎唷！講了一大堆，我們還是實際看一下，希望讓你比較容易掌握。首先，我們定義 `bicluster` 函式，這個函式可對矩陣中的列和欄都作分群：

```
from scipy.cluster.hierarchy import linkage


def bicluster(data, linkage_method='average', distance_metric='correlation'):
    """Cluster the rows and the columns of a matrix.

    Parameters
    ----------
    data : 2D ndarray
        The input data to bicluster.
    linkage_method : string, optional
        Method to be passed to `linkage`.
    distance_metric : string, optional
        Distance metric to use for clustering. See the documentation
        for ``scipy.spatial.distance.pdist`` for valid metrics.

    Returns
    -------
    y_rows : linkage matrix
        The clustering of the rows of the input data.
    y_cols : linkage matrix
```

```
        The clustering of the cols of the input data.
    """
    y_rows = linkage(data, method=linkage_method, metric=distance_metric)
    y_cols = linkage(data.T, method=linkage_method, metric=distance_metric)
    return y_rows, y_cols
```

簡單說明：呼叫 linkage 時，輸入原始資料矩陣就可以了。後面作欄分群時，要只將輸入資料的矩陣轉置，欄就變成列，一樣呼叫 linkage 即可。

視覺化群

接下來，我們要定義一個用來視覺化群的函式，把輸入資料的列和欄重排過，讓相近的列靠在一起，相近的欄靠在一起。而且還要將列和欄的合併樹顯示出來，以及哪些觀測資料在一群。用樹狀圖的方法呈現合併，樹的深度越深，表示觀測資料之間越相似。

醜話說在前頭，為了讓眼睛可以看到正確比例的繪圖，所以無可避免地，這裡有一些寫死的參數。

```
from scipy.cluster.hierarchy import dendrogram, leaves_list


def clear_spines(axes):
    for loc in ['left', 'right', 'top', 'bottom']:
        axes.spines[loc].set_visible(False)
    axes.set_xticks([])
    axes.set_yticks([])


def plot_bicluster(data, row_linkage, col_linkage,
                   row_nclusters=10, col_nclusters=3):
    """Perform a biclustering, plot a heatmap with dendrograms on each axis.

    Parameters
    ----------
    data : array of float, shape (M, N)
        The input data to bicluster.
    row_linkage : array, shape (M-1, 4)
        The linkage matrix for the rows of `data`.
    col_linkage : array, shape (N-1, 4)
        The linkage matrix for the columns of `data`.
    n_clusters_r, n_clusters_c : int, optional
        Number of clusters for rows and columns.
    """
    fig = plt.figure(figsize=(4.8, 4.8))
```

```
# Compute and plot row-wise dendrogram
# `add_axes` takes a "rectangle" input to add a subplot to a figure.
# The figure is considered to have side-length 1 on each side, and its
# bottom-left corner is at (0, 0).
# The measurements passed to `add_axes` are the left, bottom, width, and
# height of the subplot. Thus, to draw the left dendrogram (for the rows),
# we create a rectangle whose bottom-left corner is at (0.09, 0.1), and
# measuring 0.2 in width and 0.6 in height.
ax1 = fig.add_axes([0.09, 0.1, 0.2, 0.6])
# For a given number of clusters, we can obtain a cut of the linkage
# tree by looking at the corresponding distance annotation in the linkage
# matrix.
threshold_r = (row_linkage[-row_nclusters, 2] +
               row_linkage[-row_nclusters+1, 2]) / 2
with plt.rc_context({'lines.linewidth': 0.75}):
    dendrogram(row_linkage, orientation='left',
               color_threshold=threshold_r, ax=ax1)
clear_spines(ax1)

# Compute and plot column-wise dendrogram
# See notes above for explanation of parameters to `add_axes`
ax2 = fig.add_axes([0.3, 0.71, 0.6, 0.2])
threshold_c = (col_linkage[-col_nclusters, 2] +
               col_linkage[-col_nclusters+1, 2]) / 2
with plt.rc_context({'lines.linewidth': 0.75}):
    dendrogram(col_linkage, color_threshold=threshold_c, ax=ax2)
clear_spines(ax2)

# Plot data heatmap
ax = fig.add_axes([0.3, 0.1, 0.6, 0.6])

# Sort data by the dendrogram leaves
idx_rows = leaves_list(row_linkage)
data = data[idx_rows, :]
idx_cols = leaves_list(col_linkage)
data = data[:, idx_cols]

im = ax.imshow(data, aspect='auto', origin='lower', cmap='YlGnBu_r')
clear_spines(ax)

# Axis labels
ax.set_xlabel('Samples')
ax.set_ylabel('Genes', labelpad=125)

# Plot legend
axcolor = fig.add_axes([0.91, 0.1, 0.02, 0.6])
```

```
    plt.colorbar(im, cax=axcolor)

    # display the plot
    plt.show()
```

現在把這些函式套用在正規化過的計數矩陣上，就可以顯示列和欄的分群（圖 2-1）。

```
counts_log = np.log(counts + 1)
counts_var = most_variable_rows(counts_log, n=1500)
yr, yc = bicluster(counts_var, linkage_method='ward',
                   distance_metric='euclidean')
with plt.style.context('style/thinner.mplstyle'):
    plot_bicluster(counts_var, yr, yc)
```

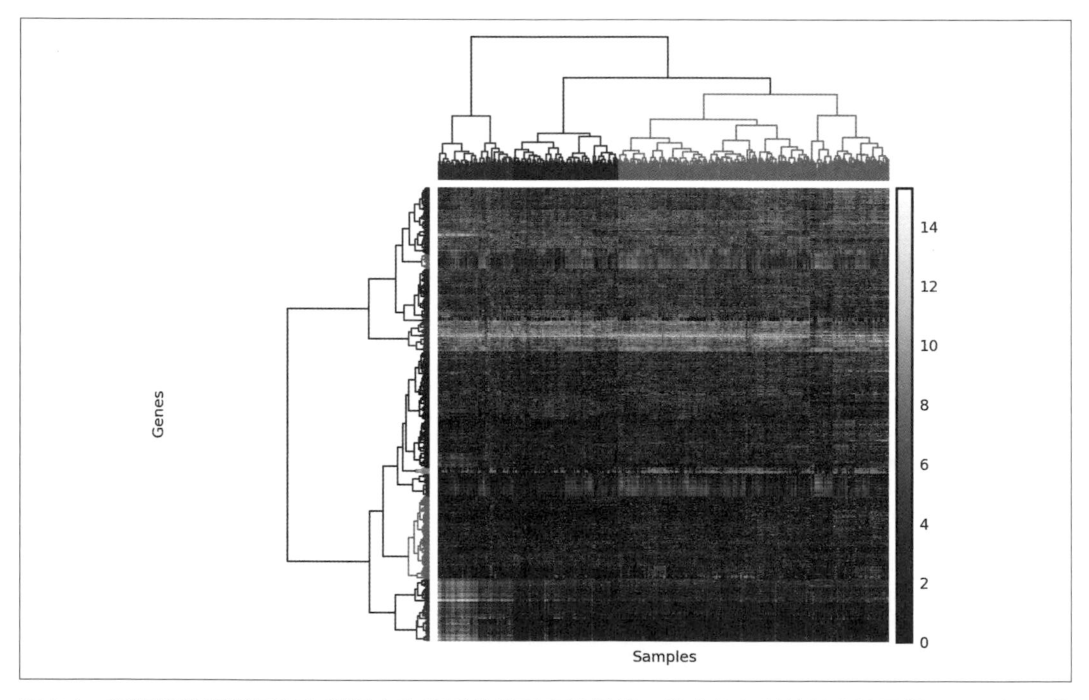

圖 2-1　這張熱點圖顯示出全部樣本和基因的基因表達層級，其中的色彩就是表達層級。列和欄是依分群所組成，可以看到 y 軸是基因分群，而 x 軸是樣本分群

預測生存率

現在可以看到樣本資料至少可被分為兩到三個群，這些分群有意義嗎？為了回答這個問題，我們可以從論文（*http://bit.ly/2tiZtR6*）中資料 repository 取得病患的資料。經過一些預先處理，可以得病患表格（*http://bit.ly/2tjp6BD*），內含了每個病人存活資訊。我們可將這些資訊和計數分群作比對，來驗證病人的基因表達是否能用來預測病況。

```
patients = pd.read_csv('data/patients.csv', index_col=0)
patients.head()
```

	UV 特徵（UV-signature）	原始分群（original-clusters）	皮膚癌存活時間（melanoma-survival-time）	皮膚癌死亡（melanoma-dead）
TCGA-BF-A1PU	UV signature	keratin	NaN	NaN
TCGA-BF-A1PV	UV signature	keratin	13.0	0.0
TCGA-BF-A1PX	UV signature	keratin	NaN	NaN
TCGA-BF-A1PZ	UV signature	keratin	NaN	NaN
TCGA-BF-A1Q0	not UV	immune	17.0	0.0

橫列是病人（個體），相關的的欄位是：

UV 特徵（UV signature）

用紫外線是否可以引發特定 DNA 突變。研究人員可以由是否出現突變得情況，來推論病人是因紫外線造成突變而引發癌症。

原始分群（Original cluster）

在論文中，已將病患依基因表達資料分群，分群依據基因類型，主要的為 “immue”（n = 168; 51%），“keratin”（n = 102; 31%）以及 “MITF-low”（n = 59; 18%）。

皮膚癌存活時間（Melanoma survival time）

病患生存的天數。

皮膚癌死亡（Melanoma dead）

值 1 表示病人死於皮膚癌，0 表示還活著或死於其它原因。

現在我們要為每群裡的病人繪製存活曲線，這是一張顯示隨時間軸變化仍然存活的病人比例。請注意，某些資料為不知正確存活情況（*right-censored*）資料，表示在某些情況下，我們不能確定病人何時死亡或病人可能死於非皮膚癌。這類的病人在我們的存活曲線上視為“存活”（alive），不過更精確的分析會試圖去估計他們可能死亡的時間。

為了從存活時間畫出存活曲線，我們做了一個每次減少 *1/n* 的函式，*n* 為一個組裡病人的數目，然後將該函式比對已知正確存活時間資料。

```
def survival_distribution_function(lifetimes, right_censored=None):
    """Return the survival distribution function of a set of lifetimes.

    Parameters
    ----------
    lifetimes : array of float or int
        The observed lifetimes of a population. These must be non-negative.
    right_censored : array of bool, same shape as `lifetimes`
        A value of `True` here indicates that this lifetime was not observed.
        Values of `np.nan` in `lifetimes` are also considered to be
        right-censored.

    Returns
    -------
    sorted_lifetimes : array of float
        The
    sdf : array of float
        Values starting at 1 and progressively decreasing, one level
        for each observation in `lifetimes`.

    Examples
    --------

    In this example, of a population of four, two die at time 1, a
    third dies at time 2, and a final individual dies at an unknown
    time. (Hence, ``np.nan``.)

    >>> lifetimes = np.array([2, 1, 1, np.nan])
    >>> survival_distribution_function(lifetimes)
    (array([ 0.,  1.,  1.,  2.]), array([ 1.  ,  0.75,  0.5 ,  0.25]))
    """
    n_obs = len(lifetimes)
    rc = np.isnan(lifetimes)
    if right_censored is not None:
        rc |= right_censored
    observed = lifetimes[~rc]
```

```
    xs = np.concatenate( ([0], np.sort(observed)) )
    ys = np.linspace(1, 0, n_obs + 1)
    ys = ys[:len(xs)]
    return xs, ys
```

現在，可以很容易的從生存資料畫出生存曲線。讓我們寫一個函式依群識別分組生存時間，並將每個群畫在不同線上：

```
def plot_cluster_survival_curves(clusters, sample_names, patients,
                                 censor=True):
    """Plot the survival data from a set of sample clusters.

    Parameters
    ----------
    clusters : array of int or categorical pd.Series
        The cluster identity of each sample, encoded as a simple int
        or as a pandas categorical variable.
    sample_names : list of string
        The name corresponding to each sample. Must be the same length
        as `clusters`.
    patients : pandas.DataFrame
        The DataFrame containing survival information for each patient.
        The indices of this DataFrame must correspond to the
        `sample_names`. Samples not represented in this list will be
        ignored.
    censor : bool, optional
        If `True`, use `patients['melanoma-dead']` to right-censor the
        survival data.
    """
    fig, ax = plt.subplots()
    if type(clusters) == np.ndarray:
        cluster_ids = np.unique(clusters)
        cluster_names = ['cluster {}'.format(i) for i in cluster_ids]
    elif type(clusters) == pd.Series:
        cluster_ids = clusters.cat.categories
        cluster_names = list(cluster_ids)
    n_clusters = len(cluster_ids)
    for c in cluster_ids:
        clust_samples = np.flatnonzero(clusters == c)
        # discard patients not present in survival data
        clust_samples = [sample_names[i] for i in clust_samples
                         if sample_names[i] in patients.index]
        patient_cluster = patients.loc[clust_samples]
        survival_times = patient_cluster['melanoma-survival-time'].values
        if censor:
```

```
        censored = ~patient_cluster['melanoma-dead'].values.astype(bool)
    else:
        censored = None
    stimes, sfracs = survival_distribution_function(survival_times,
                                                    censored)
    ax.plot(stimes / 365, sfracs)

ax.set_xlabel('survival time (years)')
ax.set_ylabel('fraction alive')
ax.legend(cluster_names)
```

現在我們可以用 fcluster 函式取得樣本（也就是計數資料的欄）的群識別，並將個體的生存曲線分別畫出來。fcluster 函式的參數是 linkage 回傳的連結矩陣，以及一個臨界值，並回傳群識別。想要事先得到臨界值是很難的，不過我們可以藉由查看連結矩陣中的距離，得到適合施用在特定數量群組的臨界值。

```
from scipy.cluster.hierarchy import fcluster
n_clusters = 3
threshold_distance = (yc[-n_clusters, 2] + yc[-n_clusters+1, 2]) / 2
clusters = fcluster(yc, threshold_distance, 'distance')

plot_cluster_survival_curves(clusters, data_table.columns, patients)
```

如圖 2-2，基因表達資料的分群可看出皮膚癌的高風險群（cluster 2），TCGA 的研究有更可靠的分群和統計測試來背書這個結果，與其它的血癌、腸癌和其它癌症相比，確實只有這個結果符合最新研究結果。雖然上面用的分群法十分不穩定，不過還有很多其它穩定的分群法可以分析類似的資料 [1]。

1 The Cancer Genome Atlas Network, Genomic Classification of Cutaneous Melanoma" (*http://dx.doi.org/10.1016/j.cell.2015.05.044*), Cell 161, no. 7 (2015):1681–1696.

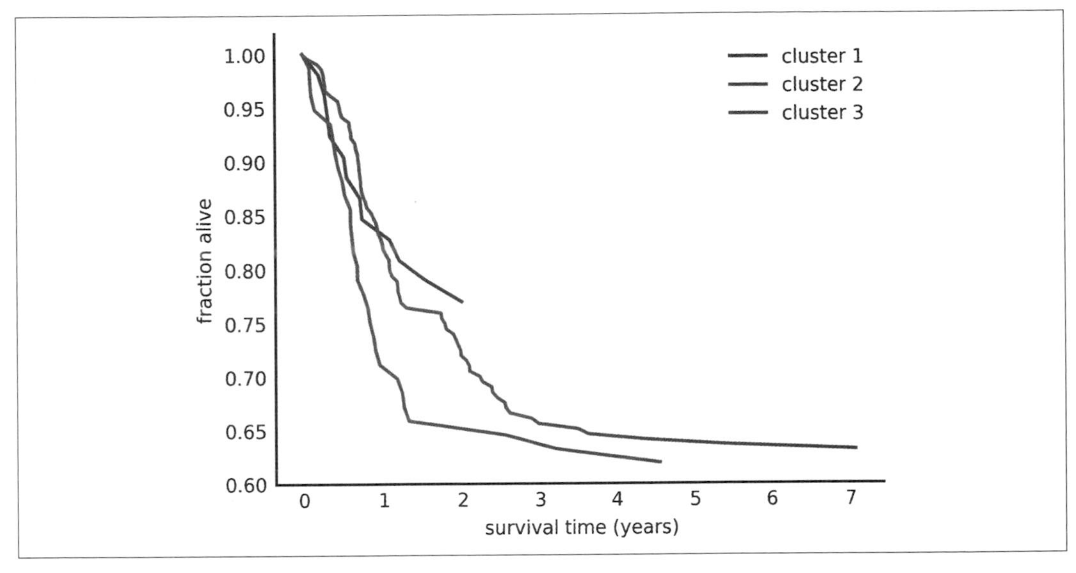

圖 2-2　使用基因表達資料分群後生存曲線

更進一步：使用 TCGA 的病患分群

我們自己為了預測存活率所作的分群和原來論文裡的分群相比，作出的預測結果更好嗎？而 UV 特徵又如何呢？用原來的分群以及原病患資料中的 UV 特徵欄來畫生存曲線，和我們的分群所作出來的相比結果如何？

更進一步：製作 TCGA 的分群

將論文中所描述的方法實作出來當成你的練習：[2]

1. 抓一些基本 bootstrap 樣本（就是隨機抽替換樣本），用來作樣本分群。
2. 為每個個體樣本作階層分群。
3. 在 shape 為 `(n_samples, n_samples)` 的矩陣中，儲存一對樣本一起出現在 bootstrap 分群中的次數。
4. 對產出的矩陣中進行階層分群。

2　同上

這可以顯示不管是哪些基因被挑中，有些樣本經常會一起出現在分群中，也就是說這樣一同出現的個體樣本可視為具有強勁的群聚性。

Hint

使用 `np.random.choice` 並指定 `replacement=True`，可以隨機在列中挑出 bootstrap 樣本。

第三章

用 ndimage 處理影像區域關係

老虎！老虎！你金色的輝煌，

火似地照亮黑夜的林莽，

什麼樣的神，

能塑造出你這可怕的東西？

—William Blake，*The Tyger*

你或許知道數位影像的基本單位是**像素**（*pixel*）。一般來說，不應該把它們想像成小小的方塊，而是**整齊排列**的發光**小點**。[1]

進行影像處理時，通常處理的是物件，而不是單一的像素。在一幅風景畫中，像天空、大地、樹和石頭都是由很多像素構成，而區域相鄰圖（region adjacency graph, RAG）結構就是用來表示這些物件的。圖中的**節點**存著每個物件的特性，**連結**則是和另外的物件之間在空間上的關係，當輸入影像中兩個物件區域碰在一起時，兩個節點之間就會有連結。

建立這樣的結構可不容易，而且當影像不是二維，而是三維，甚至四維時更是困難，在顯微鏡學、材料科學和氣候學，及其它學科上常出現這種多維的資料。不過我們將讓你看到如何使用 NetworkX（是一個用來分析圖和網路的 Python 函式庫），寫個幾行程式碼就可以產生區域相鄰圖，以及使用 SciPy 的 N 維影像處理子模組 ndimage 產生濾波器。

1 Alvy Ray Smith, "A Pixel Is Not A Little Square" (*http://alvyray.com/Memos/CG/Microso /6_pixel.pdf*), (technical memo) July 17, 1995.

```
import networkx as nx
import numpy as np
from scipy import ndimage as ndi

def add_edge_filter(values, graph):
    center = values[len(values) // 2]
    for neighbor in values:
        if neighbor != center and not graph.has_edge(center, neighbor):
            graph.add_edge(center, neighbor)
    return 0.0


def build_rag(labels, image):
    g = nx.Graph()
    footprint = ndi.generate_binary_structure(labels.ndim, connectivity=1)
    _ = ndi.generic_filter(labels, add_edge_filter, footprint=footprint,
                           mode='nearest', extra_arguments=(g,))
    return g
```

Elegant SciPy 的源起

（*Juan* 的筆記）

特別值得一提的是，這個章節啟發了這整本書。當時還是大學生的 Vighnesh Birodkar 參加 Google 的 Summer of Code（GSoC）2014 時寫了這段程式碼。當我看到這段程式碼時，簡直太驚艷了。本書會涉獵很多在不同科研界的 Python 應用，當你看完本章之後，除了應該能處理任何維度的陣列，而不是只有一維或二維，而且還可以學習影像濾波和關係處理的基礎。

以上的程式碼做了幾件事，用 NumPy 陣列來代表影像、使用 `scipy.ndimage` 進行影像濾波，並使用 NetworkX 函式庫將影像的區域轉為關係圖。我們接下來會一一說明這些動作。

影像就是 NumPy 陣列

在前一章中，我們已知 NumPy 陣列對處理表格資料相當拿手，並且執行計算也很方便，所以用陣列代表一張影像是很合適的。

下面的程式碼是單用 NumPy 建立一張白雜訊影像，並用 Matplotlib 顯示。首先，引入必要的 package，然後為了要顯示圖，所以使用 Python magic 的 mappltlib inline。

```
# Make plots appear inline, set custom plotting style
%matplotlib inline
import matplotlib.pyplot as plt
plt.style.use('style/elegant.mplstyle')
```

然後製造雜訊，並以圖的方法顯示這些雜訊：

```
import numpy as np
random_image = np.random.rand(500, 500)
plt.imshow(random_image);
```

imshow 函式將 NumPy 陣列以影像顯示：

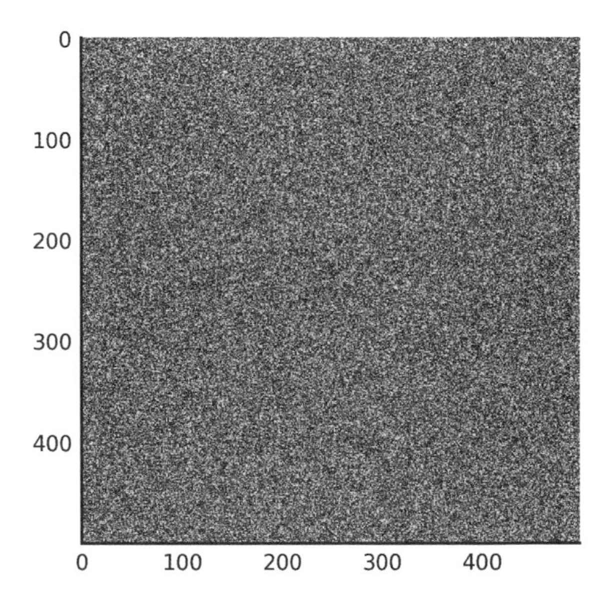

將一張影像視為一個 NumPy 陣列也是可以的。接下來的例子使用 scikit-image 函式庫，它是一組基於 NumPy 和 SciPy 的影像處理工具。

另外從 scikit-image reposiroty 中拿一張布魯克林博物館的黑白影像（也稱灰階），內容是龐貝城裡的一些古羅馬錢幣：

然後用 scikit-image 載入影像：

```
from skimage import io
url_coins = ('https://raw.githubusercontent.com/scikit-image/scikit-image/'
             'v0.10.1/skimage/data/coins.png')
coins = io.imread(url_coins)
print("Type:", type(coins), "Shape:", coins.shape, "Data type:", coins.dtype)
plt.imshow(coins);

Type: <class 'numpy.ndarray'> Shape: (303, 384) Data type: uint8
```

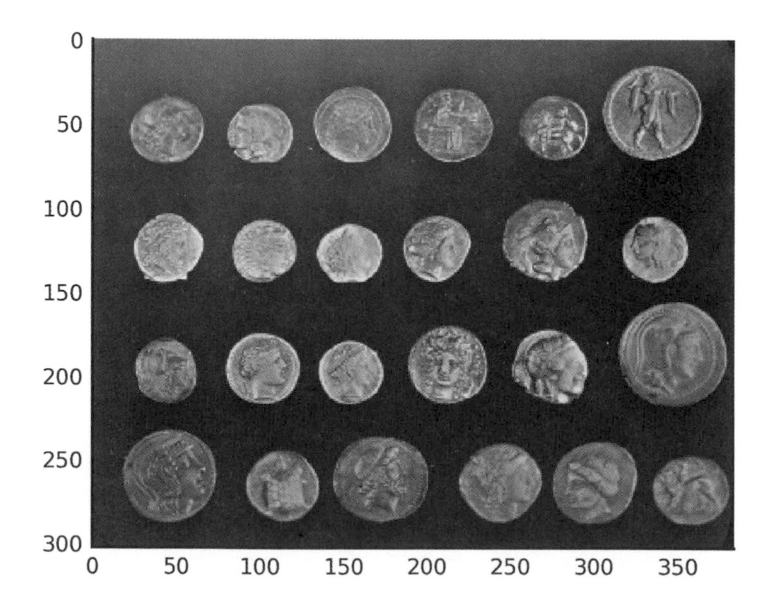

一張灰階圖可以用二維陣列代表，每個陣列元素包含了對應點的灰度，所以一張影像等同於一個 *NumPy* 陣列。

彩色照片用三維陣列代表，前面兩維是影像的空間軸位置，第三維是色彩，通常以紅綠藍三色為主。我們用太空人 Eileen Collins 的照片來示範一下怎麼用三維陣列處理影像：

```
url_astronaut = ('https://raw.githubusercontent.com/scikit-image/scikit-image/'
                 'master/skimage/data/astronaut.png')
astro = io.imread(url_astronaut)
print("Type:", type(astro), "Shape:", astro.shape, "Data type:", astro.dtype)
plt.imshow(astro);
```

```
Type: <class 'numpy.ndarray'> Shape: (512, 512, 3) Data type: uint8
```

一旦你理解這張照片就是個 *NumPy* 陣列後，若要為這張影像加入個綠色方塊就很容易了。讓我們使用簡單的 NumPy 切片：

```
astro_sq = np.copy(astro)
astro_sq[50:100, 50:100] = [0, 255, 0]  # 紅，綠，藍
plt.imshow(astro_sq);
```

你可以建一個布林值遮罩，也就是一個包含 True 或 False 值的陣列。在第二章我們曾用它來挑選表中的特定列，在此處用一個和照片一樣大的布林陣列，來選定特定像素：

```
astro_sq = np.copy(astro)
sq_mask = np.zeros(astro.shape[:2], bool)
sq_mask[50:100, 50:100] = True
astro_sq[sq_mask] = [0, 255, 0]
plt.imshow(astro_sq);
```

練習題：加入格線

剛才的範例是印出一個綠色的方塊，你能印出更多形狀和色彩嗎？請建立畫藍色格線的函式，並套用在 Eileen Collins 的照片。你的函式要有兩個參數：輸入影像和格線間隔大小，請使用以下的範本開始這個練習：

```
def overlay_grid(image, spacing=128):
    """Return an image with a grid overlay, using the provided spacing.

    Parameters
    ----------
    image : array, shape (M, N, 3)
        The input image.
    spacing : int
        The spacing between the grid lines.

    Returns
    -------
    image_gridded : array, shape (M, N, 3)
        The original image with a blue grid superimposed.
    """
    image_gridded = image.copy()
    pass  # replace this line with your code...
    return image_gridded

# plt.imshow(overlay_grid(astro, 128)); # uncomment this line to test your function
```

結果應該如 221 頁的“解答：加入格線”。

訊號處理中的濾波

濾波是影像處理中最基礎也常見的動作，你可以對一張影像進行濾波以除去雜訊、強化特徵或偵測影像中物件的邊緣。

如果要瞭解濾波器，從一維訊號開始會比較容易。舉例來說，若你以連續 100ms 中，每 1ms 都測量一次光纖是否有光，最後會得到一個長度為 `100` 的陣列。假設光在 30ms 時開始打亮，然後在 60ms 時關閉，最後量到的訊號會長得像這樣：

```
sig = np.zeros(100, np.float) #
sig[30:60] = 1  # signal = 1 during the period 30-60ms because light is observed
fig, ax = plt.subplots()
ax.plot(sig);
ax.set_ylim(-0.1, 1.1);
```

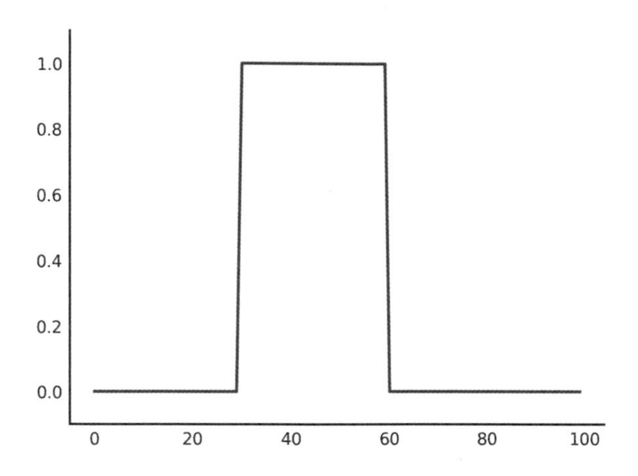

為了要找出訊號起始點，你可以將訊號**延遲** 1ms，然後把延遲訊號**減掉**原始訊號，如此一來，若訊號沒變會得到 0，若訊號**拉高**時，就會得一個正數。

當訊號**降低**時，就會得到一個負數，如果你只對光何時開始感興趣，我們就**刪減**差異訊號，將負數視為 0 即可。

```
sigdelta = sig[1:]  # sigdelta[0] equals sig[1], and so on
sigdiff = sigdelta - sig[:-1]
sigon = np.clip(sigdiff, 0, np.inf)
fig, ax = plt.subplots()
ax.plot(sigon)
ax.set_ylim(-0.1, 1.1)
print('Signal on at:', 1 + np.flatnonzero(sigon)[0], 'ms')

Signal on at: 30 ms
```

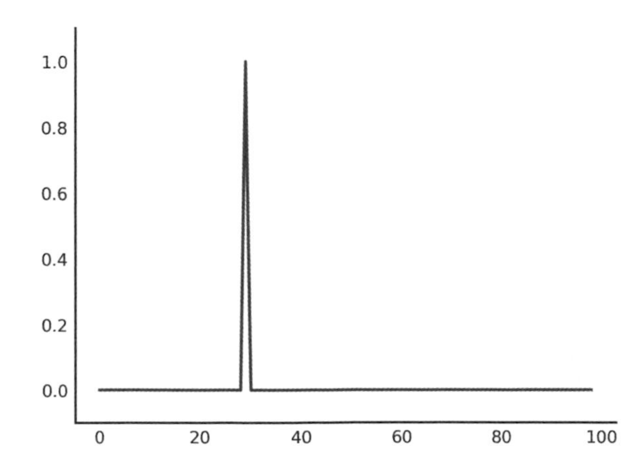

（範例中使用了 NumPy 的 `flatnonzero` 函式來取得 `sigon` 陣列中第一個不為 0 的索引。）

這些可以用訊號處理中一個叫**卷積**（*convolution*）的動作完成，卷積就是將訊號點及其鄰點與核心（kernel）作內積，**核心**又稱為**濾波器**，是一個預先定義好的向量值。依選擇的濾波器不同，經過卷積動作後，就可以對訊號產生不同的效果。

現在，讓我們假設有一個差分濾波器（1, 0, –1），要對訊號 `s` 進行動作。在任意 `i` 位置上，卷積的結果會是 `1*s[i+1] + 0*s[i] - 1*s[i-1]`，也就是 `s[i+1] - s[i-1]`。即和 `s[i]` 相鄰的兩個點若是相同時，卷積出來值會是 0，但若 `s[i+1] > s[i-1]`（訊號增強），卷積出來的值就會是正值，相反地，若 `s[i+1] < s[i-1]`，結果就變成負值。你可以把它想成對輸入函數作微分。

一般來說，卷積的公式可以寫成 $s'(t) = \sum_{j=t-\tau}^{t} s(j)f(t-j)$，其中 s 是訊號，s' 是處理過的訊號，f 是濾波器，而 τ 是濾波器的長度。

在 SciPy 中，你可以使用 `scipy.ndimage.convolve` 來進行卷積：

```
diff = np.array([1, 0, -1])
from scipy import ndimage as ndi
dsig = ndi.convolve(sig, diff)
plt.plot(dsig);
```

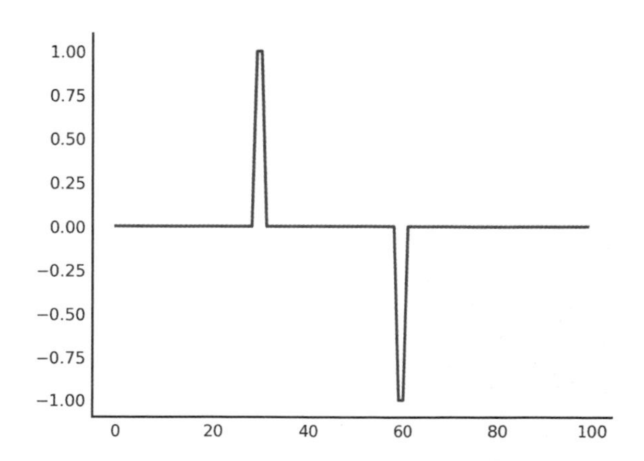

前面所說的訊號，真實的情況下通常是充滿雜訊的：

```
np.random.seed(0)
sig = sig + np.random.normal(0, 0.3, size=sig.shape)
plt.plot(sig);
```

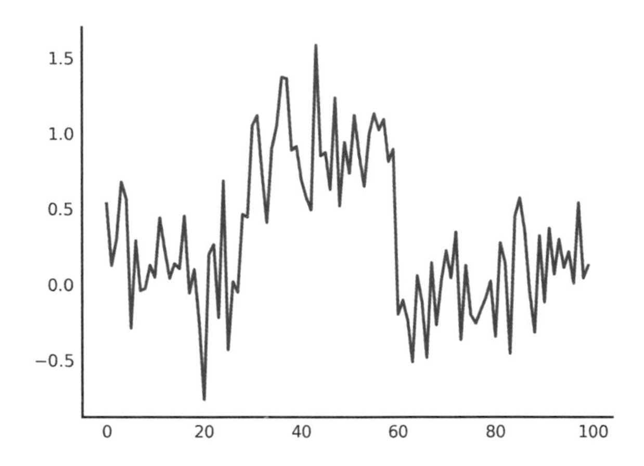

一個單純的差分濾波器會導致雜訊被強化：

```
plt.plot(ndi.convolve(sig, diff));
```

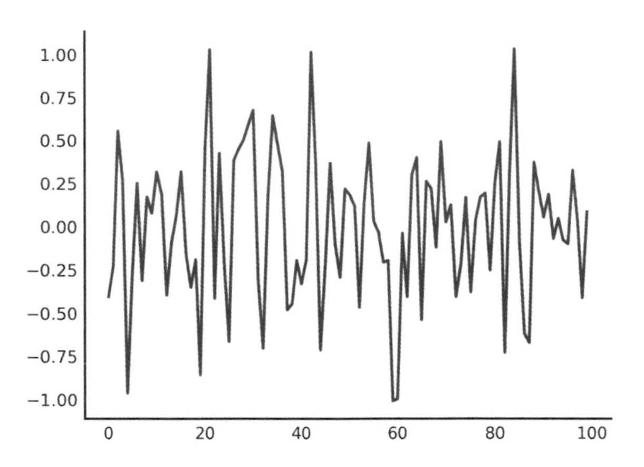

應對這樣的情況，你可以在濾波中加入平滑的功能，最常見的平滑就是**高斯平滑**（*Gaussian* smoothing），使用高斯平滑的函式，會用鄰點做加權平均（*https://en.wikipedia.org/wiki/Gaussian_function*）。下列函式是製作一高斯平滑核心：

```
def gaussian_kernel(size, sigma):
    """Make a 1D Gaussian kernel of the specified size and standard deviation.

    The size should be an odd number and at least ~6 times greater than sigma
    to ensure sufficient coverage.
    """
```

```
    positions = np.arange(size) - size // 2
    kernel_raw = np.exp(-positions**2 / (2 * sigma**2))
    kernel_normalized = kernel_raw / np.sum(kernel_raw)
    return kernel_normalized
```

卷積的一個大好處是它的**結合律**，意思是如果你想要平滑訊號，只要對差分濾波器先做平滑處理，再做卷積即可！這可以節省下大量的運算時間成本，因為通常濾波器通常比資料小很多，你只要對濾波器作平滑即可。

```
smooth_diff = ndi.convolve(gaussian_kernel(25, 3), diff)
plt.plot(smooth_diff);
```

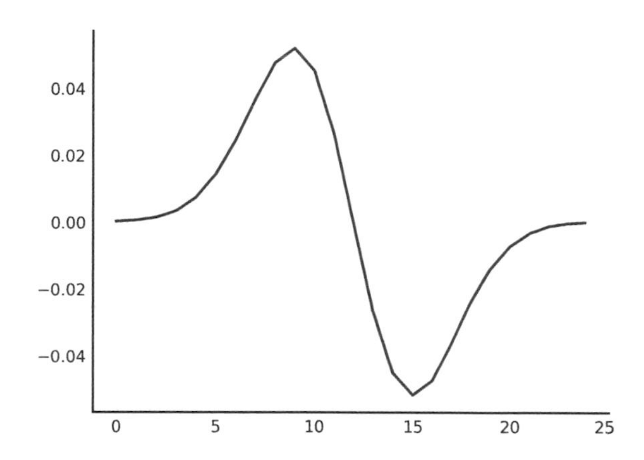

這個平滑過的差分濾波器不僅要找出是中央位置的落差，還有差異延展情況。這個差異延展只開始在真實的訊號落差發生時，而不該發生在雜訊產生的假落差上。結果請見（圖 3-1）：

```
sdsig = ndi.convolve(sig, smooth_diff)
plt.plot(sdsig);
```

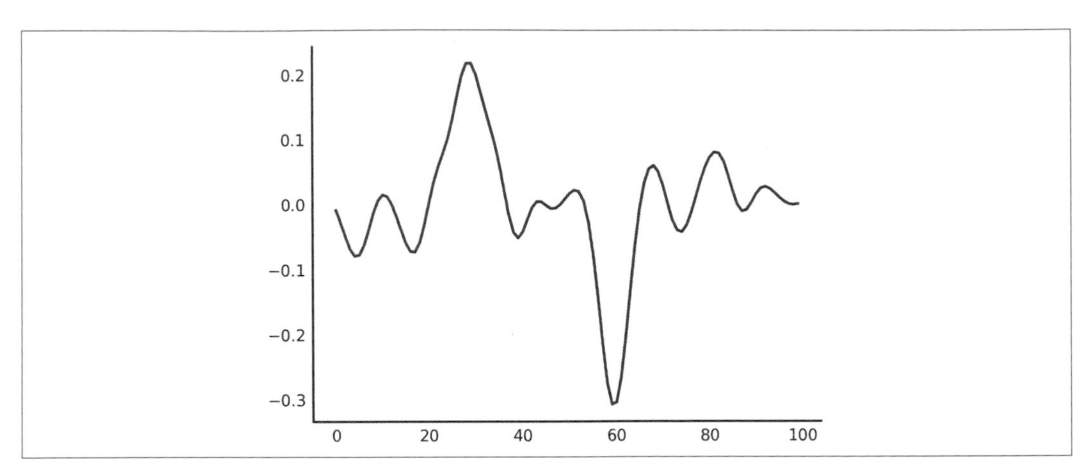

圖 3-1　在充滿雜訊的訊號上使用平滑過的差異濾波器

雖然結果看起來還是有些波動，但是**訊雜比**（*signal-to-noise ratio*，SNR）已經比只用簡單濾波器時好太多了。

濾波器

這個動作之所以被稱為濾波，是因為在真實的電路中，有很多硬體實作，目的是只讓特定的電流通過。而這些硬體電路就稱過濾波器。舉例來說，一個常見的**低通濾波器**（*low-pass filter*）可以從電流中移除掉高頻電壓波動。

影像濾波（2 維濾波器）

前面已經看過了一維的濾波器，現在我們來看看能不能直接擴展套用在二維訊號（例如影像）上，下面是在硬幣圖上找邊緣的二維濾波器。

```
coins = coins.astype(float) / 255  # prevents overflow errors
diff2d = np.array([[0, 1, 0], [1, 0, -1], [0, -1, 0]])
coins_edges = ndi.convolve(coins, diff2d)
io.imshow(coins_edges);
```

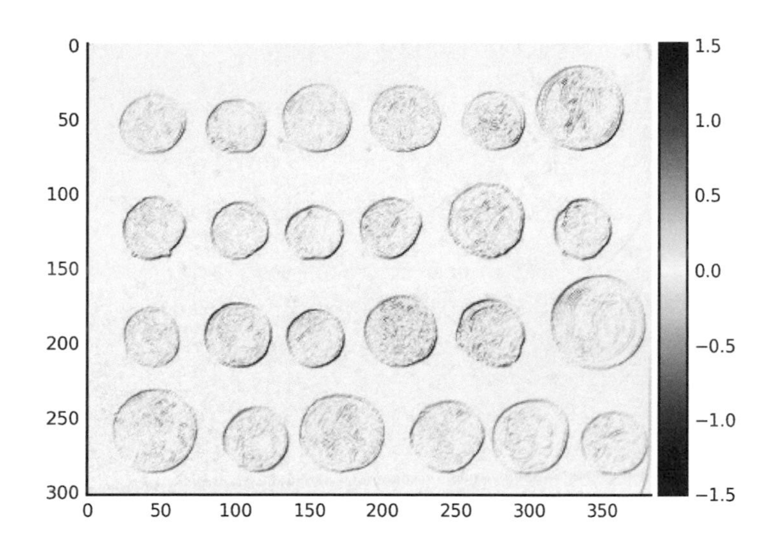

原則和一維濾波器是一樣的：在影像中的每一點都放上濾波器，然後計算濾波器和影像值的內積，再將結果放置在輸出影像的同一點。也和一維濾波器一樣，如果濾波器計算處變動不大，則內積相消結果接近零，而如果放置處影像亮度變化，乘上 1 和乘上 -1 的結果會不同，輸出的結果就會是一個正數或是負數（看影像是向右下變亮還是左上變亮）。

和使用一維濾波器時一樣，可施用過濾波器以除去雜訊。索貝爾（Sobel）濾波器就是設計用來做這件事的，它用來找到資料中水平和垂直向的邊緣。接下來讓我們先看看水平濾波器，你可以試試看下面的濾波器：

```
# column vector (vertical) to find horizontal edges
hdiff = np.array([[1], [0], [-1]])
```

但是，和我們在一維濾波器時看到的結果相同，這樣做的邊緣偵測產出結果充滿雜訊。索貝爾濾波器不像高斯平滑濾波器，會造成邊緣模糊，索貝爾濾波器利用邊緣有連續性特性：例如大海的照片，在水平面的地方有連續水平邊緣，而不是在一個點而已。所以索貝爾濾波器將垂直濾波器作水平向的平滑：偵測中央位置和鄰點們共同合作強烈邊緣：

```
hsobel = np.array([[ 1,  2,  1],
                   [ 0,  0,  0],
                   [-1, -2, -1]])
```

而垂直的索貝爾濾波器就是簡單地將水平濾波器作轉置：

```
vsobel = hsobel.T
```

現在可以對硬幣圖作水平和垂直邊緣偵測了：

```
# Some custom x-axis labeling to make our plots easier to read
def reduce_xaxis_labels(ax, factor):
    """Show only every ith label to prevent crowding on x-axis,
        e.g., factor = 2 would plot every second x-axis label,
        starting at the first.

    Parameters
    ----------
    ax : matplotlib plot axis to be adjusted
    factor : int, factor to reduce the number of x-axis labels by
    """
    plt.setp(ax.xaxis.get_ticklabels(), visible=False)
    for label in ax.xaxis.get_ticklabels()[::factor]:
        label.set_visible(True)


coins_h = ndi.convolve(coins, hsobel)
coins_v = ndi.convolve(coins, vsobel)

fig, axes = plt.subplots(nrows=1, ncols=2)
axes[0].imshow(coins_h, cmap=plt.cm.RdBu)
axes[1].imshow(coins_v, cmap=plt.cm.RdBu)
for ax in axes:
    reduce_xaxis_labels(ax, 2)
```

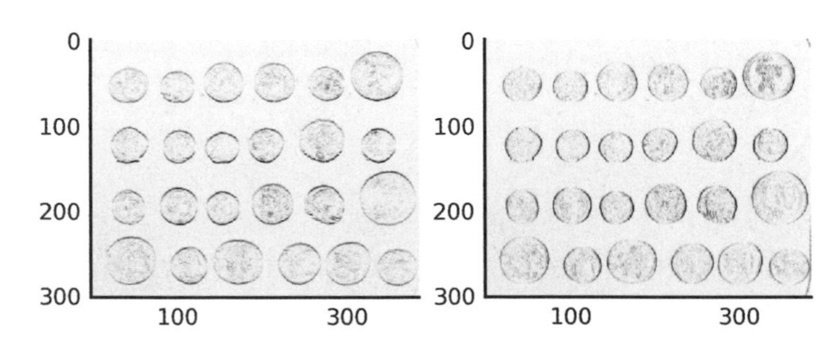

最後你可以用勾股定理（Pythagorean theorem）證明**任何**方向上邊緣的強度，等於水平方向加垂直平方的和作開根：

```
coins_sobel = np.sqrt(coins_h**2 + coins_v**2)
plt.imshow(coins_sobel, cmap='viridis');
```

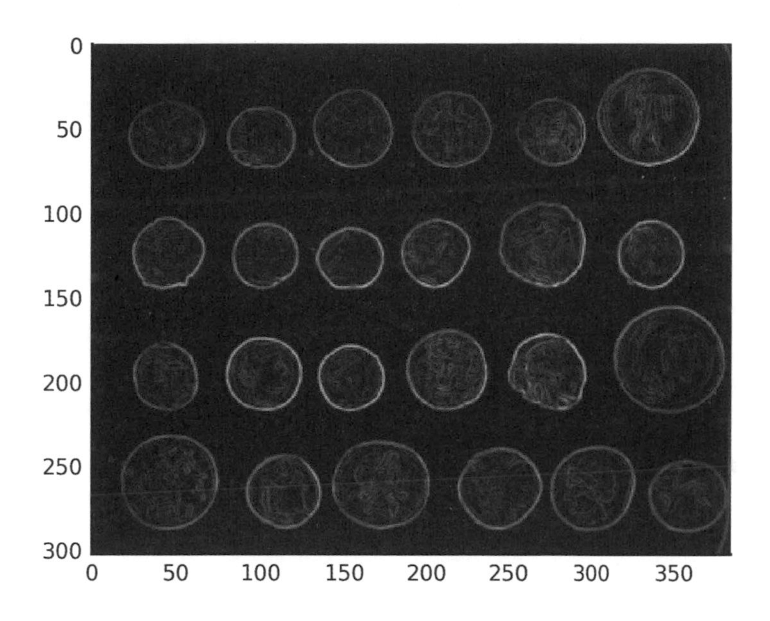

通用濾波器：鄰值的功能

除了 ndi.convolve 實作的內積之外，SciPy 中的 ndi.generic_filter 讓你可以利用鄰點自定濾波器功能，這樣的**自定功能**讓你可以做出多樣的複雜濾波器。

舉例來說，假設一張影像代表一個國家中每 100 公尺 ×100 公尺範圍的房屋價值中位數。地方政府決定對銷售房屋收取 $10,000，外加方圓 1 公里房屋銷售價中排名第 90 分位的售價的 5%（所以在昂貴的地區銷售房屋成本會提高）。使用 generic_filter，我們可以做出各地稅率的地圖：

```
from skimage import morphology
def tax(prices):
    return 10000 + 0.05 * np.percentile(prices, 90)
house_price_map = (0.5 + np.random.rand(100, 100)) * 1e6
footprint = morphology.disk(radius=10)
tax_rate_map = ndi.generic_filter(house_price_map, tax, footprint=footprint)
plt.imshow(tax_rate_map)
plt.colorbar();
```

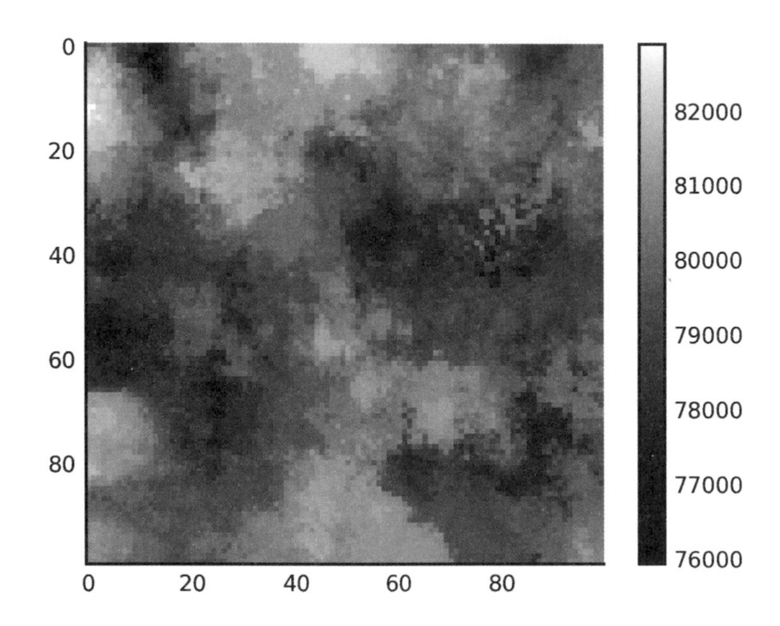

練習題：康威的生命遊戲

Nicolas Rougier 推薦

康威的生命遊戲（*https://en.wikipedia.org/wiki/Conway%27s_Game_of_Life*）是外觀上由簡單方格上的"細胞"構成，"細胞"的生死狀態是由圍繞它的"細胞"決定。在每個時間點（譯按：細胞世代）上，位置（i, j）的細胞狀態由包圍它的 8 個細胞（上下左右和斜向）決定：

- 只有一個活著的鄰居，或沒有活著的鄰居，細胞因孤獨死亡。
- 有兩到三個活著鄰居的細胞持續存活。
- 有多於四個活著鄰居，細胞因過度擁擠而死亡。
- 一個已死的細胞若有剛好三個活細胞包圍，則因細胞繁殖復活。

雖然這規則像是人為設計的數學問題，但實際上它卻能產生一些很奇異的圖案，簡單的例如滑翔翼（一個小圖案，活細胞經代代變化可以緩慢移動），或是滑翔翼機關槍（可以持續生成滑翔翼穩定的圖案），或是複雜的如質數產生器（如 Nathaniel Johnstone 的"Generating Sequences of Primes in Conway's Game of Life"（*http://bit.ly/2s8UfqF*），甚至是可模擬生命遊戲本身（*https://youtu.be/xP5-iIeKXE8*）！

你能使用 `ndi.generic_filter` 實作康威的生命遊戲嗎？

解答在 222 頁的 “解答：康威的生命遊戲” 中。

練習題：索貝爾梯度量值

前面我們結合了索貝爾的水平和垂直差異濾波器做出結果，你可以利用 `ndi.generic_filter` 一次做出同一個功能嗎？

答案在 224 頁的 “解答：索貝爾梯度量值”。

圖和 NetworkX 函式庫

圖能表達資料多樣性，舉例來說，網路上的網頁連結關係就可以用節點（node）表示頁面和連結（link）組成。或是在生物學上有**轉錄網路**（*transcription networks*），node 代表基因，還有連接著不同基因的 link，它可以直接影響基因表達。

圖和網路

在我們的內容中，“圖” 這個字和 “網路” 是同義，它並不是指繪製的圖。數學和電腦科學中用不同的字代表同一種東西：圖 = 網路（graph=network）、頂點 = 節點（vertex=node）、邊緣 = 連結（edge=link=arc），和大家已習慣的一樣，我們也會使用這些名詞。

也許你對網路用詞更為熟悉：一個網路包含 node，以及 *node* 之間的 *link*。相對的，一個圖包含 vertex 和 *vertex* 之間的 *edge*。在 NetworkX 中，你的 `Graph` 物件也含有 node，以及 `node` 和 node 之間的 `edge`，這些都是一般常見的用法。

為了說明圖，我們將再次實作一下 Lav Varshney et al. 的論文 “Structural Properties of the *Caenorhabditis elegans* Neuronal Network”（*http://bit.ly/2s9unuL*）中的一些結論。

在我們接下來的範例中，會將線蟲神經系統中的神經元用 node 表示，用 edge 表示神經元間的相接**突觸**（*synapse*）（突觸是一種通神經元溝通的化學連接）。這種蟲因為都有相同的神經元數量（302），而且神經元之間的互相連結都已知，所以是神經連結分析的絕佳範例。這些都是一個稱為 Openworn 的專案所貢獻的結果（*http://www.openworm.org*），推薦你可以多瞭解一下這個專案。

WormAtlas 資料庫（*http://bit.ly/2s8LmgU*）上有 Excel 檔格式的神經元資料集。pandas 函式有直接從網站讀取 Excel 表格的功能，所以我們會用這個功能將資料讀入，然後餵給 NetworkX。

```
import pandas as pd
connectome_url = 'http://www.wormatlas.org/images/NeuronConnect.xls'
conn = pd.read_excel(connectome_url)
```

現在 conn 含有 pandas 的 DataFrame，每欄的資料是由以下欄位組成：

```
[Neuron1, Neuron2, connection type, strength]
```

由於我們只用到化學突觸的神經元連結組，所以先把其它類型的突觸給過濾掉：

```
conn_edges = [(n1, n2, {'weight': s})
              for n1, n2, t, s in conn.itertuples(index=False, name=None)
              if t.startswith('S')]
```

（可以查看 WormAtlas 網頁上有其它連結種類）我們在前面加了字串 weight，是因為它是 NetworkX edge 屬性的一個特殊關鍵字。接下來，要用 NetworkX 的 DiGraph 類別建立圖：

```
import networkx as nx
wormbrain = nx.DiGraph()
wormbrain.add_edges_from(conn_edges)
```

現在可以來看一下這個有向圖的特性為何了。研究人員最常問的第一個問題是哪些 node 處理最重要的訊息。和許多其它 node 有著最短距離的 node，會有較高的**參與中間度指標**（*betweenness centrality*）。讓我們用鐵路網路來思考：某些車站會連接數條路線，所以不管你要去哪裡，都常常被逼著要到這種車站，這種車站就有較高的參與中間度指標。

在 NetworkX 中，我們可以找到類似這種車站的神經元，在 NetworkX 的 API 文件（*http://bit.ly/2tmFvVT*）的 "centrality" 分類說明中，betweenness_centrality（*http://bit.ly/2tmhtdC*）的 docstring（註解字串）指出，此函式輸入參數是圖，回傳值是 node ID 和此 ID 對照的參與中間度指標（浮點數）的資料集合。

```
centrality = nx.betweenness_centrality(wormbrain)
```

現在我們可以用 Python 內建的 sorted 函式找出具有最高中間度的神經元：

```
central = sorted(centrality, key=centrality.get, reverse=True)
print(central[:5])

['AVAR', 'AVAL', 'PVCR', 'PVT', 'PVCL']
```

回傳的神經元名稱為 AVAR、AVAL、PVCR、PVT 和 PVCL，其實這已經指出這種蟲回應外界刺激的行為為何：AVA 神經元連接蟲的前觸接收器還有負責後退的神經元，而 PVC 神經元連結後觸接收器和前進動作。

Varshney et al. 研究了 279 個神經元中 237 個**強連結元件**（*strongly connected component*）的特性。在圖中，連接元件就是在圖中可經由 edge 到達的 node，一張神經元連結圖是一個**有向**圖，意思是 edge 從一個 node 是有方向地**指向**另外一個 node，而不是單純的連接而已。那麼一個強連結元件就是所有其它的 node 都可以經由具標示指向的連結**到達該元件**。所以 A→B→C 並不是強連結，因沒有路徑可以從 B 或 C 到 A，而 A→B→C→A 就是強連結了。

在一個神經元迴路中，你可以將一個強連結元件想成該迴路的“中樞”，當一個處理發生時，在它上游的 node 為它提供輸入，而它的輸出也會發給其它的下游 node。

神經網路的循環

在 1950 年代就有了循環神經迴路的概念，Amanda Gefter 在 *Nautilus* 上發表一篇文章“The Man Who Tried to Redeem the World with Logic”（*http://bit.ly/2tmmVwZ*）用了一段動人的話來描述這個概念：

如果某人在天上看見了閃電，他的眼睛會傳送訊號到大腦，然後送到神經元連結。一開始你可以藉由描繪訊號的傳遞算出閃電是何時發生的。不過，連結是一個迴路，閃電的資訊會一直在迴路裡無止盡地繞阿繞，最後終於變成和閃電發生的時間再也無關。它變成 McCulloch 所說“一個時間模糊了的概念”，也就是變成了記憶。

NetworkX 讓我們很簡單地從 wormbrain 圖中取得最強連結元件：

```
sccs = nx.strongly_connected_component_subgraphs(wormbrain)
giantscc = max(sccs, key=len)
print(f'The largest strongly connected component has '
      f'{giantscc.number_of_nodes()} nodes, out of '
      f'{wormbrain.number_of_nodes()} total.')

The largest strongly connected component has 237 nodes, out of 279 total.
```

論文中提及，這種元件的數量意外地比預期中的數量少，表示圖中元件被分為輸入、核心和輸出層。

現在我們要來重製論文中的 6B 圖，也就是內分支度分布中的存活函式，首先計算相關的數量：

```
in_degrees = list(wormbrain.in_degree().values())
in_deg_distrib = np.bincount(in_degrees)
avg_in_degree = np.mean(in_degrees)
cumfreq = np.cumsum(in_deg_distrib) / np.sum(in_deg_distrib)
survival = 1 - cumfreq
```

接著，使用 Matplotlib：

```
fig, ax = plt.subplots()
ax.loglog(np.arange(1, len(survival) + 1), survival)
ax.set_xlabel('in-degree distribution')
ax.set_ylabel('fraction of neurons with higher in-degree distribution')
ax.scatter(avg_in_degree, 0.0022, marker='v')
ax.text(avg_in_degree - 0.5, 0.003, 'mean=%.2f' % avg_in_degree)
ax.set_ylim(0.002, 1.0);
```

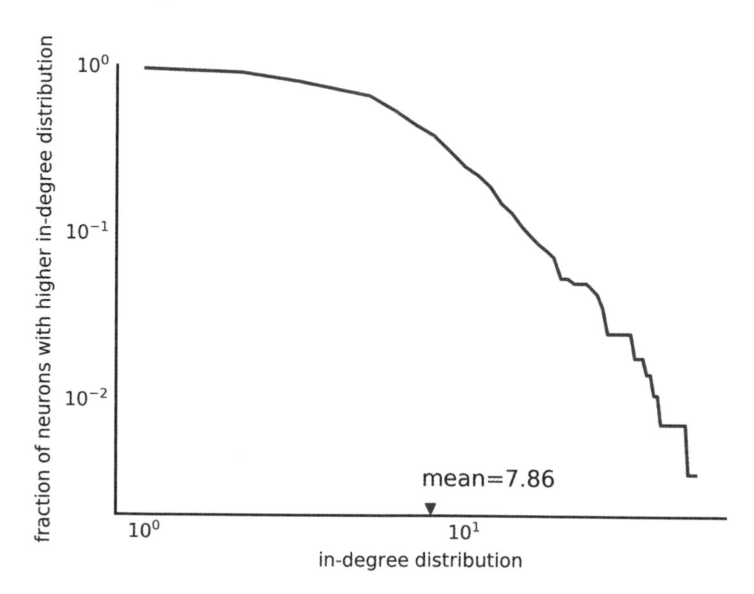

用 Scipy 重製科研的分析結果已完成，但是我們還沒有繪製貼合曲線，這留待練習題中做吧！

練習題：用 SciPy 繪製貼合曲線

這個練習題會預先看到一些第 7 章主題（最佳化）的相關細節：使用 `scipy.optimize.curve_fit` 將 power law 分布的內分支度存活函式曲線描繪出來 $f(d)\sim d^{-\gamma}, d > d_0$, for $d_0 = 10$, for $d_0 = 10$（論文中 6B 圖中紅線）並在我們的圖中加上該條線。

請查看 225 頁的“解答：用 SciPy 描繪曲線”。

現在你應該已瞭解科研界的圖是什麼了，並且也可以使用 Python 和 NetworkX 操作並分析那些圖。接下來，我們要看看用在影像處理和電腦視覺上的圖。

影像區塊分割

在影像的分割中，區塊相鄰圖（RAG，Region Adjacency Graphs）是很有用的，它就是影像中有意義的不同區塊，下圖是魔鬼終結者 2 電影中使用過的區塊分割圖。

圖 3-2 魔鬼終結者的視圖

區塊分割是人類視覺想也不用想，自然而然就會完成的動作，但對於電腦來說確是相當困難，為什麼呢？讓我們看看下面的圖：

你看見的是一張人臉，不過電腦看見的卻是如下的一堆數字：

```
5868888888888888999988898988888666532121
6688888688899899999998999988888888865421
6666556656668999999999999988888888888653
6666889999865568899998999888888668665554
6688889999888888888889988888665666666543
6688888888868688688899988888666688888865
6666644333455668888899888666666666668866
6688423522144658888998866564464444466
8686448623366466668898866554643212423455
8666665833368558888886665565938136632
4888666866688666866888888665858842248543
4888888888886886888888866566686666565444
8888888888686666888888886655668866668655
5888889888888888888888888665688868888666
6888899999899988888888866668888888868886
8888899988888888888888865566888888888866
8888889988888888688888666566868868888888
6888899988888888888688866568888888888866
6888899999888888886888886556888888888866
6888899988668666888688865656688888888886
8888888888666888888888886565588888888886
6888888666566888888988855555568888888886
8686886865866886868888655555558888686686
6666888664688668555666554455556568888866
6668865488888686866655555455666666686566
8868865868888888888666665555668668866566
5688888866666888888898888888666666566866666
5668888888845686888999888888666655686665
5666888888862456668866666654431268686655
5686888988866896966666556553136686886555
6888889888866899899899888535688898665555
6868888988886689999999998666666689866555
6888888888888666668888666666666688866655
5688888888886868899868686555666888886555
5366688888888868888868688666686688866655
5266868888888888888888886666886888656545
4286888888888888888888668666668686666555
5286666888888888888868668668688886665548
```

我們的視覺系統對於臉部識別功能強大到甚至可以在這堆數字中約略的看見臉！不過我想，透過這個例子你可以瞭解機器對於影像區塊分割的困難之處。你也可以看看 Twitter 上的 Faces in Things（*https://twitter.com/facespics*），裡面有一些有趣的圖片，即可明白我們的視覺系統有多會找臉。

總之，重點就是要能從這堆數字裡找出線索，找出在圖中不能的區塊間的邊界在何處。常用的方法是先找到必定屬於同一塊的小區域（稱為超像素），然後根據一些更複雜的規則進行合併。

舉個簡單的例子，假設你想要將下圖中的老虎分割出來，圖片來源 Berkeley Segmentation Dataset（BSDS）。

一種稱為圖像超像素分割（SLIC，simple linear iterative clustering）的聚類演算法（*http://ivrg.epfl.ch/research/superpixels*），它在 scikit-image 函式庫中有支援，我們可以從這個方法開始下手。

```
url = ('http://www.eecs.berkeley.edu/Research/Projects/CS/vision/'
       'bsds/BSDS300/html/images/plain/normal/color/108073.jpg')
tiger = io.imread(url)
from skimage import segmentation
seg = segmentation.slic(tiger, n_segments=30, compactness=40.0,
                        enforce_connectivity=True, sigma=3)
```

Scikit-image 中也有函式支援分割圖的顯示，我們可以用它來把 SLIC 做完的結果視覺化：

```
from skimage import color
io.imshow(color.label2rgb(seg, tiger));
```

上圖顯示老虎的身體被分為三個區域（譯按：黑白印刷看不出來，若是執行範例的話，範例跑出來的圖，可以明顯老虎身體被分作三個區域。），圖像的其它的部分則是其它的區域。

區塊相鄰圖（RAG）中的每個 node 表示圖中的一個區域，而連接相鄰的兩個區域。在我們實際下手做出一張 RAG 圖之前，先用 scikit-image 的 show_rag 函式弄一張 RAG 出來看看它的長相。沒錯，scikit-image 函式庫裡面就包含了本章用的範例程式碼片段！

```
from skimage.future import graph

g = graph.rag_mean_color(tiger, seg)
graph.show_rag(seg, g, tiger);
```

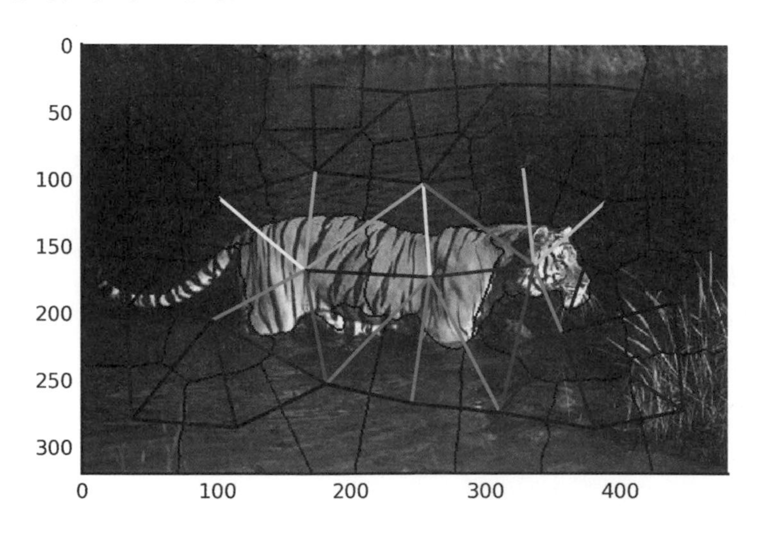

好了，你現在可以看到代表每個區域的 node，以及連結相鄰區域的邊了。它們都被 Matplotlib 中的 YLGnBu（yellow-green-blue）根據兩 node 的色彩差異上了色。

上面的圖片用圖概念表達出圖像分割：和相同物件上的兩 node 相比，你可以看到虎身上與身體之外 node 間的邊比較亮（差異值較高）。也就是說，如果我們可以沿著這些邊切割，就可以得到想要的分割圖。雖然我們選了一個容易以色彩分割的圖作範例，不過同樣的分割概念也適用於更複雜的圖。

ndimage：如何從圖片分割建立圖？

所有需要的東西都已到位：你已知道怎麼使用 NumPy 陣列、影像濾波、一般濾波器、圖和影像分割圖，現在讓我們從圖片把老虎抓出來吧！

一個直接的方法是用兩個 for 迴圈跑過圖中所有的像素，然後檢查鄰點及像素標記（label）：

```
import networkx as nx
def build_rag(labels, image):
    g = nx.Graph()
    nrows, ncols = labels.shape
    for row in range(nrows):
        for col in range(ncols):
            current_label = labels[row, col]
            if not current_label in g:
                g.add_node(current_label)
                g.node[current_label]['total color'] = np.zeros(3, dtype=np.float)
                g.node[current_label]['pixel count'] = 0
            if row < nrows - 1 and labels[row + 1, col] != current_label:
                g.add_edge(current_label, labels[row + 1, col])
            if col < ncols - 1 and labels[row, col + 1] != current_label:
                g.add_edge(current_label, labels[row, col + 1])
            g.node[current_label]['total color'] += image[row, col]
            g.node[current_label]['pixel count'] += 1
    return g
```

呼！這個方法可以成功，不過如果你想要分割的是 3D 圖片，就得重寫一個版本：

```
import networkx as nx
def build_rag_3d(labels, image):
    g = nx.Graph()
    nplns, nrows, ncols = labels.shape
    for pln in range(nplns):
        for row in range(nrows):
```

```
            for col in range(ncols):
                current_label = labels[pln, row, col]
                if not current_label in g:
                    g.add_node(current_label)
                    g.node[current_label]['total color'] = np.zeros(3, dtype=np.float)
                    g.node[current_label]['pixel count'] = 0
                if pln < nplns - 1 and labels[pln + 1, row, col] != current_label:
                    g.add_edge(current_label, labels[pln + 1, row, col])
                if row < nrows - 1 and labels[pln, row + 1, col] != current_label:
                    g.add_edge(current_label, labels[pln, row + 1, col])
                if col < ncols - 1 and labels[pln, row, col + 1] != current_label:
                    g.add_edge(current_label, labels[pln, row, col + 1])
                g.node[current_label]['total color'] += image[pln, row, col]
                g.node[current_label]['pixel count'] += 1
    return g
```

這兩段程式既醜也有點笨，而且還不容易擴展：如果我們要改為計算斜角像素（例如想把 `[row, col]` 與 `[row + 1, cotl + 1]` 視為鄰點），這些程式碼就會變得更糟。又如果我們想分析的是 3D 影像，則要加上另外一個維度，還要加上另外一層巢式迴圈，真是糟透了。

Vighnesh 指出 SciPy 的 `generic_filter` 函式早已幫我們做完這些工作！之前我們曾經用它來計算 NumPy 一個陣列中鄰點和元素的關係，只是現在的主題不是要做影像濾波，而是建一張圖。原來 `generic_filter` 還可以讓人你傳入額外的參數給濾波器，我們就用這額外參數來建圖：：

```
import networkx as nx
import numpy as np
from scipy import ndimage as nd

def add_edge_filter(values, graph):
    center = values[len(values) // 2]
    for neighbor in values:
        if neighbor != center and not graph.has_edge(center, neighbor):
            graph.add_edge(center, neighbor)
    # float return value is unused but needed by `generic_filter`
    return 0.0

def build_rag(labels, image):
    g = nx.Graph()
    footprint = ndi.generate_binary_structure(labels.ndim, connectivity=1)
    _ = ndi.generic_filter(labels, add_edge_filter, footprint=footprint,
                           mode='nearest', extra_arguments=(g,))
    for n in g:
        g.node[n]['total color'] = np.zeros(3, np.double)
```

```
        g.node[n]['pixel count'] = 0
    for index in np.ndindex(labels.shape):
        n = labels[index]
        g.node[n]['total color'] += image[index]
        g.node[n]['pixel count'] += 1
    return g
```

以下說明這段程式碼為什麼很聰明：

- ndi.generic_filter 可以跑過所有陣列元素和它的鄰點（使用 numpy.ndindex 簡化跑過陣列索引的動作）
- 因為濾波函式 generic_filter 需要回傳浮點數，所以我們回傳 "0,0"。實際上我們根本不在乎濾波的產出（所以一直回傳零），我們要的是濾波過程中的副作用，也就是將邊加入圖中。
- 程式中沒有好幾層的迴圈，如此一來程式碼更整齊、更好用。
- 同一段程式碼可以用於 1 維、2 維、3 維，甚至是 8 維影像都可以！
- 如果想要用算斜角像素，只要設定 ndi.generate_binary_structure 中的 connectivity 參數即可。

整合實作：平均色彩分割

現在，讓我們整合之前學到的東西將影像中的老虎分割出來：

```
g = build_rag(seg, tiger)
for n in g:
    node = g.node[n]
    node['mean'] = node['total color'] / node['pixel count']
for u, v in g.edges_iter():
    d = g.node[u]['mean'] - g.node[v]['mean']
    g[u][v]['weight'] = np.linalg.norm(d)
```

每個邊存放著分區間平均色彩差值，所以現在可以對圖作閾值（threshold）處理：

```
def threshold_graph(g, t):
    to_remove = [(u, v) for (u, v, d) in g.edges(data=True)
                 if d['weight'] > t]
    g.remove_edges_from(to_remove)
threshold_graph(g, 80)
```

最後，用第 2 章學過的 NumPy 陣列索引技巧：

```
map_array = np.zeros(np.max(seg) + 1, int)
for i, segment in enumerate(nx.connected_components(g)):
    for initial in segment:
        map_array[int(initial)] = i
segmented = map_array[seg]
plt.imshow(color.label2rgb(segmented, tiger));
```

噢哦！老虎尾巴不見了！（譯按：黑白印刷看不出來，若是執行範例的話，範例跑出來的圖，可以明顯看到尾巴沒有和老虎身體連接起來。）

不過，我們仍覺得這個範例可以說明區塊相鄰圖的功能，還有 SciPy 與 NetworkX 的美妙之處。可以在 scikit-image 函式庫中找到許多這一類的函式，如果你對影像分析有興趣，可以盡情查閱！

第四章

頻率和快速傅立葉轉換

如果你想找到宇宙的秘密，用能量術語思考的話，那就是頻率和振動。

—Nikola Tesla

本章是和 *SW* 的父親 *PW van der Walt* 共同協作。

這一章和其它章節稍有不同，而且，本章的程式碼並不多。我們主要介紹的是快速傅立葉轉換（FFT）這個演算法，它超好用，而且是用 SciPy 中使用 NumPy 陣列實作。

什麼是頻率？

我們從設定繪圖樣式，以及引用要用的東西開始：

```
# Make plots appear inline, set custom plotting style
%matplotlib inline
import matplotlib.pyplot as plt
plt.style.use('style/elegant.mplstyle')

import numpy as np
```

離散[1] 傅立葉轉換（DFT）被用來轉換時間或空間軸資料到**頻率域**（*Frequency domain*）的數學技巧。由於經常在口語中聽到頻率（Freqency），所以它是一個廣為人知的概念，例如你的耳機可以發出的最低音大概是 20Hz，而鋼琴的中央 C 大概是 261.6Hz。Hz（Hertz）就是每秒的振盪次數，也就是耳機裡薄膜每秒來回的速度。薄膜來回造成空氣的壓縮，傳到你的耳膜產生一樣頻率的振動。所以如果你做出一個簡單的 $sin(10 \times 2\pi t)$ 函式，可以看出它的波型：

1 對比於標準的傅立葉轉換適用於連續資料上，DFT 適用於取樣資料。

```
f = 10  # Frequency, in cycles per second, or Hertz
f_s = 100  # Sampling rate, or number of measurements per second

t = np.linspace(0, 2, 2 * f_s, endpoint=False)
x = np.sin(f * 2 * np.pi * t)

fig, ax = plt.subplots()
ax.plot(t, x)
ax.set_xlabel('Time [s]')
ax.set_ylabel('Signal amplitude');
```

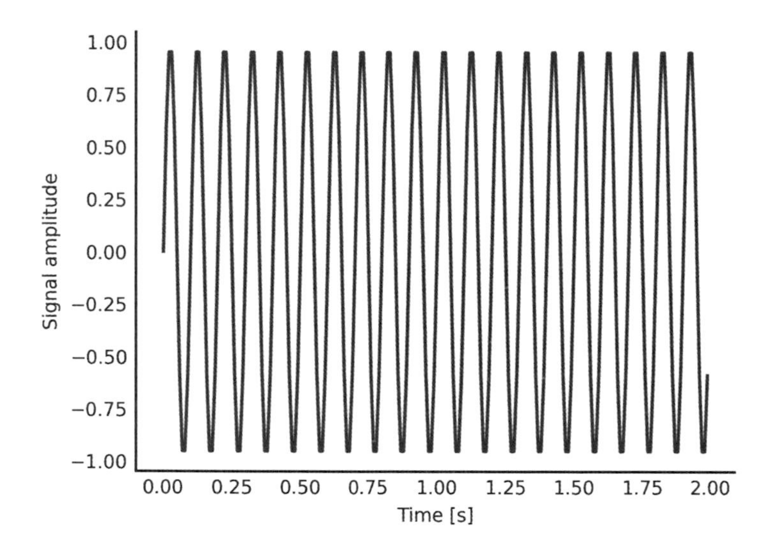

你也可以把它想成**頻率**為 10Hz 的重複訊號（每 1/10 秒重複一次），重複的時間我們稱為**周期**（*period*）。雖然我們想到頻率自然而然的就會想到時間，不過它也適用於空間。舉例來說，紡織品印花（textile pattern）的照片通常具有高**空間頻率**，而天空或是其它平滑物體則是低空間頻率。

讓我們試試看把剛才的正弦曲線做 DFT：

```
from scipy import fftpack

X = fftpack.fft(x)
freqs = fftpack.fftfreq(len(x)) * f_s

fig, ax = plt.subplots()
```

```
ax.stem(freqs, np.abs(X))
ax.set_xlabel('Frequency in Hertz [Hz]')
ax.set_ylabel('Frequency Domain (Spectrum) Magnitude')
ax.set_xlim(-f_s / 2, f_s / 2)
ax.set_ylim(-5, 110)
(-5, 110)
```

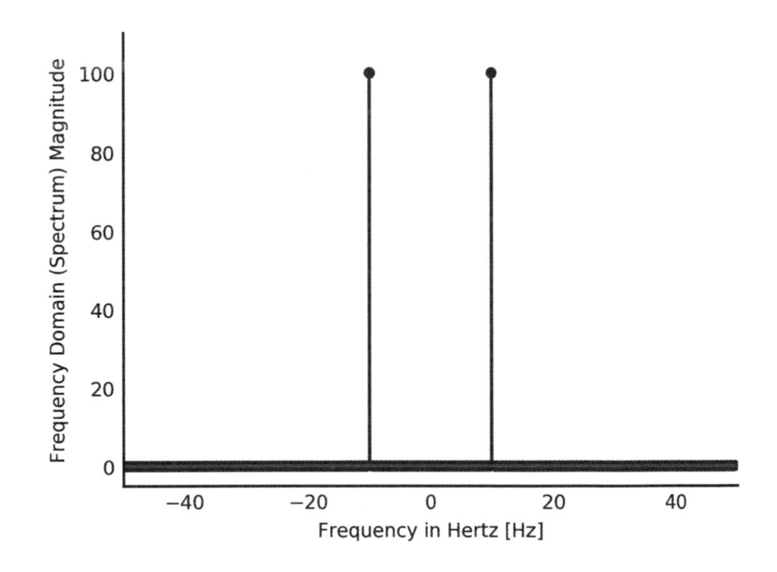

FFT 產出的結果是一個一維陣列，此陣列的 shape 雖然和內含複雜資料的輸入陣列相同，但內部的值除了 2 個值之外其它只有一堆零。習慣上我們會用**樹幹圖**（*stem plot*）來檢視產出結果，圖中每隻樹幹的高度為該頻率對應的能量。

（稍後我們會在 92 頁解釋，為什麼你會在 DFT 結果上看到有正有負的頻率值，你可以參考該章節中關於背後數學運算的部分。）

傅立葉轉換把我們從**時間**域帶到**頻率**域，這樣的功能可做一大堆的應用。而 FFT 演算法，就是一種計算 DFT 的演算法，它可以藉重覆使用已知計算結果，增加運算速度。

在這一章，我們要藉幾個 DFT 的應用，來說明 FFT 可以被應用在多維資料上（不止只是一維）用以達成多種目的。

實例：鳥歌頻譜

讓我們先看一個最常見的應用，就是將聲音訊號（隨時間不停變化的氣壓值）轉換成**頻譜**（*spectrogram*）。你可能在播放器上的等化器介面或是舊式的音響上看過這樣的頻譜（如圖 4-1）。

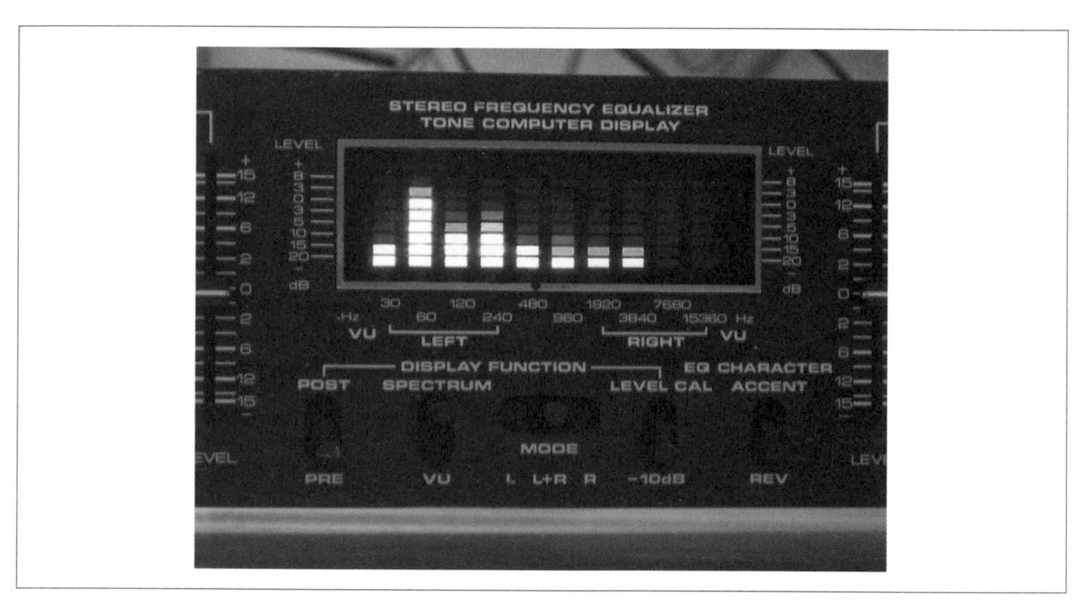

圖 4-1　Numark EQ2600 立體聲等化器（*http://bit.ly/2s9jRnq*）（本圖已獲作者 Sergey Gerasimuk 授權使用）

接下來聽一段夜鶯的鳥歌（*http://bit.ly/2s9Pq0b*）（CC 4.0 授權使用）：

```
from IPython.display import Audio
Audio('data/nightingale.wav')
```

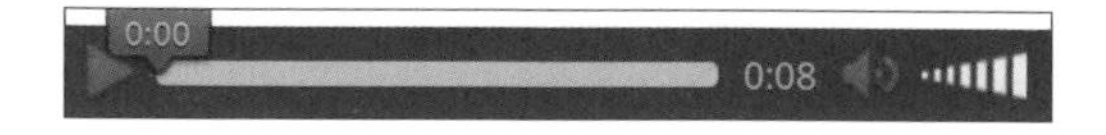

如果你正在讀紙本書，就請你想像一下夜鶯鳥歌吧！它聽起來像：chee-chee-woorrrr-hee-hee cheet-wheet-hoorrr-chirrr-whi-wheo-wheo-wheo-wheo-wheo-wheo。

由於我們知道不是每個人都能瞭解鳥語，所以最好還是用視覺化的方法—也就是"訊號"來呈現這段鳥歌好了。

載入聲音檔，它的取樣頻率（每秒的樣本數）以及聲音資料，構成一個 (N, 2) 陣列—有 2 欄是因為它是立體聲資料。

```
from scipy.io import wavfile

rate, audio = wavfile.read('data/nightingale.wav')
```

將左右聲道取平均數，合成單聲道資料。

```
audio = np.mean(audio, axis=1)
```

然後，計算資料的長度並畫出聲音圖（見圖 4-2）。

```
N = audio.shape[0]
L = N / rate

print(f'Audio length: {L:.2f} seconds')

f, ax = plt.subplots()
ax.plot(np.arange(N) / rate, audio)
ax.set_xlabel('Time [s]')
ax.set_ylabel('Amplitude [unknown]');

Audio length: 7.67 seconds
```

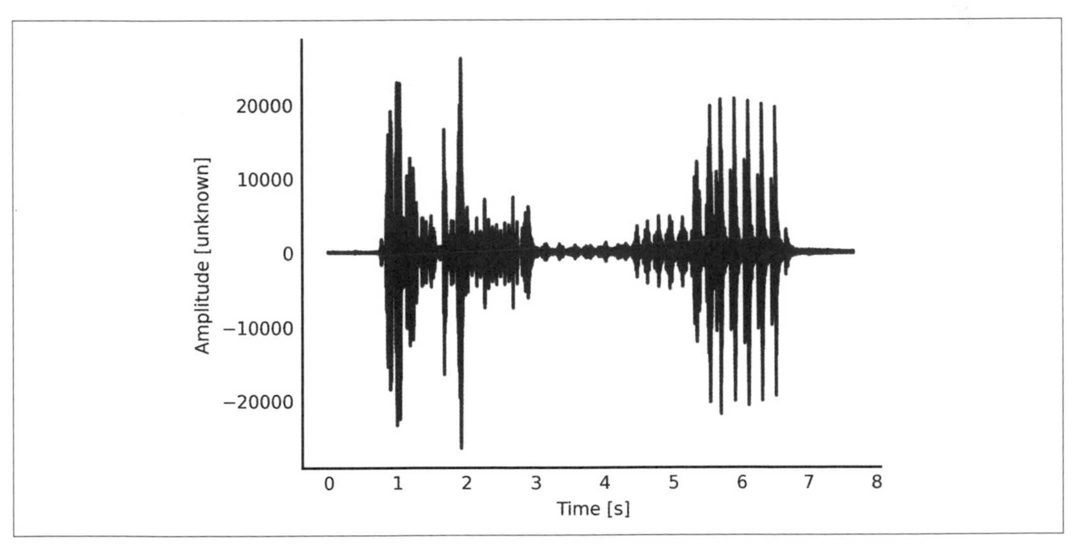

圖 4.2　夜鶯鳥歌的聲音波形

哎，還是不太行，是吧？如果我把它用電壓的形式送到喇叭，可以聽到一隻鳥啾啾叫，但只用想像的，我還是不知道聽起來會是怎樣。是不是有方法可以讓我“**看**”到鳥鳴聲到底是怎樣一個情況呢？

有的，就是透過離散傅立葉轉換（DFT），其中的**離散**指的就是錄音由時序上的聲音樣本構成，若要舉個不是離散的例子，我會說錄音帶（還記得卡帶嗎？）就是類比錄音資料。DFT 通常是透過 FFT 演算法進行，DFT 的產出就讓我們知道一段訊號裡有哪些頻率，或是“音符”。

當然，一段鳥歌裡有很多的音符，所以我們也想知道每個音符在何時出現。而傅立葉轉換的輸入是時間域資料（例如：一段時間的樣本），輸出為頻譜一也就是很多種頻率和它對應的複數 [2] 值，頻率域裡是沒有任何時間資訊 [3] 的噢！

所以，要找到頻率及它們出現的時間，就有點挑戰性了。我們的策略如下：取得聲音訊號，切成小片並且部分重疊的資料，對每段資料分別作傅立葉轉換（也就是**短時距傅立葉轉換**）。

我們將會以 1024 樣本大小把訊號切開一差不多是 0.02 秒的聲音。為什麼選擇 1024 而不是 1000 呢？稍後在效能評估時會再說明，而每段聲音重疊的部分是 100 個樣本，切片示意如下圖：

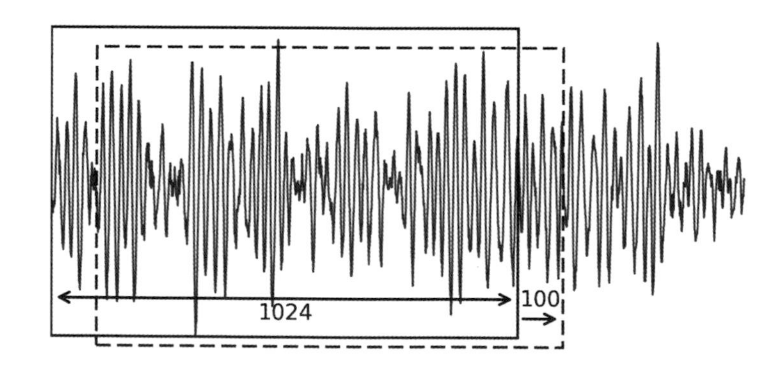

2 傅立葉轉換基本上就是找出可組成輸入訊號的一堆不同頻率的正弦波。頻譜裡有複數一每個正弦波配一個複數。一個複數裡有兩種東西：振幅和角度。振幅就是訊號裡正弦波的強度，而角度指的就是向角要移動多少。在例子中，我們只關心振幅，所以只用 np.abs 計算振幅。

3 若想知道更多關於同時計算（約略）頻譜和發生時間的技巧，可以參看小波分析。

讓我們從切 1024 個樣本的程式碼開始，每一個片段都會有 100 個樣本的重疊，程式碼中的 slices 物件，每一橫列就是一個聲音片段。

```
from skimage import util

M = 1024

slices = util.view_as_windows(audio, window_shape=(M,), step=100)
print(f'Audio shape: {audio.shape}, Sliced audio shape: {slices.shape}')

Audio shape: (338081,), Sliced audio shape: (3371, 1024)
```

再來要做一個視窗函式（見 97 頁的“視窗”小節，內有背景假設和說明），並將它和訊號相乘：

```
win = np.hanning(M + 1)[:-1]
slices = slices * win
```

如果每段聲音是放在欄而不是列會比較好用，所以做一下轉置：

```
slices = slices.T
print('Shape of `slices`:', slices.shape)

Shape of `slices`: (1024, 3371)
```

對每一段聲音進行 DFT，轉換的結果會產出正和負的頻率（更多說明在 91 頁的“頻率和它們的順序”），所以我們現在只把正的 M2 頻率取出。

```
spectrum = np.fft.fft(slices, axis=0)[:M // 2 + 1:-1]
spectrum = np.abs(spectrum)
```

（快速說明一下，請注意我們有時會用 scipy.fftpack.fft，有時用 np.fft。那是因為 NumPy 提供基本的 FFT 函式，而 SciPy 又擴展了該函式，不過兩者都可以做轉換，也都是以 Fortran 的 FFTPACK 為基礎。）

取得的值可能很大，也有可能很小，所以施用 log 來壓縮範圍。

下面我們會將訊號除以最大訊號值後的比例取 log 值繪圖（如圖 4-3），這裡對振幅比例使用的是特定的單位 $20log_{10}$，也就是分貝（decibel）。

```
f, ax = plt.subplots(figsize=(4.8, 2.4))

S = np.abs(spectrum)
S = 20 * np.log10(S / np.max(S))

ax.imshow(S, origin='lower', cmap='viridis',
```

```
        extent=(0, L, 0, rate / 2 / 1000))
ax.axis('tight')
ax.set_ylabel('Frequency [kHz]')
ax.set_xlabel('Time [s]');
```

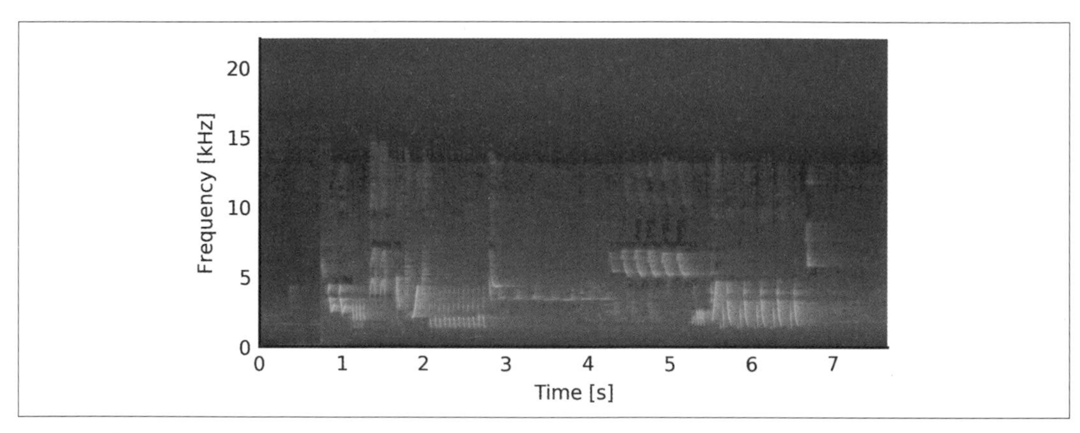

圖 4-3　鳥歌頻譜圖

好多了，我們現在可以看到頻率隨時間軸變化，而且頻譜對應到聲音聽起來的樣子。試試看現在是否對應稍早用文字描述的鳴叫：chee-chee-woorrrr-hee-hee cheet-wheet-hoorrr-chirrr-whi-wheo-wheo- wheo-wheo-wheo-wheo。（我跳過了 3 到 5 秒，因為那是另外一種鳥的鳴叫聲。）

SciPy 中的 `scipy.signal.spectrogram`（圖 4-4）其實已經內含前面程序的實作，可以用下面的方法呼叫：

```
from scipy import signal

freqs, times, Sx = signal.spectrogram(audio, fs=rate, window='hanning',
                                      nperseg=1024, noverlap=M - 100,
                                      detrend=False, scaling='spectrum')

f, ax = plt.subplots(figsize=(4.8, 2.4))
ax.pcolormesh(times, freqs / 1000, 10 * np.log10(Sx), cmap='viridis')
ax.set_ylabel('Frequency [kHz]')
ax.set_xlabel('Time [s]');
```

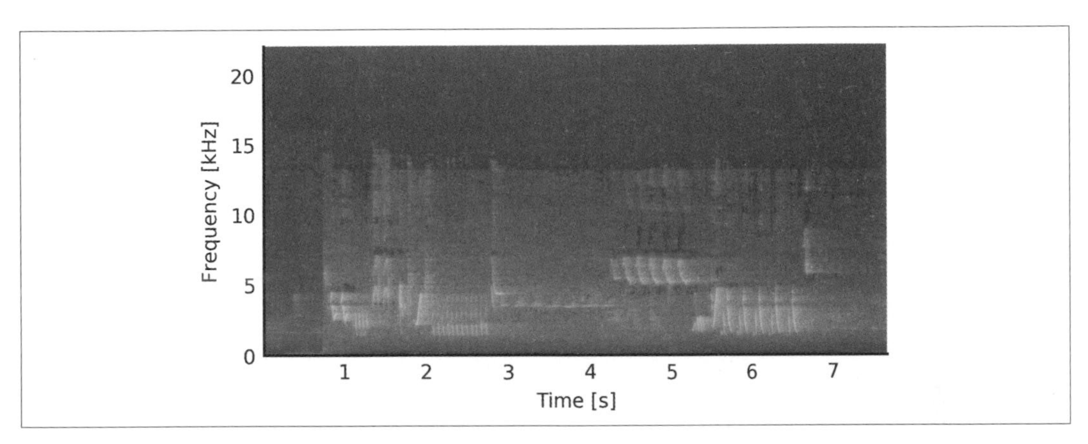

圖 4-4　SciPy 內建的函式做出的鳥歌頻譜圖

SciPy 內建的函式作出的鳥歌頻譜圖和我們手動作的頻譜唯一有差異的地方，只有 SciPy 內建函式回傳的是開根後的頻譜強度，以及做過某種正規化。[4]

歷史

要找到傅立葉轉換確切的由來有點難，部分相關的演算可以回推至巴比倫時代，它曾引領 1800 年代初期計算小行星軌道與熱（流）方程式的重大突破。我們仍不能確定該感謝的是 Clairaut、Lagrange、Euler、Gauss，還是 D'Alembert 發明了它，不過 Guass 是第一位描述 FFT 的人（Cooley 和 Tukey 在 1965 年公開發表 FFT，一種快速計算 DFT 的演算法）。傅立葉轉換以 Joseph Fourier 的姓命名，他是第一位宣稱**任何隨意**的周期函式[5]都可以用三角函數函式的總合來表達的人。

實作

SciPy 中的 DFT 函式在 `scipy.fftpack` 模組中，它提供以下的功能：

4　SciPy 的函式做了一些事保留頻譜裡的能量，所以，當只拿出一半的元素（*N* 偶數）時，它會將除了開頭和結尾外其它剩餘的元素乘上 2 個元素（這兩個元素是由頻譜的兩個一半所共享的），同時為了要做正規化，也會藉由把視窗除以它們的總合。

5　這些周期函式可以是無限的！一般的連續傅立葉轉換就可以做到。而 DFT 一般會定義一個有限的期間，而該期間就隱含在要轉換的時間域函式中，換句話說，如果你做反向 DFT，出來的結果必是一個有周期性的訊號。

`fft`、`fft2`、`fftn`

在 1、2 及 n 維上用 FFT 演算法作 DFT。

`ifft`、`ifft2`、`ifftn`

做反向 DFT。

`dct`、`idct`、`dst`、`idst`

用 cosine 或 sine 轉換，以及其對應的反向運算。

`fftshift`、`ifftshift`

將頻率零元素移到頻譜的中間，或移回去（後面會談到）。

`fftfreq`

回傳 DFT 取樣頻率。

`rfft`

計算實數序列的離散傅立葉轉換，利用產出頻譜的對稱性增進效能，也在 `fft` 函式內被使用。

以上函式是由下列 NumPy 的函式實作：

> `np.hanning`、`np.hamming`、`np.bartlett`、`np.blackman`、`np.kaiser` 以及錐型視窗函式。

使用 `scipy.signal.fftconvolve` 也可以執行大量資料的快速卷積 DFT。

SiciPy 包裝了 Fortran FFTPACK 函式庫，所以效率上不是最快的，但若與 FFTW 相比，還是有不用授權即可使用的優勢。

選擇 DFT 的長度

DFT 需要 $O(N^2)$ 的運算量[6]，為什麼呢？如果你有 N 個不同頻率的正弦波（$2\pi f \times 0, 2\pi f \times 1; 2\pi f \times 3, ..., 2\pi f \times (N-1)$），現在你想看看不同正弦波間的關連性為何，所以從第一個正弦波開始，你對訊號作內積（也就是要作 N 個乘法）。然後再對每條正弦波做一樣的事，一共 N 條，所以是 N^2 運算量。

現在拿 FFT 來作比較，一般情況下，因為重覆使用已知計算結果，它只需要 $O(N \log N)$ 的運算量，這真是一個大進步！不過，實作在 FFTPACK 中的 Cooley-Tukey 演算法（也就是 SciPy 使用的版本），遞迴地將轉換切成較小片段（質數大小）執行，唯有“光滑”的輸入資料長度，才有效能上的提昇（當數的最大質因數越小時，被視為越“光滑”的數，如圖 4-5），而片段大小為大質數時（譯按：不光滑），可以將 Cooley-Tukey 演算法配合 Bluestein 或 Rader 演法使用，不過這個最佳化就沒有被實作在 FFTPACK 中了[7]。

如下：

```
import time

from scipy import fftpack
from sympy import factorint

K = 1000
lengths = range(250, 260)

# Calculate the smoothness for all input lengths
smoothness = [max(factorint(i).keys()) for i in lengths]


exec_times = []
for i in lengths:
    z = np.random.random(i)

    # For each input length i, execute the FFT K times
```

6 在計算機工程中，一個演算法的計算成本通被用“Big O”表示。這種表示表讓我們可以瞭解一個演算法對於不同輸入元素進行處理，它的執行時間等級為何。如果一個演算法是 $O(N)$，則表示和輸入元素呈現線性關係（例如：在一個未排序的數列中找一個數字就是屬於 $O(N)$。氣泡排序則是一個 $O(N^2)$ 的演算法，確切的執行次數應該是 $N + \frac{1}{2}N^2$ 也就是隨輸入元素的數量上昇，計算成本會以平方作增加。

7 雖然我們儘可能不去實作既有的演算法，不過有時候為了要得到最好的效能，還是免不了，而像 Cython（*http://cython.org*）這種可以將 Python 轉為 C 的工具，還有 Numba（*http://numba.pydata.org*）可即時編譯 Python 程式碼，這類工具幫助很大（而且也快）。如果你可以使用 GPL 授權軟體，你可以考慮使用 PyFFTW（*https:// github.com/hgomersall/pyFFTW*）來做更快的 FFT。

```
    # and store the execution time

    times = []
    for k in range(K):
        tic = time.monotonic()
        fftpack.fft(z)
        toc = time.monotonic()
        times.append(toc - tic)

    # For each input length, remember the *minimum* execution time
    exec_times.append(min(times))


f, (ax0, ax1) = plt.subplots(2, 1, sharex=True)
ax0.stem(lengths, np.array(exec_times) * 10**6)
ax0.set_ylabel('Execution time (µs)')

ax1.stem(lengths, smoothness)
ax1.set_ylabel('Smoothness of input length\n(lower is better)')
ax1.set_xlabel('Length of input');
```

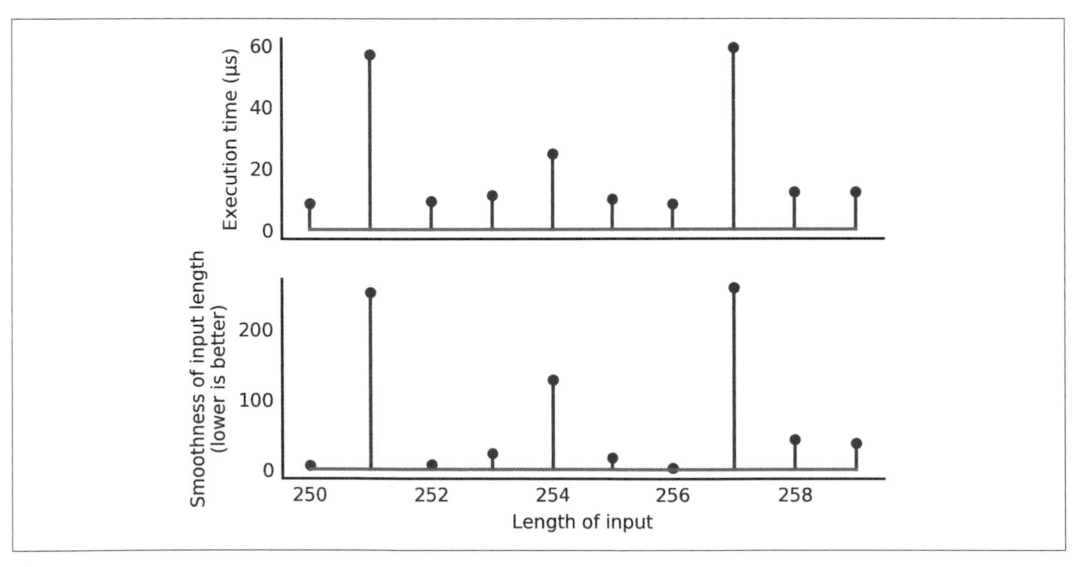

圖 4-5 不同輸入資料長度的光滑度對比 FFT 執行時間

所以直觀上來說，於對光滑數，FFT 可以拆成很多小片段。對第一個片段執行完 FFT 後，我們可以將結果保留於之後的計算使用。這說明了前面範例中為何選擇 1024 為我們的聲音資料片段大小，因為 1024 最大質因數只有 2，對於最佳化過的 "radix-2 CooleyTukey" 演算法來說，計算 FFT 只要 $(N/2)\log_2 N = 5{,}120$ 個複數乘法，而不用作 $N^2 = 1{,}048{,}576$ 個複數乘法，所以將片段大小設定為 $N = 2^m$ 就可以使用最光滑的 N（就可以最快速完成 FFT）。

更多關於 DFT 的觀念

接下來，在進行大量的使用傅立葉轉換之前，我們要介紹幾個值得知道的基本觀念，然後再看一個現實世界的例子：分析和偵測雷達資料。

頻率和它們的順序

一直以來，大多數的實作在回傳頻率陣列時，都是用低頻排到高頻（更多內容請 92 頁的 "離散傅立葉轉換"）。舉例來說，若我們對一個全部是 1 的訊號作傅立葉轉換時，由於輸入資料完全沒有變化，所以產出就只有最低位的常數傅立葉元素（也就是直流 "DC" 元素，在電學術語中是 "訊號的平均數"）在第一個項目中：

```
from scipy import fftpack
N = 10

fftpack.fft(np.ones(N))  # The first component is np.mean(x) * N

array([ 10.+0.j,   0.+0.j,   0.+0.j,   0.+0.j,   0.+0.j,   0.+0.j,
         0.-0.j,   0.-0.j,   0.-0.j,   0.-0.j])
```

若改為在一個持續變化的訊號上做傅立葉轉換，就會有高位一點的元素出現：

```
z = np.ones(10)
z[::2] = -1

print(f'Applying FFT to {z}')
fftpack.fft(z)

Applying FFT to [-1.  1. -1.  1. -1.  1. -1.  1. -1.  1.]

array([  0.+0.j,   0.+0.j,   0.+0.j,   0.+0.j,   0.+0.j, -10.+0.j,
         0.-0.j,   0.-0.j,   0.-0.j,   0.-0.j])
```

注意，在對真實的資料做完轉換後，FFT 回傳一個複雜頻譜，這個頻譜是共軛對稱（實數部份對稱，虛數部份反對稱）：

```
x = np.array([1, 5, 12, 7, 3, 0, 4, 3, 2, 8])
X = fftpack.fft(x)

np.set_printoptions(precision=2)

print("Real part:      ", X.real)
print("Imaginary part:", X.imag)

np.set_printoptions()

Real part:       [ 45.      7.09 -12.24  -4.09  -7.76  -1.    -7.76  -4.09 -12.24
                    7.09]
Imaginary part: [  0.    -10.96  -1.62  12.03   6.88   0.    -6.88 -12.03   1.62
                  10.96]
```

（同樣的，第一個元素是 np.mean(x) * N.）

fftfreq 函式可以告訴我們，數值是屬於哪些頻率：

```
fftpack.fftfreq(10)
array([ 0. ,  0.1,  0.2,  0.3,  0.4, -0.5, -0.4, -0.3, -0.2, -0.1])
```

藉這個回傳值，我們可以知道最大的元素是頻率為每個樣本 0.5 個周期。這和輸入值相符，因為我們的周期是每隔一個樣本加 1 或是 -1。

有時候，把一個頻譜換成從大負值到大正值來看還蠻方便的（現在我們還不解說負頻率的概念為何，基本上真實世界的正弦波是由正和負的頻率共同組成）。我們可以用 fftshift 函式來重新排列頻譜。

離散傅立葉轉換（DFT）

DFT 用以下加總式將時間軸上的函式 $x(t)$ 產生的一連串 N 個等距實數或複數樣本 $X_0, X_{1,\ldots x_{N-1}}$（或視應用而定的其它應用變數）轉換成 N 個一連串複數 X_k：

$$X_k = \Sigma_{n=0}^{N-1} x_n e^{-j2\pi kn/N},\ k = 0, 1, \ldots > N-1$$

當 X_k 已知後，可用反向 DFT 透過以下的加總式作 X_n 轉換：

$$x_n = \frac{1}{N}\sum_{k=0}^{N-1} X_k e^{j2\pi kn/N}$$

其中 $e^{j\theta} = cos\theta + j\ sin\theta$，在第二個式子中 DFT 將 x_n 數列拆解為具有係數 X_n 的複數離散傅立葉序列。若將它和連續複數傅立葉數列式子作比較：

$$x(t) = \sum_{n=-\infty}^{\infty} c_n e^{jn\omega_0 t}$$

DFT 做的是等距離散的周期為 $[0, 2\pi)$（包含 0 但不包含 2π）的 $angle\ (\omega_0 t_n) = 2\pi\frac{k}{N}$ 中的 N 項有限序列。這個特性自然會在 DFT 中作正規化，所以時間就不會出現在之後的轉換和反轉換中了。

若原來的 $x(t)$ 函式將頻率限定在少於取樣頻率的一半，也就是人稱奈奎斯特頻率（*Nyquist frequency*），此時由反向 DFT 產生的樣本值之間的內插會重建 $x(t)$。如果 $x(t)$ 沒有這條限定，則反向 DFT 一般來說就不會用內插來重建 $x(t)$。請注意，使用這個限定並不是代表沒有其它的方法可以重建，比方壓縮採樣或 finite rate of innovation sampling（譯按：一篇論文方法）。

$e^{j2\pi k|N} = (e^{j2\pi|N})^k = w^k$ 函式取 0 到 $2\pi\frac{N-1}{N}$ 單位圓上取複數空間離散值。函式 $e^{j2\pi kn|N} = w^{kn}$ 環繞原點 $n\frac{N-1}{N}$ 次，以產生 $n = 1$ 的基礎正弦波的調和數。

我們定義 DFT 的方法，在 $n > \frac{N}{2}$ 或甚至 N 的情況下有一些細節要注意[8]。如圖 4-6，函式 $e^{j2\pi kn|N}$ 被畫成遞增的 k 值，從 $n = 1$ 到 $n = N - 1$，$N = 16$。當 k 從 k 變成 $k + 1$ 時，角度會增加 $\frac{2\pi n}{N}$。當 $n = 1$ 時，增加 $\frac{2\pi}{N}$，而當 $n = N - 1$ 時，角度增加 $-\frac{2\pi}{N}$。由於繞一圈是 2π，所以增量等於 $2\pi\frac{N-1}{N} = 2\pi - \frac{2\pi}{N}$，也就是等於負的頻率。$N/2$ 以前是正頻率元素，而大於 $N/2$ 到 $N - 1$ 的元素則為負頻率。在 $N/2$ 到 N 之間的元素隨著 k 的增加角度完成另外半個周期，可以用正或是負頻率表示。這種 DFT 元素就是奈奎斯特頻率（例如：取樣頻率的一半），在查看 DFT 圖形定位很有用。

FFT 就是一種計算 DFT 的高效率的特例，計算 DFT 時需要 N^2 的計算量才能完成，而 FFT 演算法只需要 $N \log N$ 計算量即可。FFT 在需要即時計算 DFT 的應用中廣泛地被使用，在 2000 年的 *IEEE journal Computing in Science & Engineering* 期刊中列入 20 世記最常使用的演算法前十名。

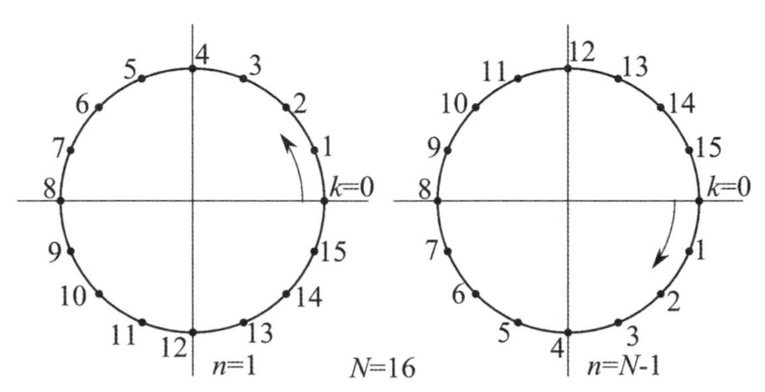

圖 4-6　單位圓取樣

讓我們來看充滿雜訊的圖片（圖 4-7）中之頻率元素。請注意，在一張靜止圖片上自然沒有元素是與時間相關，它的值和空間相關，不過一樣可以使用 DFT。

首先，讀入並顯示圖片：

```
from skimage import io
image = io.imread('images/moonlanding.png')
M, N = image.shape

f, ax = plt.subplots(figsize=(4.8, 4.8))
ax.imshow(image)

print((M, N), image.dtype)

(474, 630) uint8
```

8　我們將 N 為奇數的情況作成讀者練習題，在本章中所有的範例都使用偶數序的 DFT。

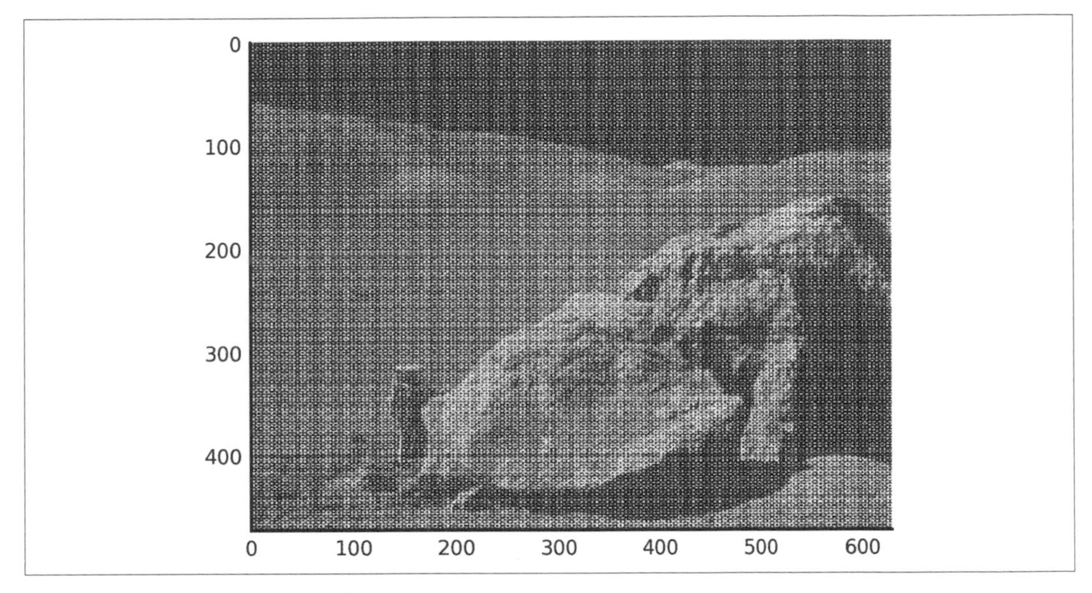

圖 4-7　一張充滿雜訊的登月圖片

暫且不用調整你的螢幕！這張圖片就是長成這樣，只是被測量或是傳輸設備搞成這樣。

為了要看到這張圖片的頻譜，由於 `fftn` 有多個維度，所以我們使用 `fftn`（而不是使用 `fft`）來計算 DFT。而 2 維的 FFT 等於分別對列和行作 1 維的 FFT。

```
F = fftpack.fftn(image)

F_magnitude = np.abs(F)
F_magnitude = fftpack.fftshift(F_magnitude)
```

同樣地，為了壓縮值的範圍，在顯示前我們要對頻譜作 *log*：

```
f, ax = plt.subplots(figsize=(4.8, 4.8))

ax.imshow(np.log(1 + F_magnitude), cmap='viridis',
          extent=(-N // 2, N // 2, -M // 2, M // 2))
ax.set_title('Spectrum magnitude');
```

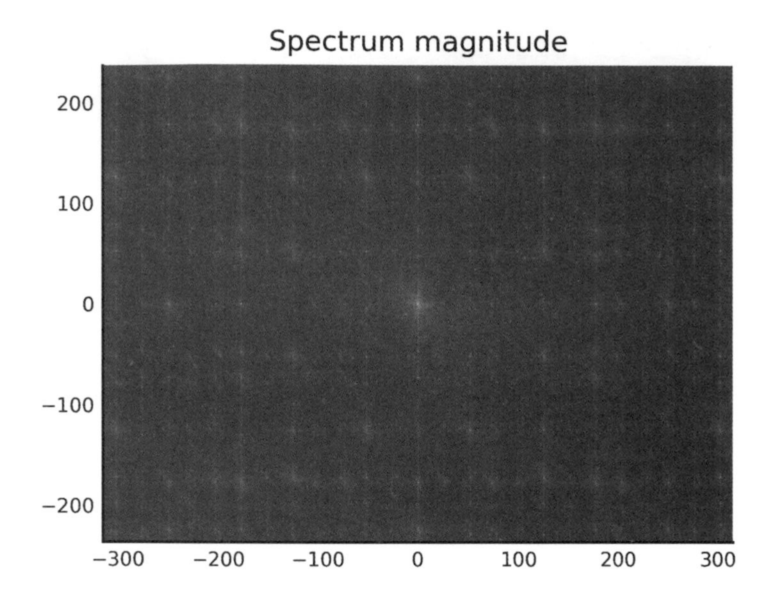

請注意，在頻譜原點（中央）處的值較高，這些值是用來描述低頻，也就是圖片中較平滑或模糊處的參數。頻譜中越向外擴張，頻率越高，高頻元素代表圖片中的邊緣或細節處，在高頻處分布了許多的峰值，它們就是具周期性的雜訊了。

從圖片上看來，我們可以看到雜訊（即測量誤差）有高度的周期性，所以我們想要將它從頻譜上清除（圖 4-8）。

作完高頻雜訊抑制以後的圖片看起來真的差很多！

```
# Set block around center of spectrum to zero
K = 40
F_magnitude[M // 2 - K: M // 2 + K, N // 2 - K: N // 2 + K] = 0

# Find all peaks higher than the 98th percentile
peaks = F_magnitude < np.percentile(F_magnitude, 98)

# Shift the peaks back to align with the original spectrum
peaks = fftpack.ifftshift(peaks)

# Make a copy of the original (complex) spectrum
F_dim = F.copy()

# Set those peak coefficients to zero
F_dim = F_dim * peaks.astype(int)

# Do the inverse Fourier transform to get back to an image.
```

```
# Since we started with a real image, we only look at the real part of
# the output.
image_filtered = np.real(fftpack.ifft2(F_dim))

f, (ax0, ax1) = plt.subplots(2, 1, figsize=(4.8, 7))
ax0.imshow(np.log10(1 + np.abs(F_dim)), cmap='viridis')
ax0.set_title('Spectrum after suppression')

ax1.imshow(image_filtered)
ax1.set_title('Reconstructed image');
```

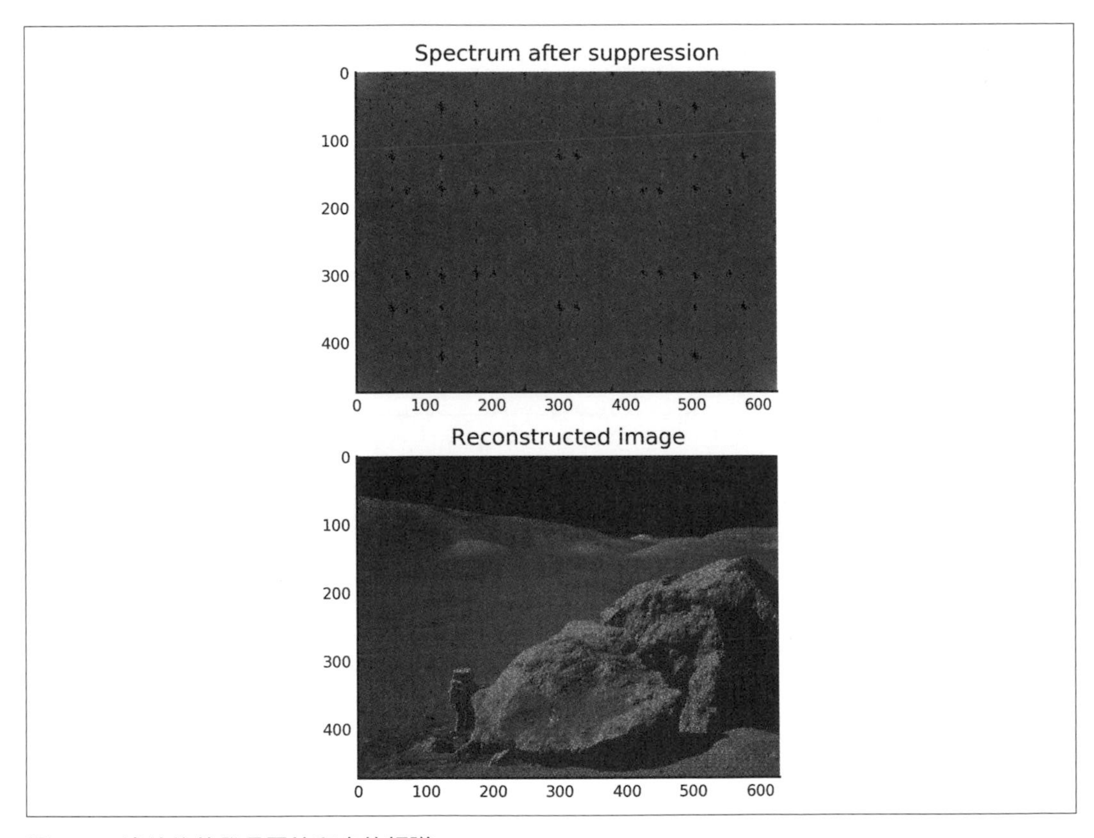

圖 4-8 濾波後的登月圖片和它的頻譜

視窗

如果我們對一個方波作傅立葉轉換，則可以看到頻譜中旁邊明顯有一些值：

```
x = np.zeros(500)
x[100:150] = 1

X = fftpack.fft(x)

f, (ax0, ax1) = plt.subplots(2, 1, sharex=True)

ax0.plot(x)
ax0.set_ylim(-0.1, 1.1)

ax1.plot(fftpack.fftshift(np.abs(X)))
ax1.set_ylim(-5, 55);
```

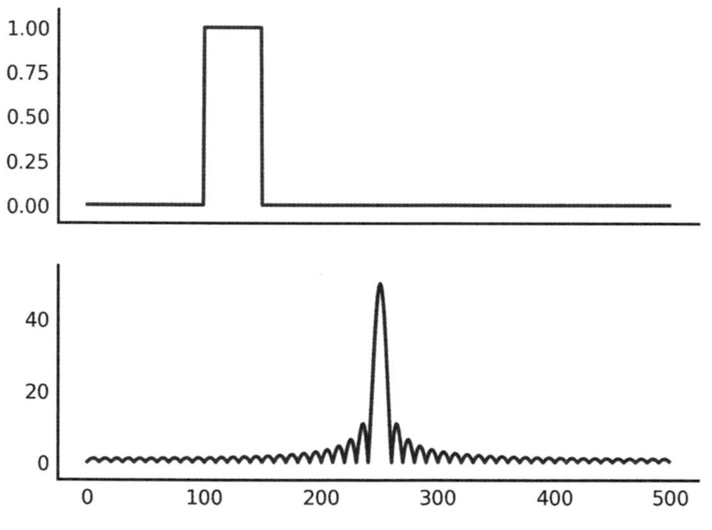

理論上，要有無限多的正弦波（頻率）才能代表方波突然的變化，所以做完轉換，所取得的頻率係數就會出現許多小峰值。

請注意一個重點，由於 DFT 假設輸入的訊號具有周期，因此如果輸入訊號沒有周期，假定就會使訊號的結尾接回開頭。如以下的 $x(t)$ 函式：

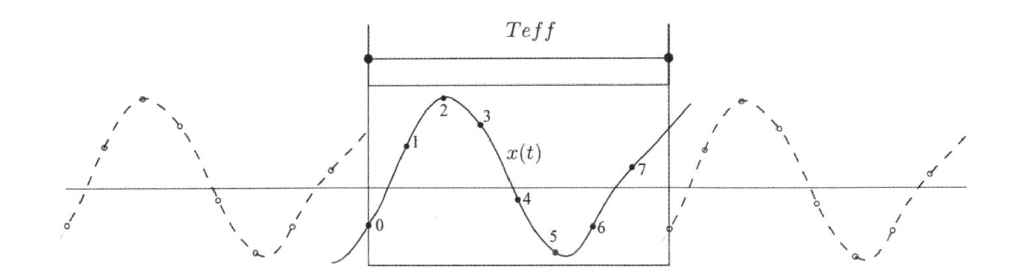

我們只測量了一段短暫時間的訊號，標示為 T_{eff}。傅立葉轉換假設 $x(8) = x(0)$，所以訊號會如虛線般相接，這會造成在邊緣處的跳躍，導致在頻譜上造成振盪：

```
t = np.linspace(0, 1, 500)
x = np.sin(49 * np.pi * t)

X = fftpack.fft(x)

f, (ax0, ax1) = plt.subplots(2, 1)

ax0.plot(x)
ax0.set_ylim(-1.1, 1.1)

ax1.plot(fftpack.fftfreq(len(t)), np.abs(X))
ax1.set_ylim(0, 190);
```

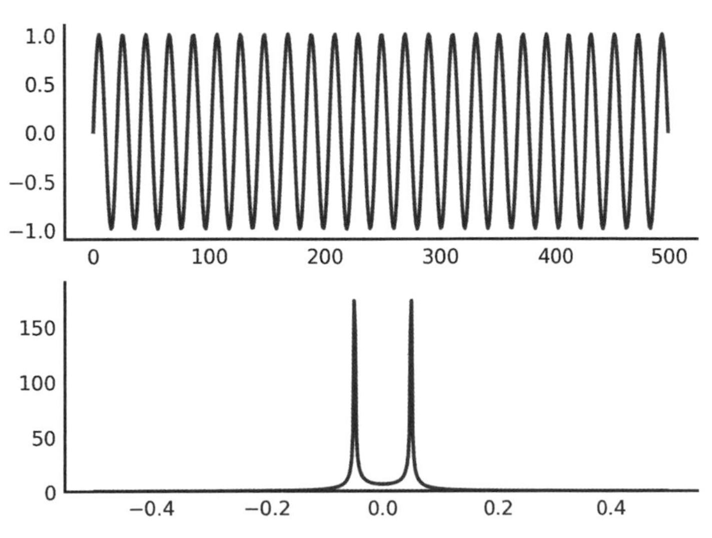

結果本來預期只看到兩條線的頻譜，變成到處都有峰值的情況。

我們可以用一種叫**視窗**（*windowing*）的程序來克服這個狀況，將原來的函式乘上如 Kaiser $K(N, \beta)$ 這樣的視窗函式，其中 β 為 0 到 100。

```
f, ax = plt.subplots()

N = 10
beta_max = 5
colormap = plt.cm.plasma

norm = plt.Normalize(vmin=0, vmax=beta_max)

lines = [
    ax.plot(np.kaiser(100, beta), color=colormap(norm(beta)))
    for beta in np.linspace(0, beta_max, N)
    ]

sm = plt.cm.ScalarMappable(cmap=colormap, norm=norm)

sm._A = []

plt.colorbar(sm).set_label(r'Kaiser $\beta$');
```

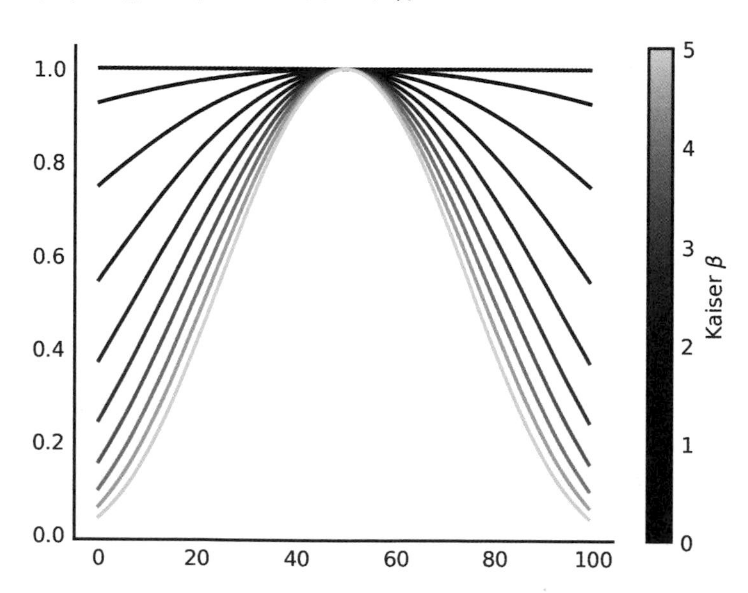

藉由改變參數 β 的值，我們可以將視窗的形狀從矩形（$\beta = 0$，沒有視窗），改成可產出能將取樣邊緣平緩的從零遞增或遞減為零的訊號，使得側邊小峰值降低（β 通常會在 5 到 10 中間）。[9]

接下來將 Kaiser 視窗應用到例子中，我們可以看到側邊峰值被大幅的消去，而同時主要的峰值只損失一點點。

在我們的例子中使用視窗的效果很好：

```
win = np.kaiser(len(t), 5)
X_win = fftpack.fft(x * win)

plt.plot(fftpack.fftfreq(len(t)), np.abs(X_win))
plt.ylim(0, 190);
```

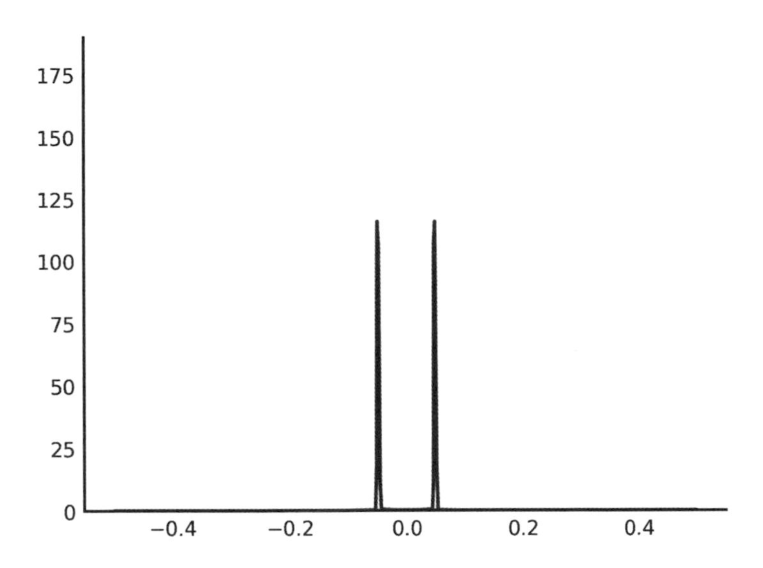

真實應用：分析雷達資料

線性調變 FMCW（調變連續波）雷達大量使用 FFT 演算法作訊號處理，並提供大量不同 FFT 應用的例子。我們會使用實際的 FMCW 雷達資料來示範其中一種應用：目標偵測。

9 經典的視窗函式有 Hann、Hamming 和 Blackman 三種。它們之間的差異在於減少側邊峰值程度，以及對主要峰值的影響程度（應用在傅立葉轉換上）。Kaiser 視窗是比較新、也比較有彈性，對各種應用也作過最佳化的一個視窗函式，方法是估計最佳的扁長橢圓視窗，能將最多的能量集中在主要峰值。我們可以將 Kaiser 視窗調整為適用在特定應用上，如前面文中提到的，調整 β 參數即可。

大致上來說，FMCW 雷達的動作像（細節請見 102 頁的“一個簡單的 FMCW 雷達系統”以及圖 4-9）：

1. 產生變動頻率的訊號，這個訊號會透過天線傳送出去。當訊號離開雷達發送出去後，若碰到物體，一部分的訊號就會反射回到雷達接收端，然後和送出去的訊號作乘法，並執行取樣，取樣出來的數字放入一個陣列中。我們的目標就是要將陣列中的一堆數字變成有意義的結果。
2. 作乘法這個前置作業是很重要的，還記得學校學過三角恆等式吧：

$$\sin(xt)\sin(yt) = \frac{1}{2}\left[\sin\left((x-y)t + \frac{\pi}{2}\right) - \sin\left((x+y)t + \frac{\pi}{2}\right)\right]$$

3. 如果我們將接收的訊號乘上原來傳送出去的訊號，可以預期有兩個頻率元素將會出現在頻譜上：第一個是收到和傳出訊號的差異頻率，另外一個是兩者頻率的和。
4. 由於第一種可以告訴我們訊號回彈到雷達花了多久時間（換句話說，就是物體距離有多遠！），所以我們有興趣的是第一種訊號。由於我們不需要第二種，所以要放一個低通濾波器（可以濾除高頻的濾波器）將第二種訊號過濾掉。

一個簡單的 FMCW 雷達系統

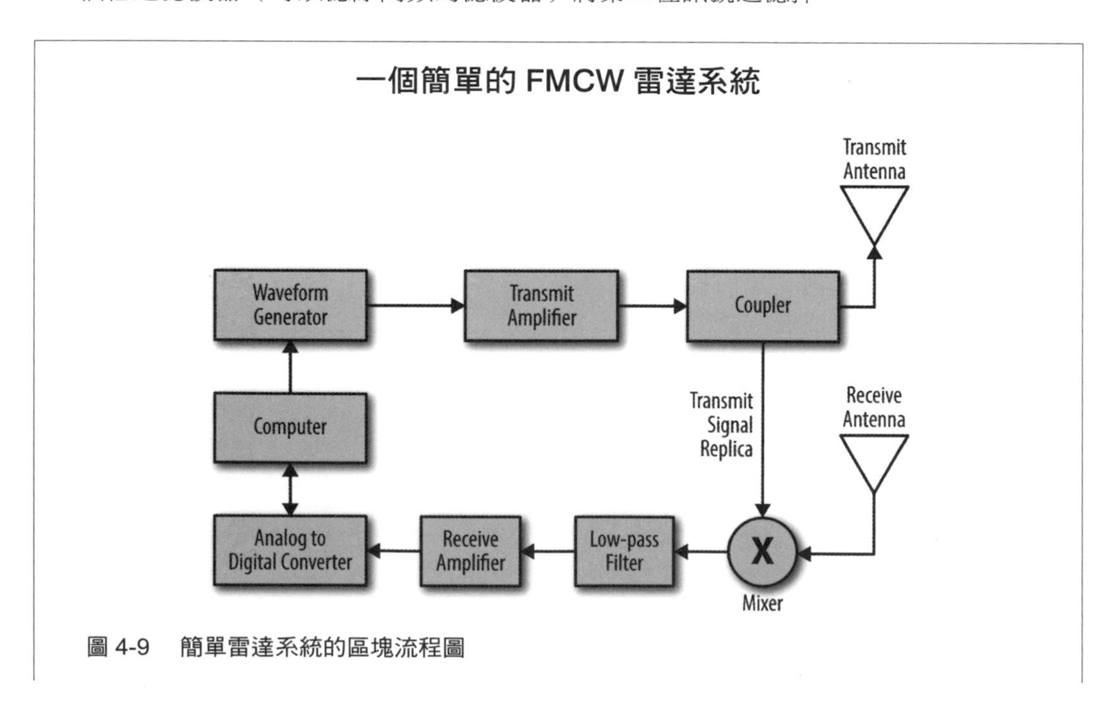

圖 4-9　簡單雷達系統的區塊流程圖

上圖是接收和傳送天線獨立分開的一個簡單雷達系統之區塊流程圖。雷達中有個波形產生器可產生正弦波訊號，依傳送頻率作線性變動。產生出來的訊號被傳送放大器放大成想要的功率，然後耦合電路會將訊號複製一份，最後送到傳送天線以窄束電磁波向特定目標發射。當電磁波碰到物體並將電磁波反射時，只有一部分照射在物體的能量被反射回到雷達接收端，接收後當作此雷達系統在該方向的第二個電磁波。當這個波到達接收天線後，天線收集照在它身上的波中能量，轉換該能量為波動的電壓後交給混合器進行處理。混合器會將收到的訊號和當初傳送訊號的備份作乘法，產出頻率符合傳送和接收訊號頻率差值的正弦波訊號。接下來的低通濾波器把收到訊號處理成有限頻段（例如：把我們不想看的頻率濾掉），接收放大器把訊號加強，輸出給類別數位轉換器（ADC），最後送到電腦去處理。

總的來說，重點是：

- 送到電腦的資料有 N 個從 f_s 樣本頻率取得的樣本（已做完乘法和濾波）。
- 反射的訊號**振幅**取決於**反射的強度**（例如：要看目標物體特性和距離雷達的遠近而定）。
- **測量**到的**頻率**可知道目標物**離**雷達有多遠。

在分析真實的雷達資料之前，我們先使用一些人工合成模擬訊號，然後再處理真實的雷達訊號。

還記得雷達會以 S Hz/s 遞增它的發送頻率嗎？在經過一個時間 t 後，頻率會比原來的高 tS（如圖 4-10）。同一個時間花費下，雷達訊號前進距離 $d = t/v$ 公尺，其中 v 是傳送訊號在空氣中的速度（大致和光速 3×10^8m/s 差不多）。

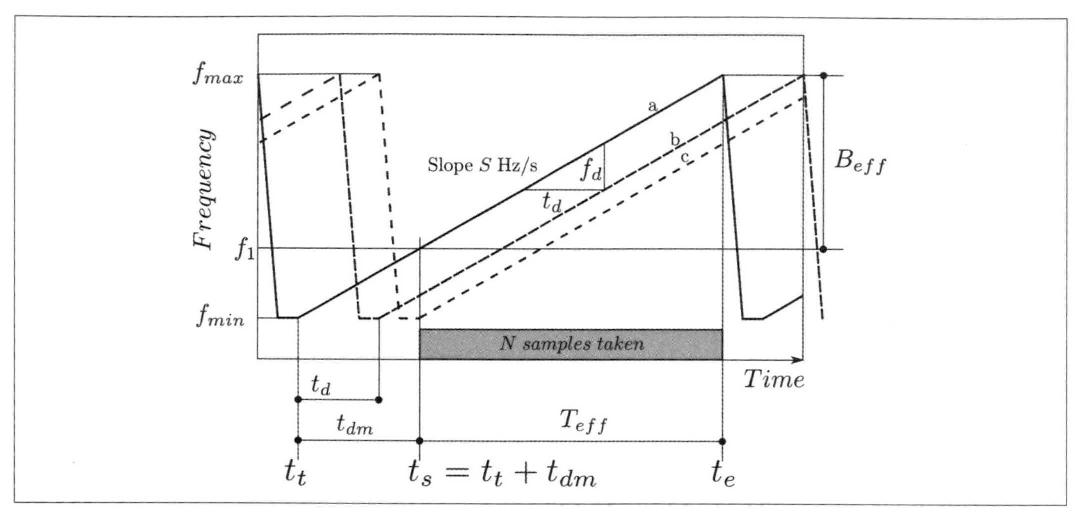

圖 4-10　FMCW 雷達中線性頻率調變得頻率關係圖

綜合上述觀察，我們可以計算在目標為距離為 *R* 時，訊號送出去、反彈和回程共花了多少時間：

$t_R = 2R/v$

```
pi = np.pi

# Radar parameters
fs = 78125            # Sampling frequency in Hz, i.e., we sample 78125
                      # times per second

ts = 1 / fs           # Sampling time, i.e., one sample is taken each
                      # ts seconds

Teff = 2048.0 * ts    # Total sampling time for 2048 samples
                      # (AKA effective sweep duration) in seconds.

Beff = 100e6          # Range of transmit signal frequency during the time the
                      # radar samples, known as the "effective bandwidth"
                      # (given in Hz)

S = Beff / Teff       # Frequency sweep rate in Hz/s

# Specification of targets.  We made these targets up, imagining they
# are objects seen by the radar with the specified range and size.

R = np.array([100, 137, 154, 159,  180])  # Ranges (in meter)
```

```
M = np.array([0.33, 0.2, 0.9, 0.02, 0.1])  # Target size
P = np.array([0, pi / 2, pi / 3, pi / 5, pi / 6])  # Randomly chosen phase offsets

t = np.arange(2048) * ts  # Sample times

fd = 2 * S * R / 3E8      # Frequency differences for these targets

# Generate five targets
signals = np.cos(2 * pi * fd * t[:, np.newaxis] + P)

# Save the signal associated with the first target as an example for
# later inspection
v_single = signals[:, 0]

# Weigh the signals, according to target size and sum, to generate
# the combined signal seen by the radar.
v_sim = np.sum(M * signals, axis=1)

## The above code is equivalent to:
#
# v0 = np.cos(2 * pi * fd[0] * t)
# v1 = np.cos(2 * pi * fd[1] * t + pi / 2)
# v2 = np.cos(2 * pi * fd[2] * t + pi / 3)
# v3 = np.cos(2 * pi * fd[3] * t + pi / 5)
# v4 = np.cos(2 * pi * fd[4] * t + pi / 6)
#
## Blend them together
# v_single = v0
# v_sim = (0.33 * v0) + (0.2 * v1) + (0.9 * v2) + (0.02 * v3) + (0.1 * v4)
```

我們剛生成搜尋單一目標物時的模擬訊號 v_{single}（圖 4-11），藉由計算一段時間中的周期數，我們可以求得訊號的頻率，還有目標物的距離。

不過真實的雷達很少只收到單一回波，模擬訊號 v_{sim} 是有五個不同距離的目標（在 154 到 159 公尺間有兩個目標很靠近），而 $v_{actual}(t)$ 則是從真實雷達取得的訊號。當我們把多個回波加在一起時，直接看實在也看不出什麼（圖 4-11），所以我們要用 DFT 的角度來看這個訊號。

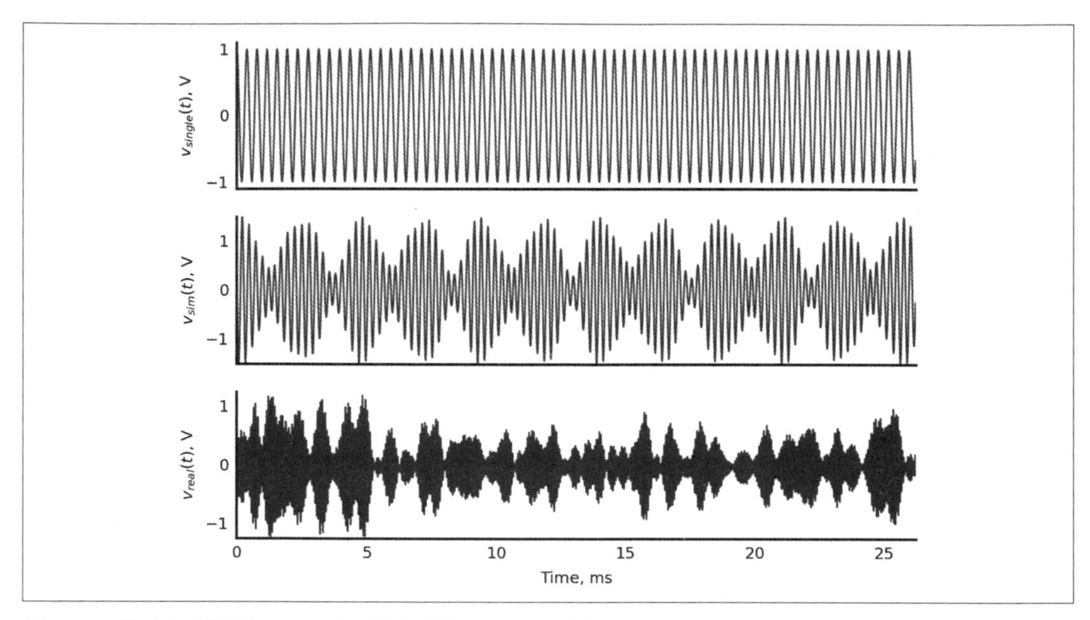

圖 4-11　接收到的訊號：(a) 單一模擬目標 (b) 五個模擬目標，以及 (c) 實際雷達資料

真實世界的雷達資料可以從 NumPy 格式的 *.npz* 檔中取得（一種架構簡單、跨平台、跨版本均相容的儲存格式）。你可以用 `np.savez` 或 `np.savez_compressed` 函式儲存這種格式檔案。另外，SciPy 的 `io` 子模組要讀 MATLAB 或 NetCDF 格式檔案也很方便。

```
data = np.load('data/radar_scan_0.npz')

# Load variable 'scan' from 'radar_scan_0.npz'
scan = data['scan']

# The dataset contains multiple measurements, each taken with the
# radar pointing in a different direction.  Here we take one such as
# measurement, at a specified azimuth (left-right position) and elevation
# (up-down position).  The measurement has shape (2048,).

v_actual = scan['samples'][5, 14, :]

# The signal amplitude ranges from -2.5V to +2.5V.  The 14-bit
# analogue-to-digital converter in the radar gives out integers
# between -8192 to 8192.  We convert back to voltage by multiplying by
# $(2.5 / 8192)$.

v_actual = v_actual * (2.5 / 8192)
```

由於 *.npz* 檔可以儲存多種變數，所以我們必須指定一種想要用的：`data['scan']`。它回傳一個 NumPy 結構陣列，含有以下欄位：

`time`

無號 64 位元（8 byte）整數（`np.uint64`）

`size`

無號 32 位元（4 byte）整數（`np.uint32`）

`position`

`az`

32bit 浮點數（`np.float32`）

`el`

32bit 浮點數（`np.float32`）

`region_type`

無號 8-bit（1 byte）整數（`np.uint8`）

`region_ID`

無號 16-bit（2 byte）整數（`np.uint16`）

`gain`

無號 8-bit（1 byte）整數（`np.uint8`）

`samples`

2,048 個無號 16-bit（2 byte）整數（`np.uint16`）

雖然 NumPy 陣列應該是**同質元素陣列**（例如：所有裡面的元素都是一樣的型態），元素還是可以是複合元素，就像範例中用到的一樣。

可以透過集合型態的語法存取特定欄位：

```
azimuths = scan['position']['az']  # Get all azimuth measurements
```

讓我們將目前所知彙整一下：測量結果（v_{sim} 和 v_{actual}）為多個不同物體反射的正弦波訊號之和。我們要分析這種雷達加總訊號中構成的元素，而 FFT 就是幫助我們做到這件事所要使用的工具。（譯註：Vactual，應該是 Vreal 的誤植）

頻率域上的訊號特性

首先，我們要對三個訊號（單一模擬目標、多個模擬目標及實際雷達訊號）作 FFT，並且顯示正頻率的元素（也就是圖 4-12 中 0 到 *N*/2 間的元素）。在雷達的術語中，這些元素被稱為**距離蹤跡**（*range traces*）。

```
fig, axes = plt.subplots(3, 1, sharex=True, figsize=(4.8, 2.4))

# Take FFTs of our signals.  Note the convention to name FFTs with a
# capital letter.

V_single = np.fft.fft(v_single)
V_sim = np.fft.fft(v_sim)
V_actual = np.fft.fft(v_actual)

N = len(V_single)

with plt.style.context('style/thinner.mplstyle'):
    axes[0].plot(np.abs(V_single[:N // 2]))
    axes[0].set_ylabel("$|V_\mathrm{single}|$")
    axes[0].set_xlim(0, N // 2)
    axes[0].set_ylim(0, 1100)

    axes[1].plot(np.abs(V_sim[:N // 2]))
    axes[1].set_ylabel("$|V_\mathrm{sim} |$")
    axes[1].set_ylim(0, 1000)

    axes[2].plot(np.abs(V_actual[:N // 2]))
    axes[2].set_ylim(0, 750)
    axes[2].set_ylabel("$|V_\mathrm{actual}|$")

    axes[2].set_xlabel("FFT component $n$")

    for ax in axes:
        ax.grid()
```

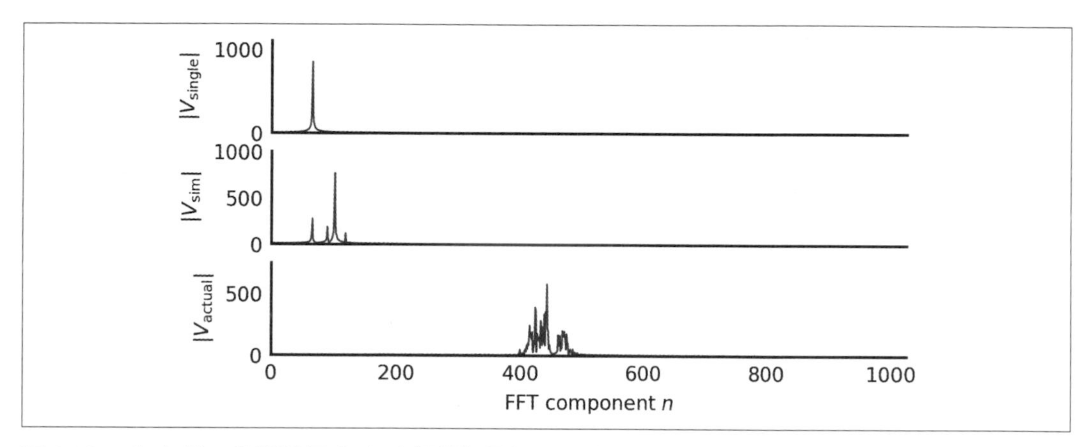

圖 4-12 （a）單一模擬目標（b）多個模擬目標以及（c）真實目標的距離蹤跡

圖畫完就看出端倪了吧！

$|V_0|$ 的圖清楚顯示目標在 67 元素處，$|V_{sim}|$ 也指出在時間域上無法指出的目標， 而真實的雷達資料 $|V_{actual}|$，頻譜上顯示出在元素 400 到 500 間有一大群目標，而其中的峰值在 443，這正好就是雷達照到露天礦場高牆的回波所產生的值。

為了從圖上取出有用的資訊，我們還要把距離算出來！使用下列公式：

$$R_n = \frac{nv}{2B_{eff}}$$

在雷達術語中，每個 DFT 元素都有自己的**取樣區間**（*range bin*）。

而這個公式也定義了雷達的範圍：唯有相隔兩個範圍距離以上的目標才能被完全區分出來，舉例來說：

$$\Delta R > \frac{1}{B_{eff}}$$

所有的雷達都有這個重要特性！

這樣的結果已令人滿意，不過由於動態範圍過大導致我們可能遺漏某些峰值，所以像之前的頻譜一樣，我們取個 log：

```
c = 3e8  # Approximately the speed of light and of
         # electromagnetic waves in air

fig, (ax0, ax1, ax2) = plt.subplots(3, 1)


def dB(y):
    "Calculate the log ratio of y / max(y) in decibel."

    y = np.abs(y)
    y /= y.max()

    return 20 * np.log10(y)


def log_plot_normalized(x, y, ylabel, ax):
    ax.plot(x, dB(y))
    ax.set_ylabel(ylabel)
    ax.grid()


rng = np.arange(N // 2) * c / 2 / Beff

with plt.style.context('style/thinner.mplstyle'):
    log_plot_normalized(rng, V_single[:N // 2], "$|V_0|$ [dB]", ax0)
    log_plot_normalized(rng, V_sim[:N // 2], "$|V_5|$ [dB]", ax1)
    log_plot_normalized(rng, V_actual[:N // 2], "$|V_{\mathrm{actual}}|$ [dB]"
        , ax2)

ax0.set_xlim(0, 300)  # Change x limits for these plots so that
ax1.set_xlim(0, 300)  # we are better able to see the shape of the peaks.
ax2.set_xlim(0, len(V_actual) // 2)
ax2.set_xlabel('range')
```

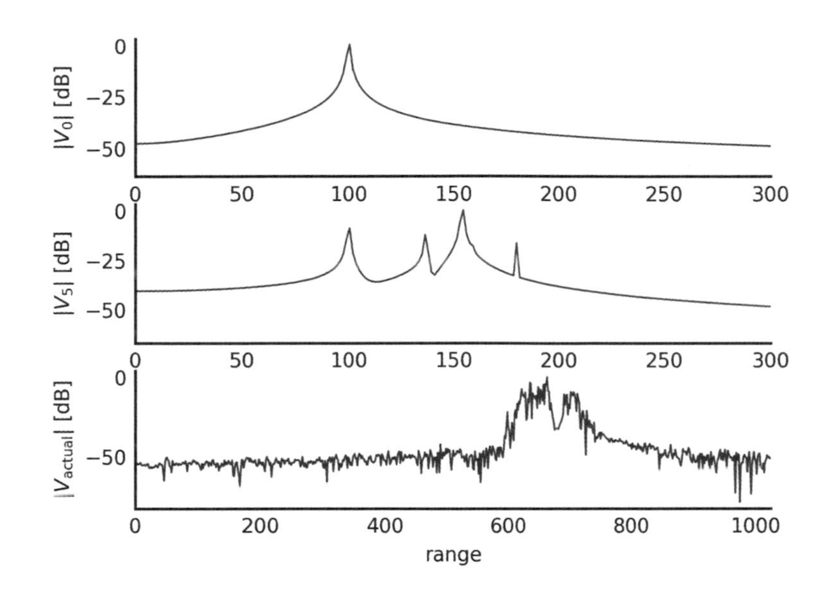

可以看到動態範圍已經前面進步許多，例如已經可以看見真實雷達資料中的**雜訊水平**（*noise floor*）（也就是足以影響雷達偵測目標能力的電子雜訊大小）。

套用視窗

快做完了，但在模擬訊號的頻譜中，我們仍不能分出位於 154 和 159 公尺處的兩個峰值，這樣更不用說在真實訊號中會漏掉多少東西了！為了要把峰值弄尖，我們要打開工具箱，拿出**視窗**（*windowing*）這個工具。

以下是參數 $\beta = 6.1$ 的 Kaiser 視窗施用在範例訊號上：

```
f, axes = plt.subplots(3, 1, sharex=True, figsize=(4.8, 2.8))

t_ms = t * 1000  # Sample times in milli-second

w = np.kaiser(N, 6.1)  # Kaiser window with beta = 6.1

for n, (signal, label) in enumerate([(v_single, r'$v_0 [V]$'),
                                     (v_sim, r'$v_5 [V]$'),
                                     (v_actual, r'$v_{\mathrm{actual}} [V]$')]):
    with plt.style.context('style/thinner.mplstyle'):
        axes[n].plot(t_ms, w * signal)
        axes[n].set_ylabel(label)
        axes[n].grid()
```

```
axes[2].set_xlim(0, t_ms[-1])
axes[2].set_xlabel('Time [ms]');
```

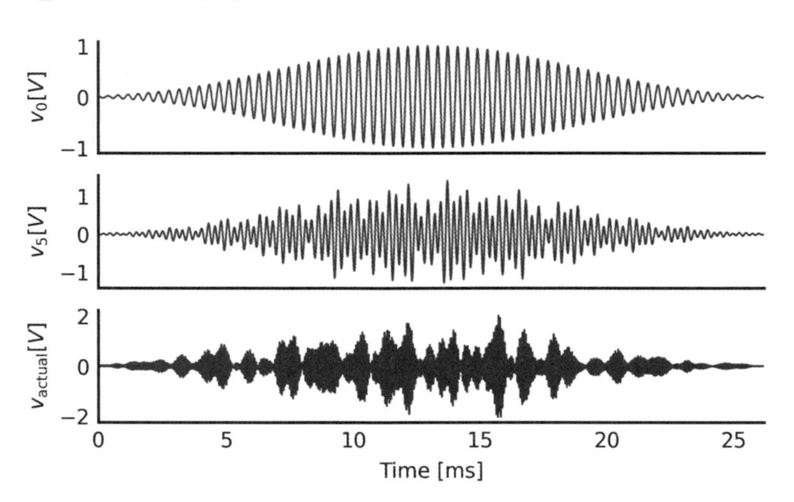

然後一樣作 FFT，也就是雷達術語裡的範圍追蹤：

```
V_single_win = np.fft.fft(w * v_single)
V_sim_win = np.fft.fft(w * v_sim)
V_actual_win = np.fft.fft(w * v_actual)

fig, (ax0, ax1,ax2) = plt.subplots(3, 1)

with plt.style.context('style/thinner.mplstyle'):
    log_plot_normalized(rng, V_single_win[:N // 2],
                        r"$|V_{0,\mathrm{win}}|$ [dB]", ax0)
    log_plot_normalized(rng, V_sim_win[:N // 2],
                        r"$|V_{5,\mathrm{win}}|$ [dB]", ax1)
    log_plot_normalized(rng, V_actual_win[:N // 2],
                        r"$|V_\mathrm{actual,win}|$ [dB]", ax2)

ax0.set_xlim(0, 300)  # Change x limits for these plots so that
ax1.set_xlim(0, 300)  # we are better able to see the shape of the peaks.

ax1.annotate("New, previously unseen!", (160, -35), xytext=(10, 15),
             textcoords="offset points", color='red', size='x-small',
             arrowprops=dict(width=0.5, headwidth=3, headlength=4,
                             fc='k', shrink=0.1));
```

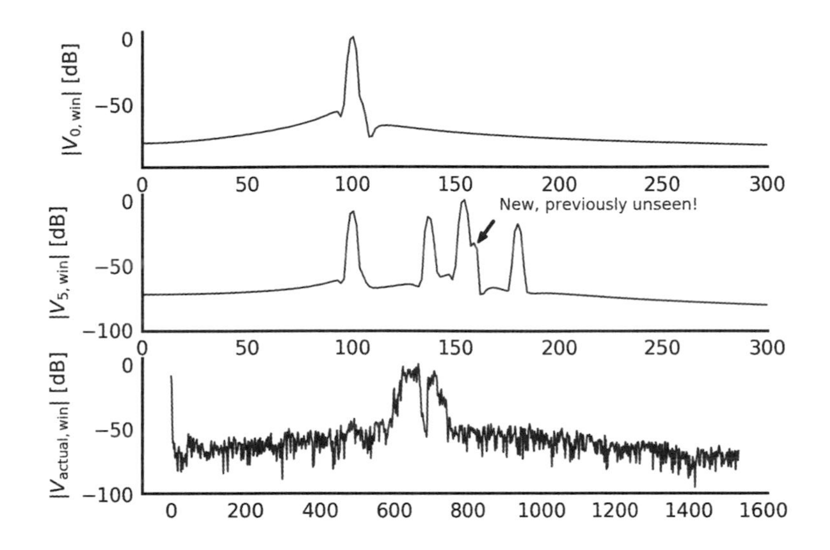

和前面的範圍追蹤作比較，峰值邊的小峰下降許多，代價是峰值的型狀略有改變，變胖也變得沒那麼尖，造成雷達的精確度下降了些，也就是雷達在區分兩個很靠近的目標時的能力下降。不過即使是精確度下降，在 V_{sim} 的圖裡，視窗過濾過的結果卻增加了緊靠大目標的小目標辨識度。

而在真實雷達範圍追蹤中，視窗的動作也減低了峰值旁的值（side lobes），這點在兩團目標群中間的凹口最為明顯。

雷達影像

知道了分析範圍追蹤的方法後，我們就可以來看雷達圖。

雷達資料是由碟型反射天線產生的，這樣的天線可以在半功率點間產生 2 度散角的高指向筆射束。如果把射線垂直照在一個距離 60 公尺遠的平面上，雷達照射範圍會是一個 2 公尺直徑的點，如果超過這個點的範圍，功能會迅速的下降，不過如果是強反射，還是會被看到的。

藉由調整筆射束的方向角（左右位置）和仰角（上下位置），我們就可以掃過想掃瞄的區域。得到反射資料之後，進行計算反射物（被雷達訊號打中的物件）的距離，若結合筆射束的方向角、仰角和距離，我們就可以得到反射物的三維位置。

一個開放礦場的岩戶邊坡有數以千計的反射物，在此處可以把雷達距離筐（range bin）想像成一個具大球體，邊坡是不規則的線，雷達在中央。邊坡上的反射物會反射雷達電磁波。雷達的波長（雷達波一次振盪所行進的距離）大約是 30mm。反射物反射 1/4 波長的倍數（大約是 7.5mm）會造成破壞性干涉，而 1/2 波長的倍數會造成建設性干涉。這些干涉合併起來，可以產生強反射點。這台特定的雷達藉移動它的天線，可掃描 20 度水平角 x30 度仰角的小範圍，步進為 0.5 度。

我們接下來將描繪雷達資料的等高線圖，圖 4-13 定義了不同的切面。第一個切面是將距離（range slice）固定住，顯示水平角和仰角的雷達回波強度。另外兩個切面顯示波度，此時換成分別固定固定仰角和水平角（見圖 4-13 和 4-14），開放礦場的高牆就可以漸次由水平面建出來了。

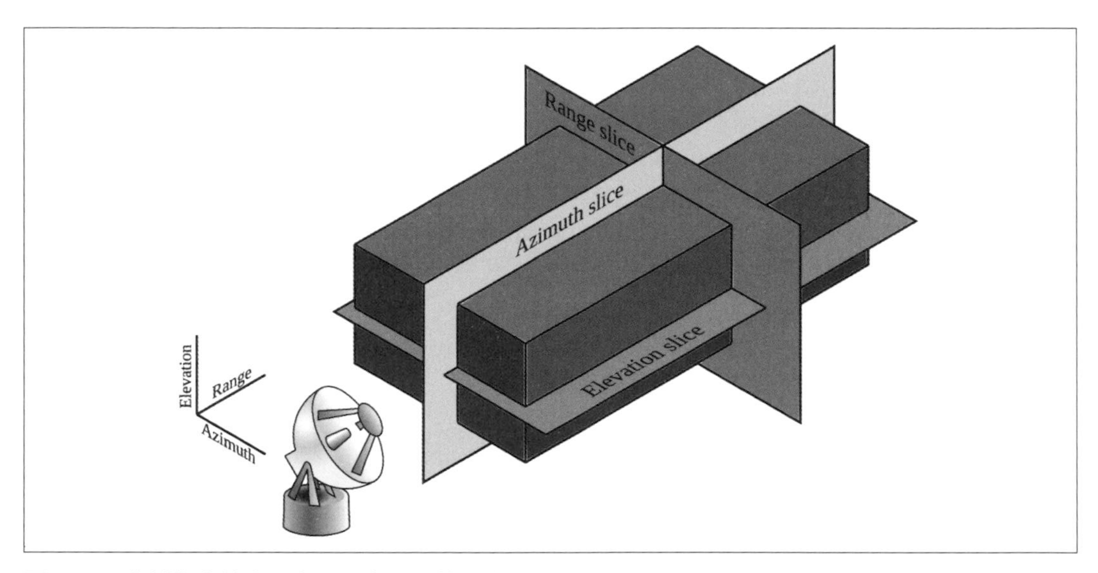

圖 4-13　資料集中的水平角、仰角和距離切片

```
data = np.load('data/radar_scan_1.npz')
scan = data['scan']

# The signal amplitude ranges from -2.5V to +2.5V.  The 14-bit
# analogue-to-digital converter in the radar gives out integers
# between -8192 to 8192.  We convert back to voltage by multiplying by
# $(2.5 / 8192)$.

v = scan['samples'] * 2.5 / 8192
win = np.hanning(N + 1)[:-1]

# Take FFT for each measurement
V = np.fft.fft(v * win, axis=2)[::-1, :, :N // 2]

contours = np.arange(-40, 1, 2)
```

```
# ignore MPL layout warnings
import warnings
warnings.filterwarnings('ignore', '.*Axes.*compatible.*tight_layout.*')

f, axes = plt.subplots(2, 2, figsize=(4.8, 4.8), tight_layout=True)

labels = ('Range', 'Azimuth', 'Elevation')

def plot_slice(ax, radar_slice, title, xlabel, ylabel):
    ax.contourf(dB(radar_slice), contours, cmap='magma_r')
    ax.set_title(title)
    ax.set_xlabel(xlabel)
    ax.set_ylabel(ylabel)
    ax.set_facecolor(plt.cm.magma_r(-40))

with plt.style.context('style/thinner.mplstyle'):
    plot_slice(axes[0, 0], V[:, :, 250], 'Range=250', 'Azimuth', 'Elevation')
    plot_slice(axes[0, 1], V[:, 3, :], 'Azimuth=3', 'Range', 'Elevation')
    plot_slice(axes[1, 0], V[6, :, :].T, 'Elevation=6', 'Azimuth', 'Range')
    axes[1, 1].axis('off')
```

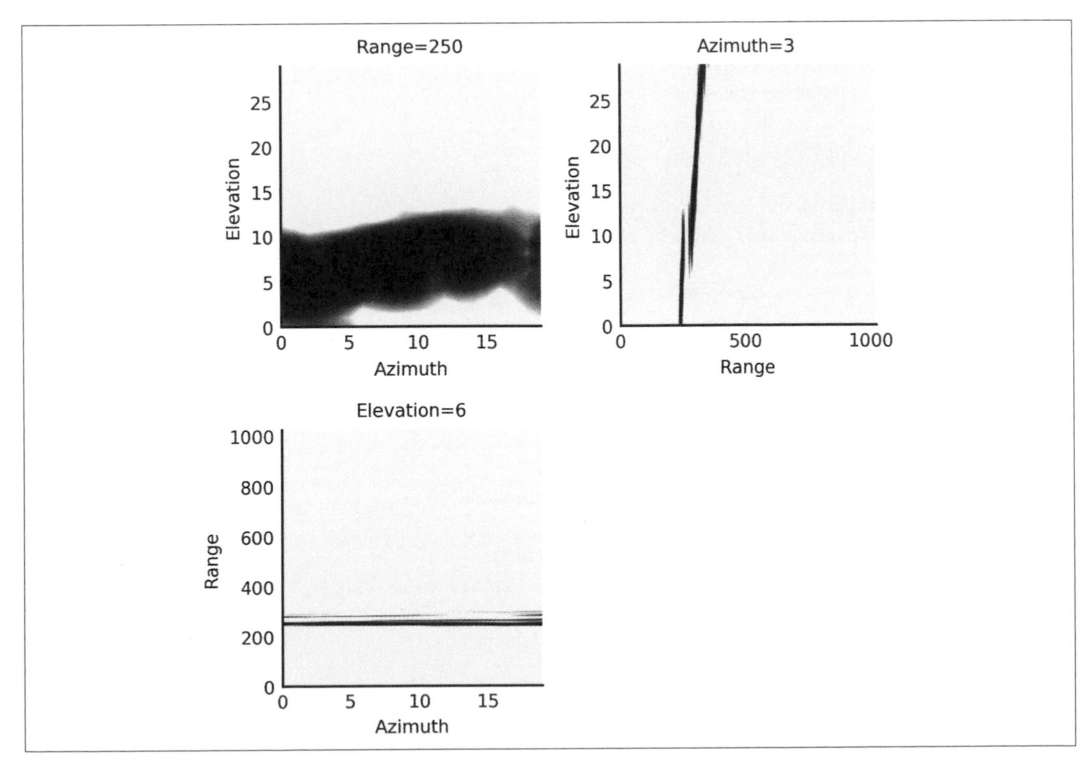

圖 4-14　由不同軸構成的距離追蹤輪廓圖

3D 視覺化

我們也可以將資料以三個維度呈現（圖 4-15）。

首先要先算出距離的最大值參數（最大值的索引），有了這個值以後，就可以知道雷達射線打到岩場邊坡的範圍。將參數值轉換到 3 維坐標（仰角、水平角和距離）上：

```
r = np.argmax(V, axis=2)

el, az = np.meshgrid(*[np.arange(s) for s in r.shape], indexing='ij')

axis_labels = ['Elevation', 'Azimuth', 'Range']
coords = np.column_stack((el.flat, az.flat, r.flat))
```

有了這些坐標後，我們先取出水平和傾角（捨棄距離坐標）值，然後執行 Delaunay 平面填充，這個平面填充的動作會回傳一組索引的資料集合，這組索引在坐標系上定義很多三角型（或稱 simplices），得到了這些投射平面的三角形之後，要將我們原來坐標重建，所以將距離元素加回去：

```
from scipy import spatial

d = spatial.Delaunay(coords[:, :2])
simplexes = coords[d.vertices]
```

為了要顯示目標，將距離軸換為第一個軸：

```
coords = np.roll(coords, shift=-1, axis=1)
axis_labels = np.roll(axis_labels, shift=-1)
```

然後用 Matplotlib 的 `trisurf` 來畫出視覺化的結果：

```
# This import initializes Matplotlib's 3D machinery
from mpl_toolkits.mplot3d import Axes3D

# Set up the 3D axis
f, ax = plt.subplots(1, 1, figsize=(4.8, 4.8),
                     subplot_kw=dict(projection='3d'))

with plt.style.context('style/thinner.mplstyle'):
    ax.plot_trisurf(*coords.T, triangles=d.vertices, cmap='magma_r')

    ax.set_xlabel(axis_labels[0])
    ax.set_ylabel(axis_labels[1])
    ax.set_zlabel(axis_labels[2], labelpad=-3)
    ax.set_xticks([0, 5, 10, 15])
```

```
# Adjust the camera position to match our diagram above
ax.view_init(azim=-50);
```

圖 4-15　測定的岩石坡面位置 3D 視覺圖

FFT 的更多應用

前面雷達的例子只是 FFT 的其中一種用途，還有很多其它的用途，例如移動測量（都卜勒）以及目標辨識。FFT 的用途之廣，從醫療 MRI 到統計學都有它的應用，掌握這一章的基礎介紹後，你應該就具有使用它的能力了！

延伸閱讀

傅利葉轉換的延伸閱讀：

- Athanasios Papoulis, *The Fourier Integral and Its Applications* (New York: McGraw-Hill, 1960)。

- Ronald A. Bracewell, *The Fourier Transform and Its Applications* (New York: McGraw-Hill, 1986)。

雷達訊號處理的延伸閱讀：

- Mark A. Richards, James A. Scheer, and William A. Holm, eds., *Principles of Modern Radar: Basic Principles* (Raleigh, NC: SciTech, 2010)。
- Mark A. Richards, *Fundamentals of Radar Signal Processing* (New York: McGraw- Hill, 2014)。

練習題：影像卷積

FFT 通常用來加速影像卷積動作的速度（卷積是一種移動濾波的應用）。請對一張 `np.ones((5, 5))` 的影像進行卷積，分別使用 a）NumPy 的 `np.convolve` 和 b）`np.fft.fft2`，並確認結果兩者結果是一樣的。

提示：

- x 和 y 的卷積等於 `ifft2(X * Y)`，其中的 X 和 Y 對應 x 和 y 的 FFT 結果。
- 為了將 X 和 Y 相乘，它們兩者要有一樣的大小，在進行 FFT 之前請使用 `np.pad` 將 x 和 y 擴張並將擴張部分填充零（向右和向下填）。
- 你可能會看到一些邊緣切斷造成的影響。你可以藉由增加填充大小來消除這些影響，將 x 和 y 的維度都處理成 `shape(x) + shape(y) - 1`。

解答在 226 頁的“解答：影像卷積”。

第五章

使用稀疏座標矩陣的列聯表

我喜歡稀疏，這是一種極簡主義的感覺，它能使某些東西產生立竿見影的效果，使它獨一無二。我可能會一直使用這樣的風格，只是現在還不知道怎麼做。

—Britt Daniel，*Spoon* 樂團主唱

多數真實世界中使用的矩陣都是**稀疏的**，這些矩陣中大部分的值都是零。

如果使用 NumPy 陣列，會花去許多不必要的時間和能量處理許多零。所以我們要改用 SciPy 的 sparse 模組，這模組只處理非零的值，所以比較有效率。除了有助於解決"典型"稀疏矩陣問題，sparse 還可以被用來解決一些和稀疏矩陣不是明顯相關的問題。

這類問題中的一個例子，就是把影像分區做比較。（影像分區請見第三章）

啟發這一章的程式碼中，一共用了兩次稀疏矩陣。第一次是 Andreas Mueller 用來計算**列聯矩陣**，該列聯矩陣的內容是兩個影像分區之間對應標籤的計數，第二次則是由 Jaime Fernández del Río 和 Warren Weckesser 的建議，使用上述的列聯矩陣來計算**資訊變異性**（*variation of information*），也就是測量不同分區之間的差異。

```
def variation_of_information(x, y):
    # compute contingency matrix, aka joint probability matrix
    n = x.size
    Pxy = sparse.coo_matrix((np.full(n, 1/n), (x.ravel(), y.ravel())),
                            dtype=float).tocsr()

    # compute marginal probabilities, converting to 1D array
    px = np.ravel(Pxy.sum(axis=1))
    py = np.ravel(Pxy.sum(axis=0))

    # use sparse matrix linear algebra to compute VI
```

```
    # first, compute the inverse diagonal matrices
    Px_inv = sparse.diags(invert_nonzero(px))
    Py_inv = sparse.diags(invert_nonzero(py))

    # then, compute the entropies
    hygx = px @ xlog1x(Px_inv @ Pxy).sum(axis=1)
    hxgy = xlog1x(Pxy @ Py_inv).sum(axis=0) @ py

    # return the sum of these
    return float(hygx + hxgy)
```

Python 3.5 專家技巧！

上面程式中的 @ 符號代表**矩陣操作運算子**（*matrix multiplication operator*），是 2015 年的 Python 3.5 後才支援的。在科研程式中一個最值得使用 Python 3 的理由是：在程式中使用線性代數時，可以用幾乎是寫數學的方法來寫程式。請比較以下：

```
hygx = px @ xlog1x(Px_inv @ Pxy).sum(axis=1)
```

如果是用 Python 2 寫：

```
hygx = px.dot(xlog1x(Px_inv.dot(Pxy)).sum(axis=1))
```

使用 @ 運算子讓程式碼寫法更接近數學的符號方法，這樣一來可以避免寫錯，也可以增加可讀性。

其實 SciPy 的作者在生出 @ 之前，早就知道這個需求，當時已將 * 運算子修改，在使用 SciPy 矩陣時讓 * 變成其它的用途，所以我們在 Python 2.7 中也可以寫出像上面好用可讀的程式碼：

```
hygx = -px * xlog(Px_inv * Pxy).sum(axis=1)
```

不過這個用法有個重要的注意事項：視 px 及 Px_inv 是不是 SciPy 矩陣，程式碼會有不同的結果！如果 Px_inv 和 Pxy 是 NumPy 陣列，* 號會執行的是元素相乘，但如果它們是 SciPy 矩陣，就會執行矩陣相乘！你可以想像的到這樣會造成多少問題，所以大部分的 SciPy 社群都放棄使用 *，改回使用比較醜但是不會混淆的 .doc 方法。

新的 Python 3.5 的 @ 運算子，解決了所有的問題！

列聯表

不過，讓我們先從一些簡單的開始，然後才處理影像分區問題。

假設你是一家叫 Spam-o-matic 的新創郵件公司的資料專家，而被交付的任務是垃圾郵件的偵測，你將偵測的結果用數字 0 代表正常郵件，而數字 1 代表垃圾郵件。

如果現在你有十封郵件要進行偵測分類，得到**預測**結果如下：

```
import numpy as np
pred = np.array([0, 1, 0, 0, 1, 1, 1, 0, 1, 1])
```

想知道偵測成效如何，可以將結果和人工**比對結果**（*ground truth*）作比較：

```
gt = np.array([0, 0, 0, 0, 0, 1, 1, 1, 1, 1])
```

由於分類垃圾郵件對電腦來說是困難的工作，所以造成 `pred` 和 `gt` 無法完全匹配。如果我們看 `pred` 裡面是 0 並且 `gt` 裡面也是 0 的欄位，這表示成功辨識出非垃圾郵件，稱為 *true negative*（**真負**）。反過來說，若 `pred` 和 `gt` 裡面都是 1 的欄位，稱為 *true positive*（**真正**），也就是正確的辨識出垃圾郵件。

不過，還有兩種是錯誤的情況。如果我們讓垃圾郵件（`gt` 為 1）進到使用者的信箱（`pred` 為 0），我們就犯了 *false negative*（**假負**）錯誤。如果我們將正常的郵件（`gt` 為 0）當成是垃圾郵件（`pred` 為 1），我們就是作了 *false positive* 的預測。（在我工作的科學機構裡，有次把老闆的郵件送進了垃圾郵件裡，為什麼呢？因為那封郵件是老闆發佈一個博後演講比賽通知，郵件開頭是"你有機會贏得 500 美元！"

如果我們想要知道偵測工作做得好不好，就要使用**列聯矩陣**（也被貼切地稱為混淆矩陣）將上述的錯誤部分作計算。讓我們先將橫列標記為預測，而直欄標記為事實。然後分別計算各種分類出現幾次。所以，舉例來說，true positive 值是 4 個（就是 `pred` 和 `gt` 都是 1），而矩陣（1,1）的位置會有 3 這個值。

也就是：

$$C_{i,j} = \Sigma_k \mathbb{I}(p_k = i)\mathbb{I}(g_k = j)$$

下面是依直覺但效率不好的建表方法：

```
def confusion_matrix(pred, gt):
    cont = np.zeros((2, 2))
    for i in [0, 1]:
        for j in [0, 1]:
            cont[i, j] = np.sum((pred == i) & (gt == j))
    return cont
```

然後看一下結果是否正確：

```
confusion_matrix(pred, gt)
array([[ 3.,  1.],
       [ 2.,  4.]])
```

練習題：列聯矩陣的計算複雜度

請回答為何我們說上面作計算的程式效率不好呢？

請見 227 頁的“解答：列聯矩陣的計算複雜度”。

練習題：計算列聯矩陣的另一種演算法

請試作另外一種演算法，使得過程只會穿越 pred 和 gt 一次。

```
def confusion_matrix1(pred, gt):
    cont = np.zeros((2, 2))
    # your code goes here
    return cont
```

請見 227 頁的“解答：另一種列聯矩陣的計算”。

我們可以將範例更實際一點，現在不止要區分垃圾或非垃圾郵件，我們要作的辨識包括垃圾郵件、新聞、廣告、討論串和私人信。一共有五個分類，我們將五分類標示為 0 到 4。則列聯矩陣就會是 5×5 的大小，將匹配的計數放在對角線上，錯誤計數分在非對角線上。

由於這種方法在建立列表矩陣時，要重複查看預測和真實結果陣列 25 次，confusion_matrix 函式的寫法似乎在矩陣變大時，就不合用了，比方說我們還想為各種社交媒體建立各自的分類的時候。

練習題：多種分類的列聯矩陣

請寫一個只要查看一次就可以完成計算列聯矩陣的函式，但將分類數當作輸入參數，而不再假設只有兩種分類。

```
def general_confusion_matrix(pred, gt):
    n_classes = None  # replace `None` with something useful
    # your code goes here
    return cont
```

雖然你的解法可以只查看一次，也可以適應分類的多寡，但由於迴圈由 Python 直譯器執行，所以當資料很多時，會跑得很慢。而且由於某些分類之間容易誤判，所以矩陣會有很多 0，呈現**稀疏**（*sparse*）狀態。事實上，隨著分類數增加，在列聯表中自然就會浪費很多記憶體空間存放 0，所以我們要改用 SciPy 的 `sparse` 模組，裡面有物件可以有效率地代表稀疏矩陣。

scipy.sparse 資料格式

在第一章曾講過 NumPy 陣列內部的結構，希望你同意它是很直接的，而且在某種義意上，也必須要使用它來儲存多維資料。稀疏矩陣可以有很多可能的格式，而它的“正確”格式取決於你要解決的問題是什麼。我們接下來會取用兩種最常見的資料格式，而在本章後面的比較表，或是 `scipy.sparse` 的線上文件可以看到所有的可能格式。

COO 格式

座標（或稱 COO）可能是最直接的一種格式，用三個一維陣列來表示二維矩陣 A 的方法，每個一維陣列長度都和 A 中非零值的數量相同，集合在一起，就是用（i, j, value）座標來表示每個不為 0 的項目。

- `row` 和 `col` 陣列用來索引出每個非零值在哪（代表相對的列和欄索引）。
- `data` 陣列，就是上述位置的**值**（*value*）。

而矩陣中未被 `(row, col)` 索引到的部分，就是 0。這樣一來效率就好多了！那麼，矩陣定義如下：

```
s = np.array([[ 4,  0, 3],
              [ 0, 32, 0]], dtype=float)
```

我們可以：

```
from scipy import sparse

data = np.array([4, 3, 32], dtype=float)
row = np.array([0, 0, 1])
col = np.array([0, 2, 1])

s_coo = sparse.coo_matrix((data, (row, col)))
```

scipy.sparse 中所有的格式都可以呼叫 .toarray() 方法來回傳稀疏資料 NumPy 陣列，可以用它來檢查 s_coo 有沒有正確被建立：

```
s_coo.toarray()

array([[  4.,   0.,   3.],
       [  0.,  32.,   0.]])
```

相樣地，我們可以使用 .A 屬性，它用起來是屬性，但實際上是執行一個函式。.A 是一個很危險的屬性，容易讓人忽略背後的巨大運算量：稠密格式的稀疏矩陣運算量，比原本版本的稀疏矩陣多非常多，看起來只是按幾個鍵的 .A 屬性，跑起來可能就讓電腦掛掉！

```
s_coo.A

array([[  4.,   0.,   3.],
       [  0.,  32.,   0.]])
```

在本章及其它地方，只要不妨礙可讀性，由於 toarray() 方法比較容易看出潛藏大量運算，所以我們建議使用 toarray() 方法，如果出現簡化後可以增加可讀性的部分，我們會使用 .A（例如要實作一連串的數學運算時）。

練習題：COO 的表示方法

請將以下矩陣改為用 COO 表示：

```
s2 = np.array([[0, 0, 6, 0, 0],
               [1, 2, 0, 4, 5],
               [0, 1, 0, 0, 0],
               [9, 0, 0, 0, 0],
               [0, 0, 0, 6, 7]])
```

不幸地，即使 COO 格式很直觀，它還是無法最小化記憶體的使用，也無法在計算時將穿越陣列的次數儘可能的減少。（還記得在第一章時看過，*data locality* 對於計算效率的影響吧）不過，當你看著你寫出的 COO 的結果，還是能幫助識別出冗餘資訊，例如那些重複的 1。（譯註：指練習題解答）

壓縮稀疏列格式

如果我們使用 COO 時，用一列列的順序例出非 0 的項目，而不是任意跳來跳去的話（這種格式也支援），最後我們的 row 陣列就會有很多連續又重複的值（譯按：如同練習題裡第 1 row 有 4 個連續的 1）。我們可以將這些連續重複的值在下列開始時壓縮在 `col` 索引之中，而不是一直重複的寫列索引，這就是*壓縮稀疏列*（*compressed sparse row*，*CSR*）格式的基本精神。

再一次用上面的範例舉例，如果是 CSR 格式，`col` 和 `data` 陣列不會變（但 `col` 會改名為 `indices`）。然後，`row` 陣列改為用來指出 `col` 中何處為列的開頭處，並將 row 陣列改名為 `indptr`，意思是索引指標（index pointer）。

那麼，讓我們看一下 COO 格式中的 `row` 和 `col` 陣列，先不管 `data` 陣列：

```
row = [0, 1, 1, 1, 1, 2, 3, 4, 4]
col = [2, 0, 1, 3, 4, 1, 0, 3, 4]
```

每次 `row` 中的值改變時，就是一個列的開頭，第 0 列從索 0 引開始，而第 1 列由索引 1 開始，但是第 2 列，是在 row 中索引 5 處出現“2”時開始。接著第 3 列由索引 6，第 4 列由索 7 引處開始，最後一個索引，是矩陣結束的地方，也代表所有矩陣中非 0 零的總數（索引 9）：

```
indptr = [0, 1, 5, 6, 7, 9]
```

讓我們先用這個手動計算的陣列來建立 SciPy 的 CSR 矩陣。我們可以利用 COO 的 `.A` 輸出，以及我們先前定義的 NumPy SCR 表達用陣列 `s2`，相互比較後可以知道正確與否。

```
data = np.array([6, 1, 2, 4, 5, 1, 9, 6, 7])

coo = sparse.coo_matrix((data, (row, col)))
csr = sparse.csr_matrix((data, col, indptr))

print('The COO and CSR arrays are equal: ',
      np.all(coo.A == csr.A))
```

```
print('The CSR and NumPy arrays are equal: ',
      np.all(s2 == csr.A))

The COO and CSR arrays are equal:  True
The CSR and NumPy arrays are equal:  True
```

這種能儲存巨大的稀疏矩陣，還可以對它們進行運算的能力，在許多領域中都是強大的功能。

舉例來說，可以試想整個網路是一個巨大又稀疏的 $N \times N$ 矩陣，其中每個項中 X_{ij} 代表網頁 i 連到 j 的關係，經正規化和找到它的特向量後，我們可以得到網路排名（PageRank）—Google 用來它來排序你的搜尋結果。（你可以在下一節讀到更多相關資訊）

舉另外一個例子，我們可以把人腦用一個巨大的 $m \times m$ 圖表示，其中 m 代表用 MRI 掃瞄腦部活動的 m 個點（位置）。連續一段的描瞄之後，可以算出點和點之間的相互關係，並將這些關係存入一個 C_{ij} 矩陣中。將這個矩陣中的值加上邊界值條件（thresholding）運算後，可產生一個被很多 1 和 0 填滿的稀疏矩陣。矩陣中對應到第二小特徵值的特徵向量將 m 個腦部區域區分成數個子集合，這些子集合通常就代表著大腦中功能相關的區域！[1]

1 M. E. J. Newman, "Modularity and Community Structure in Networks" (*http://dx.doi.org/DOI:10.1073/pnas.0601602103*), PNAS 103, no. 23 (2006):8577–8582.

	bsr_matrix	coo_matrix	csc_matrix	csr_matrix	dia_matrix	dox_matrix	lil_matrix
全名	Block Sparse Row	座標	壓縮稀疏欄	壓縮稀疏列	對角線	Key 查詢	基於列的 linked-list
說明	與 CSR 相似	只被用來建立稀疏矩陣，建立完以後轉換為 CSC 或 CSR 進行動作				被用來漸增地建立稀疏矩陣	被用來漸增地建立稀疏矩陣
適用情況	• 儲存高密度的子矩陣 • 通常用於離散問題數學分析，例如：有限元素、微分方程	• 建立稀疏矩陣快速又直捷的方法 • 在建立稀疏矩陣時重複座標會被加總，在例如限元素分析的時候好用	• 算數運算（支援加、減、乘、除以及矩陣次方） • 在作欄切片時有效率 • 快速矩陣向量積（視問題 CSR、BSR 有可能更快）	• 算數運算 • 列切片時有效率 • 做矩陣向量積快	• 算數運算	• 對於稀疏結構中的修改成本不高 • 算數運算 • 快速存取各個元素 • 容易轉換成 COO（但不能複製）	• 對於稀疏結構中的修改成本不高 • 彈性切片
缺點		• 不能作算數運算 • 不能切片	• 作列切片慢（對照請見 CSR） • 對於稀疏結構中的修改成本高（對照 LIL 和 DOK）	• 作欄切片慢（對照請見 CSC） • 對於稀疏結構中的修改成本高（對照 LIL 和 DOK）	• 稀疏結構受限於對角線上的值	• 作算術運算成本高 • 做矩陣向量積慢	• 作算術運算成本高 • 作欄切片慢 • 做矩陣向量積慢

稀疏矩陣的應用：照片轉換

像 scikit-image 和 SciPy 這樣的函式庫已內建有效率的照片轉換（旋轉和扭曲）之演算法，但如果你是太空事務處的 NumPy 部門主管，負責為新發射的木星人造衛星所傳回的數百萬張照片作旋轉呢？

在這種情況下，你必須將電腦的效率運用到極致。其實如果我們一直重複做**同樣的**照片轉換動作，效率甚至會比使用 SciPy 中已最佳化過的 C 程式還要好。

我們將在下面使用 scikit-image 中一位攝影師的照片當作範例資料：

```
# Make plots appear inline, set custom plotting style
%matplotlib inline
import matplotlib.pyplot as plt
plt.style.use('style/elegant.mplstyle')

from skimage import data
image = data.camera()
plt.imshow(image);
```

作為測試，我們將把這張照片旋轉 30 度。我們從定義轉換矩陣 H 開始，這個矩陣和輸入照片中的座標 $[r, c, 1]$ 相乘後，會產出對應座標 $[r', c', 1]$ 的值。（注意：我們使用的是投影座標（*https://en.wikipedia.org/wiki/Homogeneous_coordinates*），所以會有一個 1 跟在我們的座標值後面，這是為了在定義線性轉換時取得更好的彈性。）

```
angle = 30
c = np.cos(np.deg2rad(angle))
s = np.sin(np.deg2rad(angle))

H = np.array([[c, -s,  0],
              [s,  c,  0],
              [0,  0,  1]])
```

若要檢驗動作是不是能成功，你可以將 H 和點 (1, 0) 相乘，(0, 0) 附近的點若逆時鐘旋轉 30 度，應該會移動到 $(\frac{\sqrt{3}}{2}, \frac{1}{2})$。

```
point = np.array([1, 0, 1])
print(np.sqrt(3) / 2)
print(H @ point)

0.866025403784
[ 0.8660254  0.5        1.        ]
```

同樣地，如果如果連續旋轉三次 30 度，應該會跑到直角位置去即 (0, 1) 這個點。我們可以看到結果如下（忽略一些浮點精度問題）：

```
print(H @ H @ H @ point)

[  2.77555756e-16   1.00000000e+00   1.00000000e+00]
```

現在，我們要做一個函式，這個函式定義一個“稀疏運算子”，這個稀疏運算子的功能是要找出輸出照片中所有的像素是從輸入照片中的何處來的，然後使用適當（雙線性）的插值法（如圖 5-1）計算出值。由於這個動作只是對照片值作矩陣乘法，所以很快。

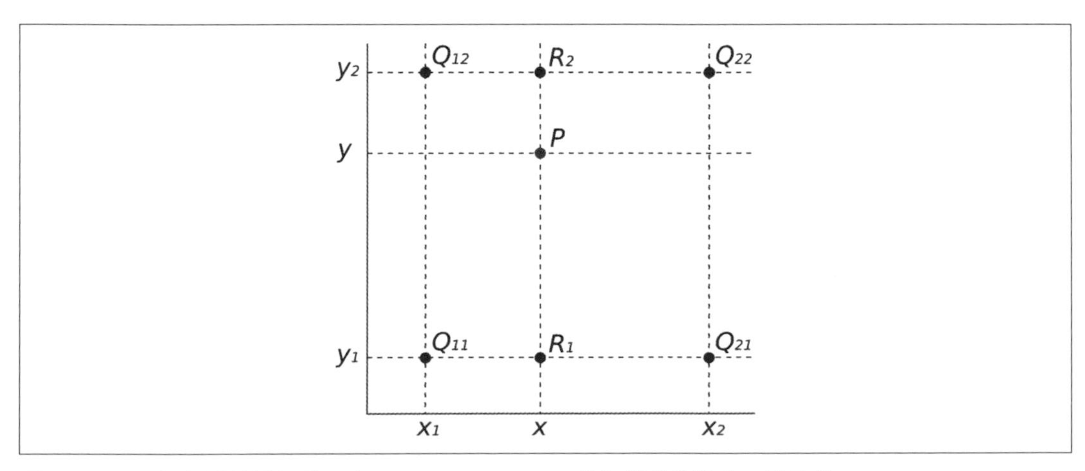

圖 5-1　用圖解釋雙線性插值—由 Q_{11}、Q_{12}、Q_{21}、Q_{22} 的加權總數算出 P 點的值

讓我看看用來建立稀疏運算子的函式：

```
from itertools import product

def homography(tf, image_shape):
    """Represent homographic transformation & interpolation as linear operator.

    Parameters
    ----------
    tf : (3, 3) ndarray
        Transformation matrix.
    image_shape : (M, N)
        Shape of input gray image.

    Returns
    -------
    A : (M * N, M * N) sparse matrix
        Linear-operator representing transformation + bilinear interpolation.

    """
    # Invert matrix.  This tells us, for each output pixel, where to
    # find its corresponding input pixel.
    H = np.linalg.inv(tf)

    m, n = image_shape

    # We are going to construct a COO matrix, often called IJK matrix,
    # for which we'll need row coordinates (I), column coordinates (J),
    # and values (K).
    row, col, values = [], [], []

    # For each pixel in the output image...
    for sparse_op_row, (out_row, out_col) in \
            enumerate(product(range(m), range(n))):

        # Compute where it came from in the input image
        in_row, in_col, in_abs = H @ [out_row, out_col, 1]
        in_row /= in_abs
        in_col /= in_abs

        # if the coordinates are outside of the original image, ignore this
        # coordinate; we will have 0 at this position
        if (not 0 <= in_row < m - 1 or
                not 0 <= in_col < n - 1):
            continue

        # We want to find the four surrounding pixels, so that we
```

```
        # can interpolate their values to find an accurate
        # estimation of the output pixel value.
        # We start with the top, left corner, noting that the remaining
        # points are 1 away in each direction.
        top = int(np.floor(in_row))
        left = int(np.floor(in_col))

        # Calculate the position of the output pixel, mapped into
        # the input image, within the four selected pixels.
        # https://commons.wikimedia.org/wiki/File:BilinearInterpolation.svg
        t = in_row - top
        u = in_col - left

        # The current row of the sparse operator matrix is given by the
        # raveled output pixel coordinates, contained in sparse_op_row.
        # We will take the weighted average of the four surrounding input
        # pixels, corresponding to four columns. So we need to repeat the row
        # index four times.
        row.extend([sparse_op_row] * 4)

        # The actual weights are calculated according to the bilinear
        # interpolation algorithm, as shown at
        # https://en.wikipedia.org/wiki/Bilinear_interpolation
        sparse_op_col = np.ravel_multi_index(
                ([top,  top,      top + 1, top + 1 ],
                 [left, left + 1, left,    left + 1]), dims=(m, n))
        col.extend(sparse_op_col)
        values.extend([(1-t) * (1-u), (1-t) * u, t * (1-u), t * u])

    operator = sparse.coo_matrix((values, (row, col)),
                                 shape=(m*n, m*n)).tocsr()
    return operator
```

施用稀疏運算子方法如下（譯按：參數 tf）：

```
def apply_transform(image, tf):
    return (tf @ image.flat).reshape(image.shape)
```

讓我們試用一下：

```
tf = homography(H, image.shape)
out = apply_transform(image, tf)
plt.imshow(out);
```

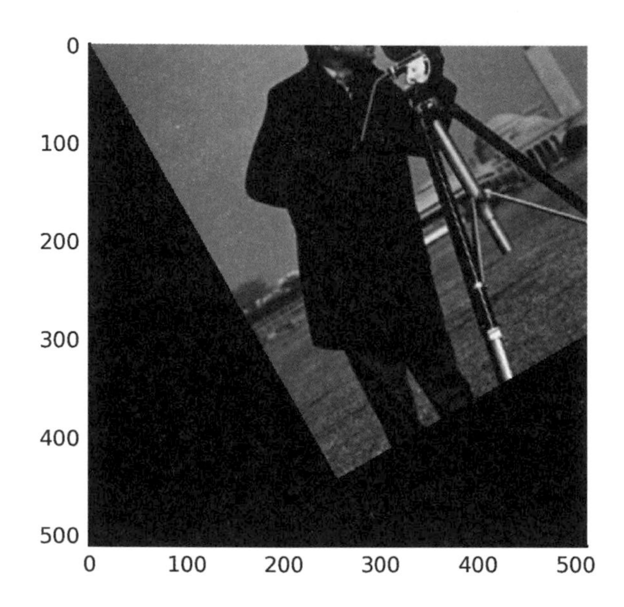

照片就旋轉完成啦！

練習題：照片旋轉

前面的照片旋轉是以原點 (0, 0) 為中心旋轉，請你讓它變成依圖片中心點旋轉嗎？

提示：用來轉換的轉換矩陣（例如能將圖上下左右移動的矩陣）如下：

$$H_{tr} = \begin{bmatrix} 1 & 0 & t_r \\ 0 & 1 & t_c \\ 0 & 0 & 1 \end{bmatrix}$$

上面的矩陣是當你想把照片中的 t_r 像素向下且將 t_c 向右移。

如前面提過的，這個稀疏運算子用來作照片轉換是很快的。現在讓我們測量比較一下它和 ndimage 的效率。為了讓這個比較公平，我們需要告訴 ndimage 指定線性內插時 order=1，而且要忽略超出原本空間的像素，所以指定 reshape=False。

```
%timeit apply_transform(image, tf)

100 loops, average of 7: 3.35 ms +- 270 µs per loop (using standard deviation)
```

```
from scipy import ndimage as ndi
%timeit ndi.rotate(image, 30, reshape=False, order=1)

100 loops, average of 7: 19.7 ms +- 988 µs per loop (using standard deviation)
```

在我的電腦上，看到速度大概提昇了 10 倍快，雖然這個範例只做了旋轉，但是我們還可以做更複雜的照片扭曲動作，可用來校正拍照時鏡頭造成的扭曲，或讓人作鬼臉。只要轉換矩陣計算完成，將它重複地應用在不同照片上，速度就很快了，這都是稀疏矩陣代數的功勞。

我們已經看完 SciPy 稀疏矩陣的“標準”用法，讓我們看看啟發這一章的程式碼，做了什麼有創意的應用。

回到列聯表

回想一下前面，我們試圖用 SciPy 稀疏格式快速建立一個稀疏列聯矩陣。我們知道 COO 格式用三個陣列儲存稀疏資料，三個陣列是存在非零元素列、欄，還有列行座標對應值。我們還可以使用 COO 的一個已知功能來快速還原我們的矩陣。

看一下以下資料：

```
row = [0, 0, 2]
col = [1, 1, 2]
dat = [5, 7, 1]
S = sparse.coo_matrix((dat, (row, col)))
```

請注意，在（列，欄）為 (0,1) 位置的元素出現了兩次：第一次是 5，第二次是 7。矩陣中位置（0,1) 值到底是什麼呢？有可能是早出現的，也有可能是晚出現的那個，結果事實上，最後的值是兩者的總合：

```
print(S.toarray())

[[ 0 12  0]
 [ 0  0  0]
 [ 0  0  1]]
```

所以，COO 格式會自動將重複的元素加總，這不就是我們要製造列聯矩陣要做的動作嗎！沒錯，我們的工作基本上已經被做完了：我們將 pred 設定為列，gt 設定為欄，值設定為 1。動作後會將 pred 中的 *i* 列、gt 中 *j* 欄出現的總次數加總在矩陣中！看看它是怎麼做的：

```
from scipy import sparse

def confusion_matrix(pred, gt):
    cont = sparse.coo_matrix((np.ones(pred.size), (pred, gt)))
    return cont
```

看個小一點的例子，利用 `.toarray` 方法：

```
cont = confusion_matrix(pred, gt)
print(cont)

  (0, 0)    1.0
  (1, 0)    1.0
  (0, 0)    1.0
  (0, 0)    1.0
  (1, 0)    1.0
  (1, 1)    1.0
  (1, 1)    1.0
  (0, 1)    1.0
  (1, 1)    1.0
  (1, 1)    1.0

print(cont.toarray())

[[ 3.  1.]
 [ 2.  4.]]
```

這樣就完成了！

練習題：減少記憶體使用

還記得第一章說過 NumPy 有個內建的工具，就是 **"廣播（*broadcasting*）"**。你能利用廣播減少列聯矩陣計量記憶體用量嗎？

提示：查看函式 `np.broadcast_to` 的文件說明。

用在影像分區的列聯表

你可以將影像分區和郵件辨識分類想成一樣的問題：將每個像素的分區標籤看成郵件分類偵測出的類別結果，而 NumPy 陣列讓這動作在背景就算完了，因為陣列的 `.ravel()` 方法會將內部資料以一維形式回傳。

舉例來說，若有個微型 3×3 影像的影像分區：

```
seg = np.array([[1, 1, 2],
                [1, 2, 2],
                [3, 3, 3]], dtype=int)
```

以下是某個人用肉眼作的影像分區：

```
gt = np.array([[1, 1, 1],
               [1, 1, 1],
               [2, 2, 2]], dtype=int)
```

我們可以想像這兩個陣列是兩種分類法，每個像素有自己的偵測結果：

```
print(seg.ravel())
print(gt.ravel())

[1 1 2 1 2 2 3 3 3]
[1 1 1 1 1 1 2 2 2]
```

然後，和之前一樣，求得列聯矩陣：

```
cont = sparse.coo_matrix((np.ones(seg.size),
                          (seg.ravel(), gt.ravel())))
print(cont)

  (1, 1)    1.0
  (1, 1)    1.0
  (2, 1)    1.0
  (1, 1)    1.0
  (2, 1)    1.0
  (2, 1)    1.0
  (3, 2)    1.0
  (3, 2)    1.0
  (3, 2)    1.0
```

有些索引出現次數不止一次，但我們可以用 COO 格式的加總功能來符合我們期待的列聯陣列：

```
print(cont.toarray())

[[ 0.  0.  0.]
 [ 0.  3.  0.]
 [ 0.  3.  0.]
 [ 0.  0.  3.]]
```

該如何將這個表轉換為評估 seg 有多接近 gt 的效能數據呢？影像分區是一個很難的問題，所以擁有一個效能評估工具，能將分區演算法的產出與人為判定相比，以取得的比較結果來作演算法的表現評估是很重要的。

做這種比較也不是一件簡單的工作，我們要如何定義分區演算法和人為判定有多相近呢？可用接下來要介紹的方法，**資訊變異性**（*variation of information*，VI（Meila, 2005））。這個方法能為以下問題提供解答定義：對於任意像素平均來說，如果我們已知它在一種分區法中的得到的分區 ID，我們需要多少**資訊**才能判斷同一個像素在另外一種分區法中的分區 ID 是什麼？

直覺上來說，如果兩個分區方法非常的相似，則知道其中一種分法中的 ID，不需要其它的資訊，就能知道另外一種分區方法下 ID 是什麼。但若分區方法不相似時，知道其中一種分區下的 ID，仍然無法知道另外一種分區方法下的 ID 為何。

簡單說明資訊理論

為了要回答前面的問題，我們需要快速瞭解一下資訊理論，我們只能簡單說明，如果你想瞭解更多，可以參考 Christopher Olah 的部落格中的 Visual Information Theory 文章（*https://colah.github.io/posts/2015-09-Visual-Information/*）。

資訊的基本單位是**位元**（*bit*），就是 0 和 1，代表相同機率的兩個選擇。思考上很簡單：若是我想告訴你一個擲硬幣的結果是正面還是反面，那我需要一個位元來表達，另外還可以是：電報系統（例如摩斯碼）中的長音或短音、閃一色或是兩色的光，或數字 0 與 1 等。重點是，由於擲硬幣的結果機率是隨機的，所以無論如何**都**需要 1 位元。

那麼，我們就可以將這個概念擴展到**不是完全**隨機的情況。舉例來說，假設你想傳送出今天洛杉磯會不會下雨的資訊，第一個想法是需要 1 bit 來表達：0 表示不下雨、1 表示下雨。但是，實際上洛杉磯很少下雨，所以其實可以傳送少少的資訊即可：只**偶而**傳送 0 來確認我們之間的傳輸仍然正常，其它情況都簡單的**假設**訊號為 0，只有在很偶爾真的下雨時才傳送 1。

如此一來，當兩種事件機率**不**相等時，可以**用少於** 1 bit 就完成表達。一般來說，我們會用隨機變數 X（這種變數可以有兩種以上的值）的熵（*entropy*）函式 H 來當指標：

$$H(X) = \sum_x p_x \log_2\left(\frac{1}{p_x}\right)$$
$$= -\sum_x p_x \log_2(p_x)$$

其中 x 是 X 的可能值，而 p_x 就是 X 的值為 x 時的機率。

所以擲一個硬幣 T，有可能會是人頭向上 (h) 或是字向上 (t)：

$H(T) = p_h \log_2(1/p_h) + p_t \log_2(1/p_t)$
$= 1/2 log_2(2) + 1/2 \log_2(2)$
$= 1/2 \cdot 1 + 1/2 \cdot 1$
$= 1$

$$
\begin{aligned}
H(T) &= p_h \log_2(1/p_h) + p_t \log_2(1/p_t) \\
&= 1/2 log_2(2) + 1/2 \log_2(2) \\
&= 1/2 \cdot 1 + 1/2 \cdot 1 \\
&= 1
\end{aligned}
$$

洛杉磯地區長期統計單日下雨的機率是 1/6，假設下雨為 (r)，晴天為 (s) 所以洛杉磯下雨的熵為：

$$
\begin{aligned}
H(R) &= p_r \log_2(1/p_r) + p_s \log_2(1/p_s) \\
&= 1/6 \log_2(6) + 5/6 \log_2(6/5) \\
&\approx 0.65 \text{ bits}
\end{aligned}
$$

有一種特別的熵稱為條件熵，條件熵是針對一個變數的熵，而且你已知這個變數有一些其它可能性。舉例來說，不同月份下雨的熵可以寫成：

$$H(R|M) = \Sigma_{m=1}^{12} p(m) H(R|M = m)$$

和：

$$
\begin{aligned}
H(R|M = m) &= p_{r|m} \log_2\left(\frac{1}{p_{r|m}}\right) + p_{s|m} \log_2\left(\frac{1}{p_{s|m}}\right) \\
&= \frac{p_{rm}}{p_m} \log_2\left(\frac{p_m}{p_{rm}}\right) + \frac{p_{sm}}{p_m} \log_2\left(\frac{p_m}{p_{sm}}\right) \\
&= -\frac{p_{rm}}{p_m} \log_2\left(\frac{p_{rm}}{p_m}\right) - \frac{p_{sm}}{p_m} \log_2\left(\frac{p_{sm}}{p_m}\right)
\end{aligned}
$$

現在你已知道有關資訊變異性所需的所有資訊理論。在前面的範例中，事件有兩種屬性：

- 下雨 / 晴天
- 月份

若連續長期觀察，我們可以建立一個**列聯表**，如前面建過的郵件分類列聯表一樣，現在建的列聯表包含以月為分類，測量每天下雨的機率。由於我們不會真的跑到洛杉磯（應該很好玩）去做這個測量， 所以取用歷史資料如下（從 WeatherSpark（*http://bit.ly/2sXj4D9*）肉眼觀察圖表概約值）：

M（月份）	P(下雨）	P(晴天）
1	0.25	0.75
2	0.27	0.73
3	0.24	0.76
4	0.18	0.82
5	0.14	0.86
6	0.11	0.89
7	0.07	0.93
8	0.08	0.92
9	0.10	0.90
10	0.15	0.85
11	0.18	0.82
12	0.23	0.77

基於月份去計算下雨的條件熵：

$$
\begin{aligned}
H(R|M) &= -\frac{1}{12}\left(0.25\log_2(0.25) + 0.75\log_2(0.75)\right) - \frac{1}{12}\left(0.27\log_2(0.27) + 0.73\log_2(0.73)\right) \\
&\quad -\ldots - \frac{1}{12}\left(0.23\log_2(0.23) + 0.77\log_2(0.77)\right) \\
&\approx 0.626 \text{ bits}
\end{aligned}
$$

所以，藉由使用月份來計算，我們可以減低訊號的隨機性，不過助益不大！

我們也可以基於下雨計算月份的條件熵，用來求得會下雨的話會是哪個月份所需的資訊量量。直覺上來說，知道這個答案再出發比較好，因為冬季下雨機率大。

練習題：計算條件熵

請計算如果下雨的話，會是哪個月份的條件熵？月份變數的熵是多少？（請忽略每個月天數差異）哪個月份最高？

在表中的機率值，是指定月份下雨的條件機率。

```
prains = np.array([25, 27, 24, 18, 14, 11, 7, 8, 10, 15, 18, 23]) / 100
pshine = 1 - prains
p_rain_g_month = np.column_stack([prains, pshine])
# replace 'None' below with expression for nonconditional contingency
# table. Hint: the values in the table must sum to 1.
p_rain_month = None
# Add your code below to compute H(M|R) and H(M)
```

這兩個值就可以算出資訊變異性 VI：

$$VI(A, B) = H(A|B) + H(B|A)$$

影像分區的理論理論：資訊變異性

讓我們切換到影像分區問題上，將“日子”換成“像素”，將“下雨”和“月”換成“自動判斷分區（S）標籤”及“人眼實際作分區值標籤（T）”，然後利用自動分區的條件熵求出若我們說某像素在 T 中的所屬分區，則該素像在 S 中會屬於那個分區，這樣一件事情所需的資訊量。舉例來說，如果每個 T 中的分區 g 切成 S 中兩個相等大小的分區 a_1 及 a_2，那麼此時 $H(S|T) = 1$，因為即使知道該像素是在 g 之中，你還是需要另外 1 個 bit 的資訊量來知道該像素是屬於 a_1 還是 a_2。不過，反過來 $H(S|T) = 0$，因為無論像素在 a_1 還是 a_2，這像素都一定屬於 g，所以只要知道在 S 中的哪一區，就不需要額外的資訊。

所以合併起來就是：

$$VI(S, T) = H(S|T) + H(T|S) = 1 + 0 = 1 \text{ bit}$$

下面是簡單的範列；

```
S = np.array([[0, 1],
              [2, 3]], int)

T = np.array([[0, 1],
              [0, 1]], int)
```

上面是一張 4 像素影像的兩種分區法：S 和 T。S 將每個像素放到各別的分區中，而 T 將左方兩像素歸為分區 0，右方兩像素歸為分區 1。現在我們要做一個像素標籤的列聯表，一如在前面郵件分類時做的標籤一樣，唯一的差別是標籤的偵測陣列是二維而不是一維。事實上，這其實沒有差別，如果你還記得 NumPy 陣列其實骨子裡是線性（一維）的一堆資料，再加上 shape 和其它 metadata 的敘述。如我們之前說過的，如果用陣列的 `.ravel()` 方法，就可以忽略 shape：

```
S.ravel()

array([0, 1, 2, 3])
```

如同之前做郵件偵測列聯表時的方法一樣，現在我們也做列聯表：

```
cont = sparse.coo_matrix((np.broadcast_to(1., S.size),
                          (S.ravel(), T.ravel())))
cont = cont.toarray()
cont

array([[ 1.,  0.],
       [ 0.,  1.],
       [ 1.,  0.],
       [ 0.,  1.]])
```

表格中的值會是計數資料，現在我們要把它改為機率，所以就簡單的將它除以像素總數：

```
cont /= np.sum(cont)
```

現在，我們可以用這張表來計算 S 和 T 中標籤的機率值了，各別對兩座標系方向加總：

```
p_S = np.sum(cont, axis=1)
p_T = np.sum(cont, axis=0)
```

這裡有個寫 Python 程式碼在計算熵時會碰到的彆腳事：雖然 0 log(0) 等於 0，但在 Python 中，它未被定義而且會回傳值 nan（非數值）：

```
print('The log of 0 is: ', np.log2(0))
print('0 times the log of 0 is: ', 0 * np.log2(0))

The log of 0 is:  -inf
0 times the log of 0 is:  nan
```

所以，我們要利用 NumPy 的索引做出這個 0 值。而且，視輸入的是 NumPy 陣列或是 SciPy 稀疏矩陣，動作還有一些些不同，所以我們要寫一個如下的工具函式：

```
def xlog1x(arr_or_mat):
    """Compute the element-wise entropy function of an array or matrix.

    Parameters
    ----------
    arr_or_mat : numpy array or scipy sparse matrix
        The input array of probabilities. Only sparse matrix formats with a
        `data` attribute are supported.

    Returns
    -------
    out : array or sparse matrix, same type as input
        The resulting array. Zero entries in the input remain as zero,
        all other entries are multiplied by the log (base 2) of their
        inverse.
    """
    out = arr_or_mat.copy()
    if isinstance(out, sparse.spmatrix):
        arr = out.data
    else:
        arr = out
    nz = np.nonzero(arr)
    arr[nz] *= -np.log2(arr[nz])
    return out
```

確認一下動作是否正常：

```
a = np.array([0.25, 0.25, 0, 0.25, 0.25])
xlog1x(a)

array([ 0.5,  0.5,  0. ,  0.5,  0.5])
```

```
mat = sparse.csr_matrix([[0.125, 0.125, 0.25,    0],
                         [0.125, 0.125,    0, 0.25]])
xlog1x(mat).A

array([[ 0.375,  0.375,  0.5  ,  0.   ],
       [ 0.375,  0.375,  0.   ,  0.5  ]])
```

所以 T 發生情況下 S 的條件熵為：

```
H_ST = np.sum(np.sum(xlog1x(cont / p_T), axis=0) * p_T)
H_ST

1.0
```

反向：

```
H_TS = np.sum(np.sum(xlog1x(cont / p_S[:, np.newaxis]), axis=1) * p_S)
H_TS

0.0
```

將使用 NumPy 陣列程式碼改為稀疏矩陣

上面的幾個範例裡，我們都使用 NumPy 陣列還有它的廣播功能，這是 Python 中一種分析資料的強大方法。不過，對於複雜影像分區的問題，有可能包含數千個分區，原來的方法就馬上變得沒有效率。我們要改用稀疏矩陣進行計算，並且把一些使用 NumPy magic 的地方改為使用線性代數。這是由 Warren Weckesser 在 StackOverflow（*http://bit.ly/2trePTS*）上提供的建議。

線性代數能有效率的計算百萬點數大型列聯表，程式簡潔又精巧。

```
import numpy as np
from scipy import sparse


def invert_nonzero(arr):
    arr_inv = arr.copy()
    nz = np.nonzero(arr)
    arr_inv[nz] = 1 / arr[nz]
    return arr_inv


def variation_of_information(x, y):
    # compute contingency matrix, aka joint probability matrix
```

```
    n = x.size
    Pxy = sparse.coo_matrix((np.full(n, 1/n), (x.ravel(), y.ravel())),
                            dtype=float).tocsr()

    # compute marginal probabilities, converting to 1D array
    px = np.ravel(Pxy.sum(axis=1))
    py = np.ravel(Pxy.sum(axis=0))

    # use sparse matrix linear algebra to compute VI
    # first, compute the inverse diagonal matrices
    Px_inv = sparse.diags(invert_nonzero(px))
    Py_inv = sparse.diags(invert_nonzero(py))

    # then, compute the entropies
    hygx = px @ xlog1x(Px_inv @ Pxy).sum(axis=1)
    hxgy = xlog1x(Pxy @ Py_inv).sum(axis=0) @ py

    # return the sum of these
    return float(hygx + hxgy)
```

可以用上我們上面假定的 S 和 T 進行這段程式的驗證，結果會為 1：

```
variation_of_information(S, T)
```

```
1.0
```

現在你已看過我們用三種不同的稀疏矩陣（COO、CSR 和 diagonal），在 NumPy 無力處理的情況，輕鬆解了稀疏列聯矩陣計算熵的問題。（事實上，一開始就是因為碰到 Python 的 MemoryError 錯誤，才會開始研究這些方法的！）

利用資訊變異性

作為結尾，讓我們看一下如何利用 VI 來估計影像最佳的自動分區。你還記得我們在第三章看到那隻意圖不軌的老虎吧？（如圖 5-2）。（如果不記得的話，可能要檢查你的危機意識能力！）用從第三章學到的技巧，我們可以對這張老虎照片做出數種不同的分區方法，然後找出最好的一種。

```
from skimage import io

url = ('http://www.eecs.berkeley.edu/Research/Projects/CS/vision/bsds'
       '/BSDS300/html/images/plain/normal/color/108073.jpg')
tiger = io.imread(url)

plt.imshow(tiger);
```

圖 5-2 BSDS 老虎照片，編號 108073

為了要比對我們的影像分區，所以我們需要人眼判斷的分區，人類辨識出老虎的能力是很厲害的（真是物競天擇阿！），所以我們要做的就是找個人讓他找到老虎。幸運地，在 Berkeley 大學的學者之前已經要求一堆人看過這張照片，並進行人眼分區過了。[2]

讓我們從 Berkeley Segmentation Dataset 以及 Benchmark（*http://bit.ly/2sdHN92*）中抽一組出來用（見圖 5-3）。如果你查看不同的人眼執行的分區（*http://bit.ly/2sdWtoH*），也會看到一些差距很大但不是太有意義的差異，你會看到有些人覺得要好好把雜草區分出來，也有一些人認為水中倒影的部分值得和其它水面獨立分區。我們就選了一個我們偏好的人眼分區（由於我們都是帶完美主義的科學家，所以選了很執著要把草分出來的那張），不過還是要說明，人眼分區的結果也不會只有一種！

```
from scipy import ndimage as ndi
from skimage import color

human_seg_url = ('http://www.eecs.berkeley.edu/Research/Projects/CS/'
                 'vision/bsds/BSDS300/html/images/human/normal/'
                 'outline/color/1122/108073.jpg')
boundaries = io.imread(human_seg_url)
plt.imshow(boundaries);
```

2 Pablo Arbelaez, Michael Maire, Charless Fowlkes, and Jitendra Malik, "Contour Detection and Hierarchical Image Segmentation," *IEEE TPAMI 33*, no. 5 (2011): 898–916.

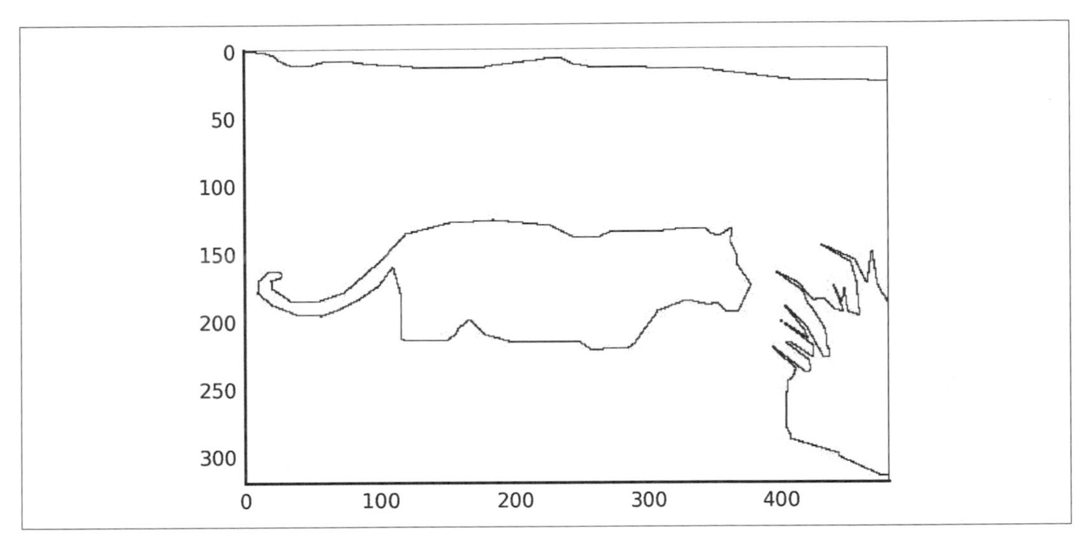

圖 5-3 人眼判斷老虎影像分區

將原本的老虎照片和人眼判斷分區圖重疊，（一點也不意外地）我們可以看到這個人除了找老虎的功夫很好（如圖 5-4），也把河岸以及那叢草也分區了，人類編號 #1122 你真是幹的好！

```
human_seg = ndi.label(boundaries > 100)[0]
plt.imshow(color.label2rgb(human_seg, tiger));
```

圖 5-4 人眼分區重疊老虎圖

現在讓我們將第三章的照片分區程式碼拿出來用，看看 Python 辨識老虎的功力如何（如圖 5-5）！

```
# Draw a region adjacency graph (RAG) - all code from Ch3
import networkx as nx
import numpy as np
from skimage.future import graph

def add_edge_filter(values, graph):
    current = values[0]
    neighbors = values[1:]
    for neighbor in neighbors:
        graph.add_edge(current, neighbor)
    return 0. # generic_filter requires a return value, which we ignore!

def build_rag(labels, image):
    g = nx.Graph()
    footprint = ndi.generate_binary_structure(labels.ndim, connectivity=1)
    for j in range(labels.ndim):
        fp = np.swapaxes(footprint, j, 0)
        fp[0, ...] = 0  # zero out top of footprint on each axis
    _ = ndi.generic_filter(labels, add_edge_filter, footprint=footprint,
                           mode='nearest', extra_arguments=(g,))
    for n in g:
        g.node[n]['total color'] = np.zeros(3, np.double)
        g.node[n]['pixel count'] = 0
    for index in np.ndindex(labels.shape):
        n = labels[index]
        g.node[n]['total color'] += image[index]
        g.node[n]['pixel count'] += 1
    return g

def threshold_graph(g, t):
    to_remove = ((u, v) for (u, v, d) in g.edges(data=True)
                 if d['weight'] > t)
    g.remove_edges_from(to_remove)

# Baseline segmentation
from skimage import segmentation
seg = segmentation.slic(tiger, n_segments=30, compactness=40.0,
                        enforce_connectivity=True, sigma=3)
plt.imshow(color.label2rgb(seg, tiger));
```

圖 5-5　圖像超像素分割老虎圖

在第三章，我們將圖的邊界值設為 80 後就不管它了，現在我們要來看一下到底這個邊界值的設定會怎樣影像我們的分區。讓我們跳到分區程式碼裡面的一個函式中看一下，然後動手把它玩一玩。

```
def rag_segmentation(base_seg, image, threshold=80):
    g = build_rag(base_seg, image)
    for n in g:
        node = g.node[n]
        node['mean'] = node['total color'] / node['pixel count']
    for u, v in g.edges_iter():
        d = g.node[u]['mean'] - g.node[v]['mean']
        g[u][v]['weight'] = np.linalg.norm(d)

    threshold_graph(g, threshold)

    map_array = np.zeros(np.max(seg) + 1, int)
    for i, segment in enumerate(nx.connected_components(g)):
        for initial in segment:
            map_array[int(initial)] = i
    segmented = map_array[seg]
    return(segmented)
```

讓我們試看看不用的邊界值會產生什麼不同的結果（如圖 5-6 和 5-7）：

```
auto_seg_10 = rag_segmentation(seg, tiger, threshold=10)
plt.imshow(color.label2rgb(auto_seg_10, tiger));
```

圖 5-6　老虎的區塊分區邊界值 10

```
auto_seg_40 = rag_segmentation(seg, tiger, threshold=40)
plt.imshow(color.label2rgb(auto_seg_40, tiger));
```

圖 5-7　老虎的區塊分區邊界值 40

實際上，在寫第三章的當時，我們試了好幾次不同的邊界值，然後選了一張覺得最好的分區（用了我們的人眼）。對於產生良好影像分區問題來說，這並不是好解法，顯然我們需要一個自動的機制來完成這工作。

可以看到高一點的邊界值似乎可以產生好一些的分區，但我們有人眼判斷結果，所以我們嚐試去加上一個評分！此時就使用我們學到的稀疏矩陣技巧，可以為每個分區計算出它的 VI。

```
variation_of_information(auto_seg_10, human_seg)
```

```
3.44884607874861
```

```
variation_of_information(auto_seg_40, human_seg)
```

```
1.0381218706889725
```

愈高的邊界值，得到的資訊變異性就愈小，所以它就是更好的分區方法！現在我們可以為多個不同的邊界值計算 VI，看看哪種邊界值得到最靠近人眼判斷分區（圖 5-8）。

```
# Try many thresholds
def vi_at_threshold(seg, tiger, human_seg, threshold):
    auto_seg = rag_segmentation(seg, tiger, threshold)
    return variation_of_information(auto_seg, human_seg)

thresholds = range(0, 110, 10)
vi_per_threshold = [vi_at_threshold(seg, tiger, human_seg, threshold)
                    for threshold in thresholds]

plt.plot(thresholds, vi_per_threshold);
```

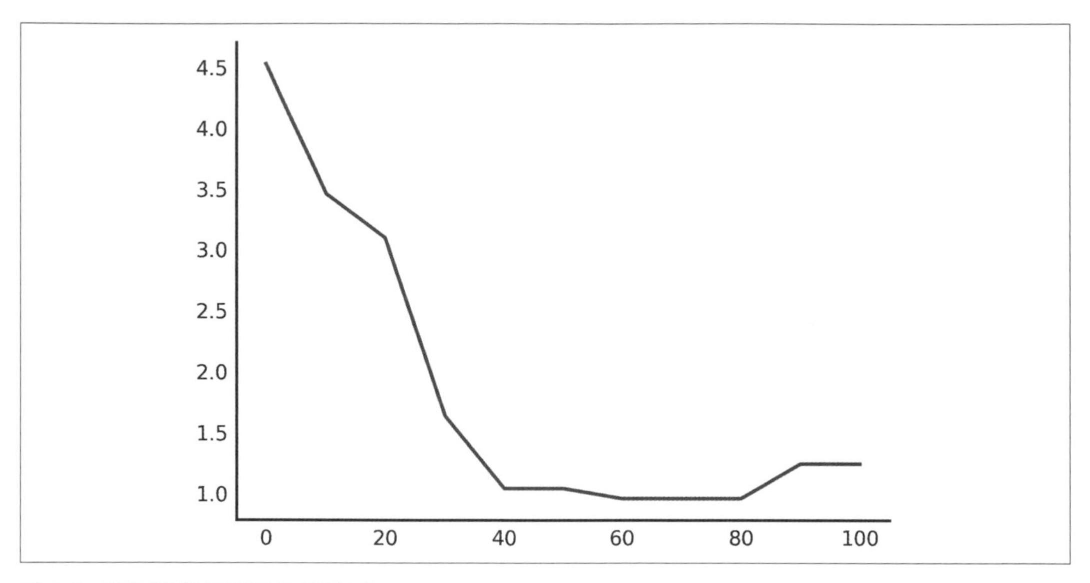

圖 5-8　不同邊界值算出的分區 VI

毫無意外地，我們當初用眼睛看挑出的最佳分區 threshold=80，在這裡也得到最好的分區分數（圖 5-9），差別是現在我們進階成對任意圖都可套用自動機制了！

```
auto_seg = rag_segmentation(seg, tiger, threshold=80)
plt.imshow(color.label2rgb(auto_seg, tiger));
```

圖 5-9　基於 VI 曲線得到的最佳老虎分區圖

延伸工作：實作影像分區

試著從 Berkeley Segmentation Dataset 和 Benchmark（*http://bit.ly/2sdHN92*）[3] 中其它影像中挑出一組，並嚐試找到它的最佳分區邊界值。取得兩個邊界值間的平均數或中位數來分區該張影像，看看你是否得到預期的分區效果呢？

稀疏矩陣是一個有效率地使用很多段差來表現資料的方法，而通常資料都會有這種段差。讀完這章之後，你大概會開始一直注意到使用這些技巧的機會，而也知道怎麼使用這些技巧了。

在稀疏線性代數中有一種特殊的情況下，稀疏矩陣會很好用，請讀下一章瞭解更多！

3 Pablo Arbelaez, Michael Maire, Charless Fowlkes, and Jitendr Malik, "Contour Detection and Hierarchical Image Segmentation," *IEEE TPAMI, 33*, no. 5, (2011): 898–916

第六章

SciPy 中的線性代數

沒人可以告訴你 *Matrix*[1] 是什麼，你必須自己去看。

—莫菲斯，**駭客任務**

和第 4 章處理 FFT 時一樣，這一章我們要介紹的是一個很讚的方法。我們要說明一個 SciPy 中用來作線性代數的套件，而線性代數在大多科學計算中都是重要基礎。

線性代數基礎概念

在一本程式書中學習線性代數是有點怪，所以我們假設讀者已有線性代數的觀念，最起碼，讀者應該知道線性代數包括向量（有序的數字組合）以及將它們乘上矩陣（一組向量）後可以進行轉換。如果你聽完之後覺得不知道這是在說什麼鬼，那建議你在閱讀這一章之前先讀一本介紹線性代數的教科書。我們推薦 Gil Strang 的 Linear Albebra and Its Application（Pearson，1994 年出版）。雖然有個概念應該就可以了，不過我們仍希望傳達線性代數有能讓工作變簡單的能力！

順便說一下，為了要符合線性代數的習慣，我們將捨棄 Python 的符號約定，在 Python 中變數名稱通常以小寫字母作為開頭，然而，在線性代數中，矩陣是用大寫字母表示，而向量和純量是以小寫表示。由於我們接下來要處理很多矩陣與向量，所以遵守線性代數的習慣比較容易看，因此接下來的內容中，表示矩陣的變數將以大寫開頭，而向量和數字向以小寫開頭：

1　譯註：*Matrix* 為矩陣之意，電影《駭客任務》中譯為「母體」。

```
import numpy as np

m, n = (5, 6)  # scalars
M = np.ones((m, n))  # a matrix
v = np.random.random((n,))  # a vector
w = M @ v  # another vector
```

在數學符號慣列中，向量通常會寫成粗體字，如 **v** 和 **w**，純量則是寫成 *m* 和 *n*。在 Python 程式碼中，我們無法做出這種差別，所以就依賴上下文關係來分辨哪些是純量哪些是量向。

圖中的拉普拉思矩陣

我們曾在第三章中討論過，那時我們用 node 表示影像的不同區域，並用 edge 來相互連結這些區域。但那時我們用比較簡單的分析方法：我們用過濾了所有大於邊界值的 edge。過濾邊界值對簡單的情況堪用，礙於只用單一值要排除掉所有不要的值，所以也很容易失敗。

舉個例子，假設你正在一場戰爭中，敵人正駐紮在河對岸。你想要切斷他們的交通，所以企圖炸毀所有跨河的橋梁。參謀們認為對所有的橋引爆 *t* 公斤的 TNT 炸藥，可以炸毀跨河的橋，但不會炸毀你領土上的橋，因為領土上的橋可以承受的炸藥量是 $t + 1$ 公斤。你可能讀過本書的第三章，覺得這是一個可行的方法，所以命令你的突擊隊在每條橋上，全都引爆 *t* 公斤的 TNT 炸藥。但，若參謀若是猜錯了任何一條跨河橋的耐受度，那橋就不會被炸毀，敵人就得以通過！造成災難！

所以在這一章裡，我們會用一些其它基於線性代數的方法進行圖分析。會發現我們其實可以將圖 *G*，當成是相鄰矩陣（adjacency matrix），我們把圖中所有的 node 編號 0 到 $n-1$，如果 node *i* 和 node *j* 中間存在 edge 的話，我們就在矩陣的列 *i* 欄 *j* 上寫 1，換句話說，如果我們有一個相鄰矩陣 *A*，那麼 $A_{i,j} = 1$ 若且維若 *G* 中有 edge (i, j)。然後我們可以用線性代數的技巧來研究這個矩陣，很有機會得到驚人的結果。

一個 node 的 degree（分支）就是這個 node 連接多少 edge，舉例來說，如果圖中一個 node 被連接到另外五個 node，那它的 degree 就是 5。（之後我們會區分 out-degree 和 in-degree，其實就看 edge 的方向是進來還是出去）。在矩陣的角度來看，degree 就是橫列的加總數，或是直行的加總數。

分支矩陣（degree matrix）D，這種矩陣在對角線上存放 node 的 degree，其它位置都放 0，一個圖的拉普拉斯矩陣（或簡稱“拉普拉斯”），的定義是分支矩陣 D 減相鄰矩陣 A：

$$L = D - A$$

我們大概沒辦法說完這個矩陣特性所需要的線性代數理論，但可以這麼說，拉普拉斯矩陣有一些很棒的屬性，我們會在接下來的篇幅裡講到幾個。

首先，我們要看看 L 的特徵向量（eignvector），一個矩陣 M 的特徵向量 v 是一個向量，這個向量對某些特徵值 λ 來說向滿足 $Mv = \lambda v$ 的特性。換句話說，由於 Mv 在不改變方向的情況下，可改變向量的大小，所以 v 就是一個和 M 有關的特殊向量。我們馬上就會看到特徵向量有很多好用的特性，其中某些看起來還蠻神奇的！

舉例來說，一個 3×3 的旋轉矩陣 R，拿來乘上任意 3D 向量 p，將它沿 Z 軸作 30 度旋轉。除了在 Z 軸上的向量之外，r 會旋轉所有其它的向量。那些沒有被旋轉的向量上看不出任效果，也就當 $\lambda = 1$ 時，$Rp = p$（也就是 $Rp = \lambda p$）。

練習題：旋轉矩陣

請考慮以下的旋轉矩陣：

$$R = \begin{bmatrix} \cos\theta & -\sin\theta & 0 \\ \sin\theta & \cos\theta & 0 \\ 0 & 0 & 1 \end{bmatrix}$$

當 R 乘上一個 3D 行向量 $p = [x\ y\ z]^T$ 後，產出的向量 Rp 會被沿 Z 軸旋轉 θ 度。

1. 當 $\theta = 45°$ 度時，請驗證（藉檢查幾個任意向量）R 是沿 Z 軸旋轉這些向量的。提醒你 Python 中的矩陣乘法是以 @ 表示。
2. 矩陣 $S = RR$ 可以用來做什麼？請用 Python 驗證。
3. 驗證若將 $[0\ 0\ 1]^T$ 不乘上 R，則 $[0\ 0\ 1]^T$ 不會有任何改變，也就是 $Rp = 1p$，代表 p 是 R 的特徵向量，而特徵值為 1。
4. 使用 `np.linalg.eig` 找到 R 的特徵值和特徵向量，並檢驗 $[0, 0, 1]^T$ 是否存在其中，而它的特徵值是 1。

現在讓我們回到拉普拉斯矩陣，在做網路分析的時候，在視覺化時常會碰到問題，你如何將 node 和 edge 好好的畫出來，而不是搞的像圖 6-1 一樣呢？

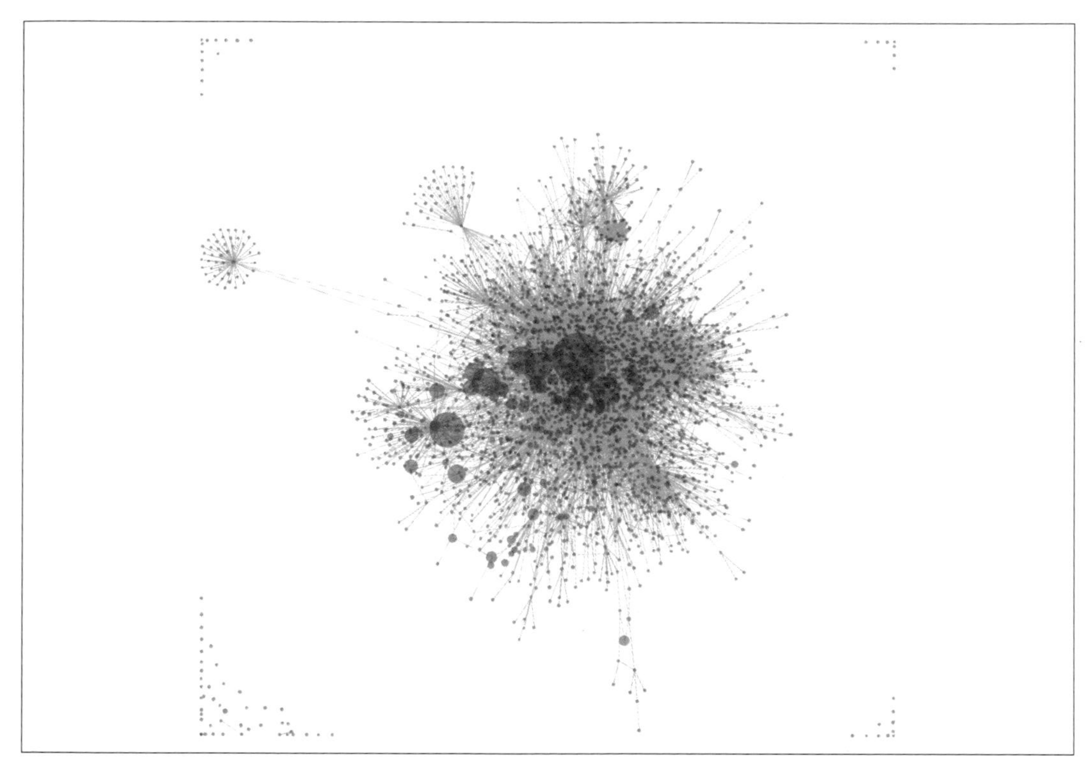

圖 6-1　將 Wikipedia 架構作視覺化（由 Chris Davis 並在 CC-BY-SA-3.0（*http://bit.ly/2tj5tcA*）授權下使用）

一種解法是把連結很多 edge 的 node 集中放置，我們可以利用第二小的拉普拉斯特徵值，及對應的特徵向量來作，由於這組值重要性高，所以還被起了名字叫菲德勒向量（*http://bit.ly/2tji13N*）。

讓我們用一個小小的網路來展示前面一下所說的，我們先建立一個相鄰矩陣（djacency matrix）開始：

```
import numpy as np
A = np.array([[0, 1, 1, 0, 0, 0],
              [1, 0, 1, 0, 0, 0],
              [1, 1, 0, 1, 0, 0],
              [0, 0, 1, 0, 1, 1],
```

```
                [0, 0, 0, 1, 0, 1],
                [0, 0, 0, 1, 1, 0]], dtype=float)
```

我們可以使用 NetworkX 畫出這張網路圖，首先和以前一樣先初始化 Matplotlib：

```
# Make plots appear inline, set custom plotting style
%matplotlib inline
import matplotlib.pyplot as plt
plt.style.use('style/elegant.mplstyle')
```

然後開始畫：

```
import networkx as nx
g = nx.from_numpy_matrix(A)
layout = nx.spring_layout(g, pos=nx.circular_layout(g))
nx.draw(g, pos=layout,
        with_labels=True, node_color='white')
```

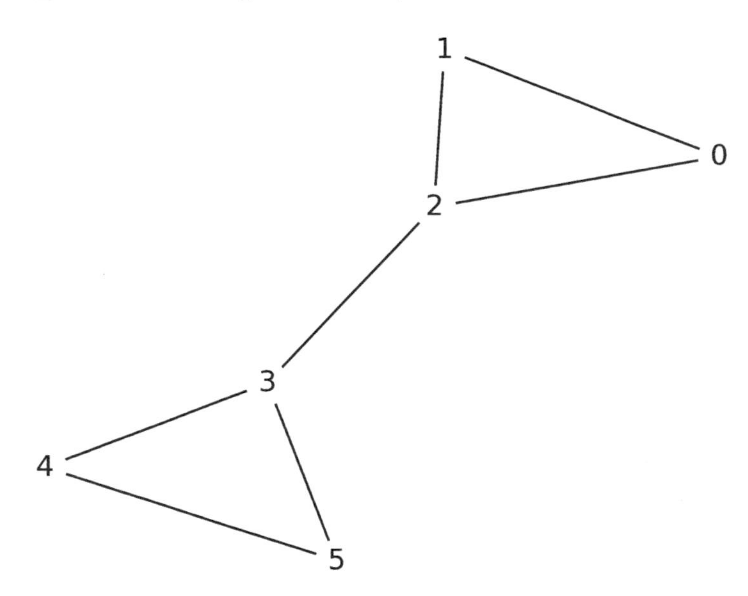

你可以看到這些 node 大致上分作兩群，0, 1, 2 一群 3, 4, 5 是另外一群。Fiedler 向量可以告訴我們這個分群嗎？首先，我們要計算分支矩陣和拉普拉斯。首先沿 *A* 矩陣的軸向加總分支。（用哪個軸都可以，因為它是對稱矩陣）

```
d = np.sum(A, axis=0)
print(d)

[ 2.  2.  3.  3.  2.  2.]
```

然後把計算得到的分支數放在一個 shape 和 A 相同的對角線矩陣中，稱這個新的矩陣為分支矩陣（degree matrix），這個工作可以使用 `np.diag` 函式來做：

```
D = np.diag(d)
print(D)

[[ 2.  0.  0.  0.  0.  0.]
 [ 0.  2.  0.  0.  0.  0.]
 [ 0.  0.  3.  0.  0.  0.]
 [ 0.  0.  0.  3.  0.  0.]
 [ 0.  0.  0.  0.  2.  0.]
 [ 0.  0.  0.  0.  0.  2.]]
```

最後，依定理產出拉普拉斯：

```
L = D - A
print(L)

[[ 2. -1. -1.  0.  0.  0.]
 [-1.  2. -1.  0.  0.  0.]
 [-1. -1.  3. -1.  0.  0.]
 [ 0.  0. -1.  3. -1. -1.]
 [ 0.  0.  0. -1.  2. -1.]
 [ 0.  0.  0. -1. -1.  2.]]
```

由於 L 是對稱的，所以我們可以使用 `np.linalg.eigh` 函式來計算特徵值和持徵向量：

```
val, Vec = np.linalg.eigh(L)
```

你可以檢驗看看值是不是有滿足特徵值和特徵向量的定義，舉例來說，其中一個特徵值是 3：

```
np.any(np.isclose(val, 3))

True
```

我們可以檢查將 L 矩陣乘上特徵向量，是不是確實是乘上 3 的值：

```
idx_lambda3 = np.argmin(np.abs(val - 3))
v3 = Vec[:, idx_lambda3]

print(v3)
print(L @ v3)

[ 0.          0.37796447 -0.37796447 -0.37796447  0.68898224 -0.31101776]
[ 0.          1.13389342 -1.13389342 -1.13389342  2.06694671 -0.93305329]
```

如前面說過的，Fiedler 向量是對應 L 的第二小特徵值向量，所以做排序後，我們就會知道哪一個是第二小的：

```
plt.plot(np.sort(val), linestyle='-', marker='o');
```

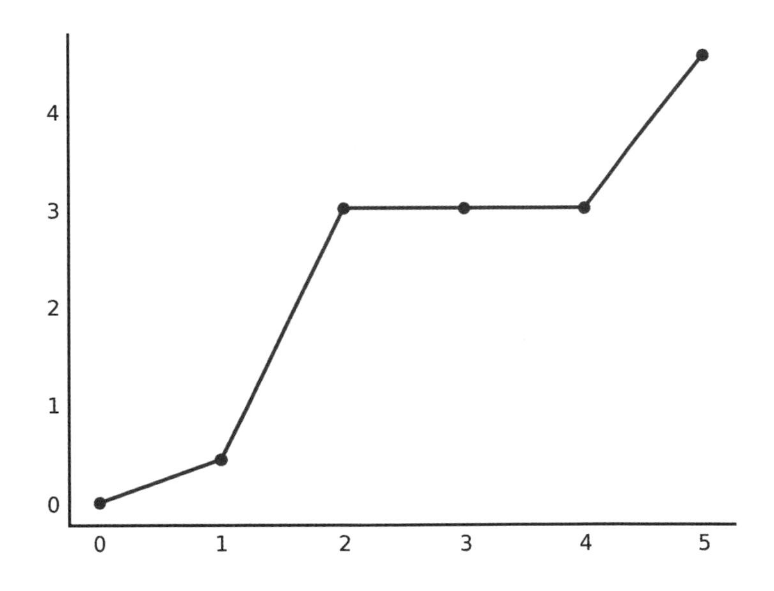

第一個非零的特徵值是個接近 0.4 的值，Fiedler 向量就是它所對應的特徵向量（見圖 6-2）：

```
f = Vec[:, np.argsort(val)[1]]
plt.plot(f, linestyle='-', marker='o');
```

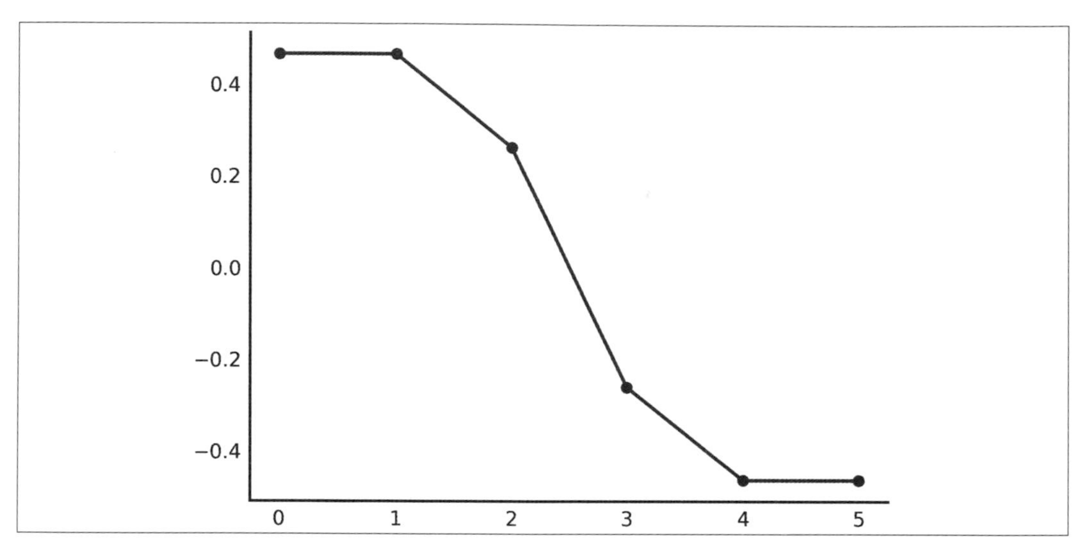

圖 6-2　L 的 Fiedler 向量

結果蠻驚人的：只光看 Fiedler 向量的正負號，我們就已經可以分出要畫的兩個 group 中有哪些 node 了（見圖 6-3）！

```
colors = ['orange' if eigv > 0 else 'gray' for eigv in f]
nx.draw(g, pos=layout, with_labels=True, node_color=colors)
```

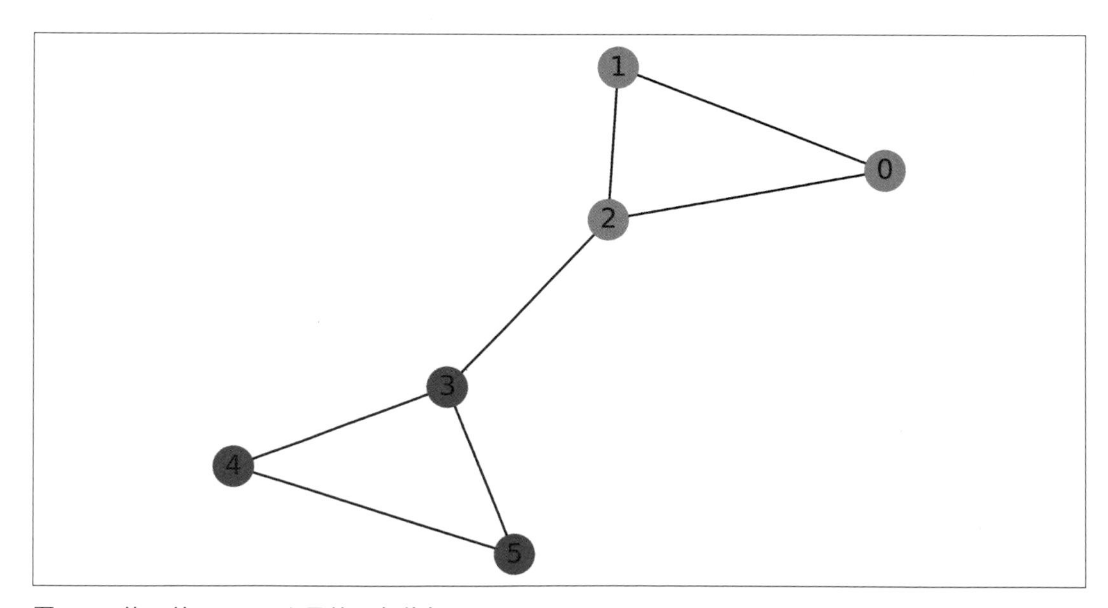

圖 6-3　依 L 的 Fiedler 向量的正負著色 node

拉普拉斯和腦資料

讓我們將前面所說的應用到實際世界中的例子上，這個實際就是要畫一種蟲的大腦細胞，如第三章我們看過 Varshney et al. 的論文（*http://bit.ly/2s9unuL*）中，有個圖 2（*http://bit.ly/2s9unuL*）（如何做到則在論文的輔助資訊（*http://bit.ly/2sdZLIK*）中有說明）。為了要得到那種蟲的腦神經分布，他們用了一種稱為正規化分支拉普拉斯（degreenormalized Laplacian））的相鄰矩陣。

由於對這個分析來說，腦神經連接的順序極重要，所以我們要用預先整理過的資料集，而不是隨便舉範例資料。原始資料已從 Lav Varshney 的網頁（*http://www.ifp.illinois.edu/~varshney/elegans*）取得，資料預處理過後的放在我們的 *data/* 目錄下。

首先，要讀入資料，分作四個部分：

- 化學突觸（chemical synapse）網路，由突觸前神經元送化學訊號到突觸後神經元。
- 間隙連接（gap junction）網路，神經間的直接電子接觸。
- 神經元名稱（ID）
- 三種神經元，其分類為：
  - 感覺神經元，是偵測外界來的訊號，編碼為 0。
  - 運動神經元，功能是操作肌肉讓蟲可以動作，編碼為 2。
  - 聯絡神經元，介於上面兩者之間的神經元，可讓感覺和運算神經元互通複雜訊號，編碼為 1。

```
import numpy as np
Chem = np.load('data/chem-network.npy')
Gap = np.load('data/gap-network.npy')
neuron_ids = np.load('data/neurons.npy')
neuron_types = np.load('data/neuron-types.npy')
```

現在進行網路的簡化，將兩種連接加在一起，並將神經元的入連結（in-connection）和出連結（out-connect）作平均以移除網路的方向性。這看起來有點像作弊，不過由於我們的目的是要看圖中的神經元分佈，所以其實只要關心哪些神經元相連即可，不用考慮連結方向。我們將產出的矩陣稱為連結矩陣 C，它實際上就是一種相鄰矩陣。

```
A = Chem + Gap
C = (A + A.T) / 2
```

為了要求得拉普拉斯矩陣 L，所以需要求得分支度矩陣 D，矩陣 D 中 node i 的分支度會標示在位置 [i, i]，其它位置都是 0。

```
degrees = np.sum(C, axis=0)
D = np.diag(degrees)
```

照之前的作法求得拉普拉斯：

```
L = D - C
```

在論文中圖 2（*http://bit.ly/2s9unuL*）中的垂直坐標是預排好的 node，使得平均來說神經元儘可能接近它所連結的神經元。作者 Varshney et al. 稱這種排法為“processing depth”，就是由利用拉普拉斯解一個線性方程式求得，讓我們使用 `scipy.linalg.pin` 偽逆矩陣（*http://bit.ly/2tqOJQY*）來解：

```
from scipy import linalg
b = np.sum(C * np.sign(A - A.T), axis=1)
z = linalg.pinv(L) @ b
```

（注意 `@` 符號的使用，之前在 Python 3.5 的矩陣乘法符號說明中說過，如果是使用舊版的 Python 的話，就如前言和第五章中用過的，你需要改用 `np.dot`）

為了要求得分支正規化拉普拉斯矩陣 Q，我們需要將 D 作倒數開根：

```
Dinv2 = np.diag(1 / np.sqrt(degrees))
Q = Dinv2 @ L @ Dinv2
```

終於，我們可以將神經元的 x 坐標提出來確保具高度連結的神經元保持位置緊密：Q 的特徵向量對應它的第二小特徵值，以分支作正規化：

```
val, Vec = linalg.eig(Q)
```

注意 `numpy.linalg.eig` 的文件這麼說：

> 特徵值不一定會照順序排好。

然 SciPy 的 eig 文件沒有這段警語，但還是一樣會發生這種未排序的情況。所以我們要將特徵值和對應的特徵向量欄位排序：

```
smallest_first = np.argsort(val)
val = val[smallest_first]
Vec = Vec[:, smallest_first]
```

現在可以找到我們想用來計算坐標的特徵向量了：

```
x = Dinv2 @ Vec[:, 1]
```

（選用這個向量理由在這邊解釋嫌太長了些，不過在論文（連結在前面）的輔助說明中有說到，簡單來說選用這個向量可化小化神經元之間的總長度。）

在繼續下去之前，有一個小地方需要加以說明：特徵向量定義只到乘法常數（multiplicative constant），原因是從特徵向量的定義而來：假設 v 是一個矩陣 M 的特徵向量，並具有對應的特徵值 λ。由於 $Mv = \lambda v$ 推得 $M(\alpha v) = \lambda(\alpha v)$，那麼對於任何純量 α，αv 也是 M 的特徵向量。所以當想要求得 M 的特徵向量時，軟體函式庫可能會回 v 或 $-v$。為了要產生 Varshney et al. 論文的那種圖型樣式，所以要讓向量指向同一個方向，而不是反向。那麼我們就從論文的圖 2 中任選一個神經元，然後看該位置的 x 的正負號為何，如果和論文中的方向不匹配的話，我們就作正負反向。

```
vc2_index = np.argwhere(neuron_ids == 'VC02')
if x[vc2_index] < 0:
    x = -x
```

現在只剩下畫 node 和 edge 的工作了，我們用存在 neuron_types 中神經元的種類來分別上色，使用這個網站的函式和調色（*https://chrisalbon.com/python/data_visualization/seaborn_color_palettes/*）

```
from matplotlib.colors import ListedColormap
from matplotlib.collections import LineCollection


def plot_connectome(x_coords, y_coords, conn_matrix, *,
                    labels=(), types=None, type_names=('',),
                    xlabel='', ylabel=''):
    """Plot neurons as points connected by lines.

    Neurons can have different types (up to 6 distinct colors).

    Parameters
    ----------
    x_coords, y_coords : array of float, shape (N,)
        The x-coordinates and y-coordinates of the neurons.
    conn_matrix : array or sparse matrix of float, shape (N, N)
        The connectivity matrix, with nonzero entry (i, j) if and only
        if node i and node j are connected.
    labels : array-like of string, shape (N,), optional
        The names of the nodes.
    types : array of int, shape (N,), optional
```

```
    The type (e.g. sensory neuron, interneuron) of each node.
type_names : array-like of string, optional
    The name of each value of `types`. For example, if a 0 in
    `types` means "sensory neuron", then `type_names[0]` should
    be "sensory neuron".
xlabel, ylabel : str, optional
    Labels for the axes.
"""
if types is None:
    types = np.zeros(x_coords.shape, dtype=int)
ntypes = len(np.unique(types))
colors = plt.rcParams['axes.prop_cycle'][:ntypes].by_key()['color']
cmap = ListedColormap(colors)

fig, ax = plt.subplots()

# plot neuron locations:
for neuron_type in range(ntypes):
    plotting = (types == neuron_type)
    pts = ax.scatter(x_coords[plotting], y_coords[plotting],
                     c=cmap(neuron_type), s=4, zorder=1)
    pts.set_label(type_names[neuron_type])

# add text labels:
for x, y, label in zip(x_coords, y_coords, labels):
    ax.text(x, y, '   ' + label,
            verticalalignment='center', fontsize=3, zorder=2)

# plot edges
pre, post = np.nonzero(conn_matrix)
links = np.array([[x_coords[pre], x_coords[post]],
                  [y_coords[pre], y_coords[post]]]).T
ax.add_collection(LineCollection(links, color='lightgray',
                                 lw=0.3, alpha=0.5, zorder=0))

ax.legend(scatterpoints=3, fontsize=6)

ax.set_xlabel(xlabel, fontsize=8)
ax.set_ylabel(ylabel, fontsize=8)

plt.show()
```

現在用上面的函式來畫神經元的圖吧：

```
plot_connectome(x, z, C, labels=neuron_ids, types=neuron_types,
                type_names=['sensory neurons', 'interneurons',
                            'motor neurons'],
                xlabel='Affinity eigenvector 1', ylabel='Processing depth')
```

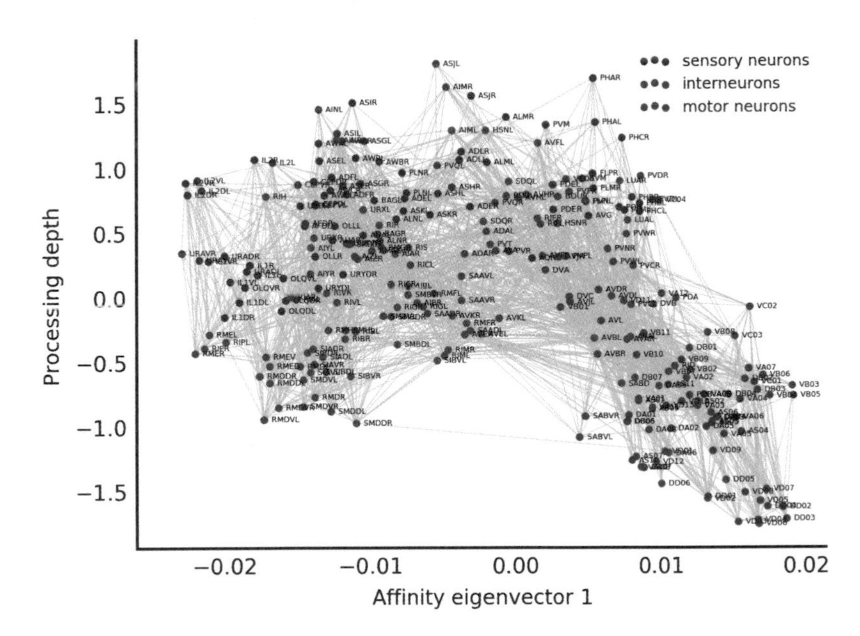

現在你畫好了一條蟲的大腦神經圖！根據原來的論文所說，現在你可以從上方的感覺神經元通過聯絡神經元，連結到運動神經元了。你也可以看到運算神經元分作兩個群組：對應蟲的頸部（左側）和身體（右側）運動神經。

練習題：關聯視圖

請將上面的程式碼改為能顯示如論文中圖 2B 的關聯視圖？

練習挑戰題：稀疏矩陣線性代數

前面的程式碼使用了 NumPy 陣列來裝矩陣資料並執行必要的計算。由於是用在一個少於 300 node 的情況，所以使用上沒有問題，不過如果圖變大了，它就不堪用了。

舉例來說，假若有人可能想要分析列在 Python Package Index（PyPI）中的函式庫相互關系，該函式庫列表就超過 10000 個套件。用來裝這個圖的拉普拉斯矩陣，將用掉 $8(100 \times 10^3)^2 = 8 \times 10^{10}$ 個位元組，也就是 80GB 的主記憶體空間。如果加上相鄰矩陣、對稱關聯、偽逆矩陣以及兩個計算中間需要用的暫存矩陣，主記憶體空間需要就上昇到 480G，大部分的桌上型電腦都不會有這麼大的主記憶體空間。

“阿哈！”你可能會說“我的電腦主記憶體就有 512GB ！所以對付所謂的大圖是沒問題的”。

是這樣說沒有錯，不過你也有可能想要對 Association for Computing Machinery（ACM）的論文引用圖作分析，這樣的一張圖將內含超過兩百萬學者作品及參照資料，就需要超過 32T 的主記憶體空間了。

不過，我們既然知道相依和參照圖是稀疏的：Python 套件通常只會相依其它少數幾個套件，而不會需要整個 PyPI 列出的所有函式庫。而論文和書通常也只參照其它少數的文獻。所以，我們可以用 `scipy.sparse`（見第五章）以及 `scipy.sparse.linalg` 中的線性代數函式運算稀疏矩陣，計算出我們想要的值。

請你查看 `scipy.sparse.linalg` 中的文件，並將上面所述的計算改為使用稀疏矩陣。

在稀疏矩陣中的偽逆矩陣，一般來說並不稀疏，所以你就不要使用稀疏矩陣。而且，因為元素會聚集成為密集的矩陣，所以你也無法拿到一個稀疏矩陣中的所有特徵相量。

下面是部分的解答（在附錄中也有），但我們高度建議你自己嚐試做看看。

解答

SciPy 中有一些稀疏迭代解決方案，但不是很容易挑出要用哪一個。不幸地，不同的演算法在（若相互比較）收斂速度、穩定性、準確性和記憶體使用量都不相同，而且也不可能依輸入資料就可以看出哪一個演算法最適用。

以下是一個選擇迭代解決方案的大原則：

- 若輸入矩陣 A 是對稱並正定矩陣（positive definite），那使用共軛梯度解決方案（conjugate gradient solver）`cg`，若 A 是對稱，而且是 near-singular 或未定（indefinite）矩陣，那可以試看看 `minres`（minimum residual iteration method）。
- 若是非對稱矩陣的話，就先挑（biconjugate gradient stabilized method）`bicg stab`，另一種（conjugate gradient squared method）`cgs` 方法會快一些，但收斂比較不規則。
- 如果你要解決的是很多個相似系統，那就挑（LGMRES 演算法）`lgmres`。
- 如果 A 的行列數不相等，可以挑 `lsmr`（least squares 演算法）。

想知道更多詳情，可以閱讀：

- Noël M. Nachtigal, Satish C. Reddy, and Lloyd N. Trefethen, “How Fast Are Nonsymmetric Matrix Iterations?” *SIAM Journal on Matrix Analysis and Applications* 13, no. 3 (1992): 778–95. 778-795.
- Jack Dongarra, “Survey of Recent Krylov Methods” (*http://www.netlib.org/linalg/html_templates/node50.html*), November 20, 1995.

PageRank：線性代數應用在評等和重要性上

線性代數和特徵向量的另外一個應用是 Google 的 PageRank 演算法，這個演算法的名稱是合併了網頁（web page）以及演算法的其中一個發明者 Larry Page 的名字而來。

若要將網路依重要性排序，你可能需要計算有多少其它的網頁連結到目標網頁。算完之後，如果是人人都會連結到的特定網頁，那應該是個重要網頁，對吧？不過這個制度也很容易被破解：要提昇你網頁的重要性，就儘可能建立很多網頁，裡面都有連結指向你的網頁。

Google 早期成功的關鍵就在於，它不是看其它網頁有多少連結數來決定網頁的重要性，它是看連結到你網頁的其它網頁重要性來決定你的網頁的重要性。那麼，我們怎麼知道其它網頁是不是重要呢？那就看連結到該網頁是否重要來決定，以此類推。

這樣遞迴定義推得網頁的重要性可以由一種叫轉移矩陣（transition matrix）的特徵向量來決定，這個矩陣包含了網頁間的連結。假設你的重要性向量為 $\boldsymbol{r}$，你裝滿連結的矩陣為 M。你尚不知道 r 的值為何，但你知道一個網頁的重要性和其它連結到該網頁的重要性加總有正相關：對 $\lambda = 1/\alpha$，$\boldsymbol{r} = \alpha M\boldsymbol{r}$ 或 $M\boldsymbol{r} = \lambda\boldsymbol{r}$，正是特徵值的定義！

藉由限定轉移矩陣的一些特殊特性，我們可以說需要的特徵值就是 1，而且它要是 M 的最大特徵值。

轉移矩陣猜測的是若有一位網站瀏覽者（web surfer 或 Webster），從他目前所在的網頁隨機點擊一個連結，最後他會到其它特定網頁的機率是多少？這個機率就是 PageRank。

由於 Google 的興趣，研究學者已經 PageRank 套用在類似的網路上，我們要用 Stefano Allesinal 和 Mercedes Pascual 發表在 *PLoS Computational Biology* 上的一篇文獻（*https://doi.org/10.1371/journal.pcbi.1000494*）當作範例，他們將 PageRank 方法應用到生態圈食物網路上，這是一個連結生物和它們吃什麼的網路。

如果你想知道一種生物在生態圈中有多少重要，你就看有多少種生物會吃它，如果數量很多而且這種生物就快滅絕，那所以依賴該種生物為食物的生物，也可能會隨它一起滅絕。若用網路用語可以說，它的入分支決定了它在生態圈中的重要性。

還有比 PageRank 更適合測量生態圈重要性的方法嗎？

Allesina 教授很好心提供我們幾種食物網路作測試，我們取了其中一種從佛羅里達州的聖馬克國家野生動物保護區（St. Marks National Wildlife Refuge）的網路，格式是 Graph Markup Language）。這個網路是 Robert R. Christian 和 Joseph J. Luczovish 在 1999 年發表（*http://bit.ly/2sdWJEc*），在這個資料集中，如果生物 i 以生物 j 為食物，那 node i 就會有條 edge 連到 node j。

讓我們從讀資料開始，用 NetworkX 就可以了：

```
import networkx as nx

stmarks = nx.read_gml('data/stmarks.gml')
```

接著，我們要產出對應這張圖的稀疏矩陣，由於矩陣只能裝數字資訊，所以我們要另外有一個清單，儲存名稱和對應的陣矩行列對應。

```
species = np.array(stmarks.nodes())  # array for multiindexing
Adj = nx.to_scipy_sparse_matrix(stmarks, dtype=np.float64)
```

從相鄰矩陣中，我們可以導出轉移機率矩陣，其中的 edge 都被換成一個機率，這個機率是該生物所出發的 edge（out edge）數量的倒數。在食物網路中，稱它為午餐機率矩陣可能蠻貼切的。

由於矩陣中的生物總數之後一直會用到，所以我們將它定為 n：

```
n = len(species)
```

接下來，我們需要分支度，還有一個對角線矩陣，對角線上放的是 out edge 的到數。

```
np.seterr(divide='ignore')  # ignore division-by-zero errors
from scipy import sparse

degrees = np.ravel(Adj.sum(axis=1))
Deginv = sparse.diags(1 / degrees).tocsr()

Trans = (Deginv @ Adj).T
```

通常 PageRank 分數會是轉移矩陣中的第一個特徵向量，如果我們稱轉移矩陣為 M，PageRank 的向量為 r，那我們就有：

$$\boldsymbol{r} = M\boldsymbol{r}$$

但由程式碼中 `np.seterr` 呼叫看出來事情不是這麼單純，PageRank 方法只有在轉移矩陣是一個每列加總為 1 的列隨機矩陣（column-stochastic matrix）才能用。而且，每個頁面必需被所有其它頁面指到才能，即使路程很遠也無所謂。

在我們的食物網路中，這會是個問題，由於食物鍊的最底層，也就是作者稱為腐質（detritus）（就是海底淤泥），實際上不會去吃別的東西（雖然生命循環會持續），所以沒有指向其它任何生物。

> 年幼的辛巴：可是老爸，我們不是吃羚羊嗎？
>
> 木法沙：是的，辛巴，讓我說明一下。當我們死後，我們的身體變成草，而且羚羊吃草，所以我們仍然存在偉大生命循環之中。
>
> —獅子王

為了要處理這個問題，PageRank 演算法使用一種叫做阻尼係數（damping factor）的東西，通常這個係數是 0.85。代表有 85% 的時間，演算法會挑選隨機連結，但剩在 15% 時間，它會隨機跳到任何頁面。在我們的生物圈的例子中，有如蝦子有微小的機會吃掉鯊魚，這種機會看起來雖然不合理，但也不是沒有！事實上，這其實就是用數學的方法來表示生命循環。我們會設定這個係數為 0.85，但事實上這個數值的大小並不影響分析：阻尼係數大小對分析結果影響不大。

如果我們稱阻尼係數為 d，那 PageRank 方程式就會變成：

$$\boldsymbol{r} = dM\boldsymbol{r} + \frac{1-d}{n}\boldsymbol{1}$$

以及：

$$(\boldsymbol{I} - dM)\boldsymbol{r} = \frac{1-d}{n}\boldsymbol{1}$$

可以用 `scipy.sparse.linalg` 的有向解法 `spsolve` 來解這方程式。視一個線性代數問題的架構和大小，也有可能用迭代解法比較有效率。請見 `scipy.sparse.linalg` 的文件（*http://bit.ly/2se21Qg*）取得更多資訊。

```
from scipy.sparse.linalg import spsolve

damping = 0.85
beta = 1 - damping

I = sparse.eye(n, format='csc')  # Same sparse format as Trans

pagerank = spsolve(I - damping * Trans,
                   np.full(n, beta / n))
```

現在我們已得到聖馬克國家野生動物保護區食物網中的“食物重要性”了！

那麼如何將一種生物的食物重要性和其它吃它的生物的食物重要性作比較？

```
def pagerank_plot(in_degrees, pageranks, names, *,
                  annotations=[], **figkwargs):
    """Plot node pagerank against in-degree, with hand-picked node names."""

    fig, ax = plt.subplots(**figkwargs)
    ax.scatter(in_degrees, pageranks, c=[0.835, 0.369, 0], lw=0)
    for name, indeg, pr in zip(names, in_degrees, pageranks):
        if name in annotations:
            text = ax.text(indeg + 0.1, pr, name)

    ax.set_ylim(0, np.max(pageranks) * 1.1)
    ax.set_xlim(-1, np.max(in_degrees) * 1.1)
    ax.set_ylabel('PageRank')
    ax.set_xlabel('In-degree')
```

現在可以畫圖了，先看一下資料集，挑選一些我們在圖中想看的 node：

```
interesting = ['detritus', 'phytoplankton', 'benthic algae', 'micro-epiphytes',
               'microfauna', 'zooplankton', 'predatory shrimps', 'meiofauna',
               'gulls']
in_degrees = np.ravel(Adj.sum(axis=0))
pagerank_plot(in_degrees, pagerank, species, annotations=interesting)
```

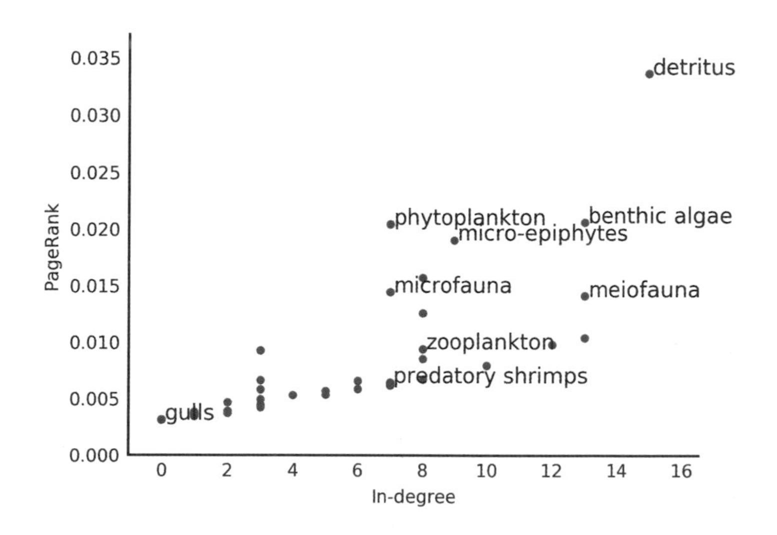

成員海底淤泥（腐質）當選為最多生物的食物，而且 PageRank（>0.003）最高，但第二重要的成員卻不是餵養 13 種其它生物的海底藻類（benthic algae），而是餵養其它 7 種生物的浮游植物（phytoplankton）！這是因為吃浮游植物的生物有更高的重要性。在圖的左下角，我們看到海鷗（sea gull），我們現在肯定它對這個生態系統沒有任何貢獻。而惡毒的掠奪蝦（predatory shrimp）（這名字不是我們編的），和浮游植物同樣餵養數目的其它生物，但是重要性卻較低，所以結果排在比較底下。

雖然我們在這裡不會做，但是 Allesina 和 Pascual 還建立了生物滅絕的生態衝擊模型，得到 PageRank 比內分支（in-degree）更能預測生態圈的重要性。

在我們作本章的總結之前，我們要說明 PageRank 可以用幾種不用方式作計算，其中一種包括了我們前面所做的一切，這種方法叫強效法（power method），它就是 ... 嗯 ... 很強效！它源起於 Perron-Frobenius 的理論（*http:// bit.ly/2seyshv*），這個理論的前提是隨機矩陣的特徵值為 1，而且是最大的特徵值。（其對應的特徵向量就是 PageRank 向量）

這個意思是，當我們把任何向量乘上 M，指定這個主要特徵向量的元素會保持原值，而其它的元素則會依一個乘數因子縮小，導致如果我們將任何初始向量反複乘上 M 的話，最終就會得到 PageRank 向量。

SciPy 利用稀疏矩陣將提昇了這個方法的效率：

```
def power(Trans, damping=0.85, max_iter=10**5):
    n = Trans.shape[0]
    r0 = np.full(n, 1/n)
    r = r0
    for _iter_num in range(max_iter):
        rnext = damping * Trans @ r + (1 - damping) / n
        if np.allclose(rnext, r):
            break
        r = rnext
    return r
```

練習題：處理不定值

在前面的迭代中，注意 Trans 不是欄隨機，所以 r 向量隨著每次迭代也跟著縮小。為了要將矩陣弄成隨機，我們可以將非零的欄都以充滿 $1/n$ 的欄替代。這多做了很多事，換取減小迭代計算的代價。請問你如何將上方的程式碼要怎麼修改，才能使 r 都保持使用原來機率向量？

練習題：評估不同的特徵向量方法

請驗證三種計算 PageRank 的方法，能得到相同的 node 排序值，過程中可能會用上 `numpy.corrcoef` 函式。（譯按：三種計算 PageRank 的方法，第一種是作者原來用 spsolve 解法，第二種是上方 SciPy 提昇效率的 power 函式，第三種則是處理不定值的練習題中，power 函式的修改版。）

結論說明

線性代數範圍是無法用一個章節就講完的，但這個章節應該可以讓你一瞥它的威力之處，以及如何利用 Python、NumPy 和 SciPy 讓線性代數演算法得以實現。

第七章

Scpy 中的函式最佳化

> “有什麼新鮮事？”是一個令人們感興趣，而且可以增廣見聞的問題，但若專心致力於追求這問題的答案，結果恐會是一堆瑣碎的跟風事物，這些只會阻礙了明日的進步。我寧願把這個問題改為“什麼是最好的？”，這是一個能增加深度，而不是寬度的問題，而它的答案能讓通往明日的河流更順暢。
>
> —Robert M. Pirsig 禪與摩托車維修的藝術

當我們在牆上掛一張照片時，有時很難讓它取得水平，你得作一翻調整的工夫，退後幾步，重新評估照片的水平，然後重複調整的流程。這種流程被稱為最佳化（optimization）：改變風景照片的水平，讓它符合我們的需求，也就是讓水平角為零度。

在數學中，用來評估是否達到我們需求的東西，稱為“成本函式”（cost function），而照片的角度就是它的“參數”。在典型的最佳化問題中，會試過多個參數值，一直到成本函式達到最小為止。

舉例來說，假設有一個成本函式為位移的拋物線函式 $f(x) = (x - 3)^2$，我們想要找可以使這個成本函式最小化的 x。可以藉由設定該函式導數為 0，得到 x 的值為 3 時，這個成本函式的值為最小化，也就是 $2(x - 3) = 0$（得 $x = 3$）。

但，如果成本函式複雜度高時（例如，若式子內有許多項、多個導數為 0 的點、存在非線性關係，或是有多個變數），要手動計算就會變得十分艱難。

你可以把成本函式想成是一個地區，我們想在這個地區找到海拔最低的點，這樣的比方馬上就彰顯了一個困難的問題：如果你站在某個群山環繞的山谷中時，你怎麼能讓知道自己身處於最低的山谷中，或其實是旁邊環繞的山太高了，所以才顯得這個山谷低？換成最佳化的術語來說，就是你怎麼知道只是取到區間內相對最小值？大部分最佳化演算法對這個問題都有特定的設計[1]。

圖 7-1 是 SciPy 中所有可以用方法，我們接下來會用到一些，剩下的就留給你自行探索了。

可選用的最佳化演算法有很多種（見圖 7-1），你要視成本函式的輸入參數是純量或是向量來作選擇（比方說你是否有一個或多個參數要做最佳化？）。有些需要指定成本函式的梯度，有些會自動進行估計。有些只會搜尋指定區間中的參數（**約束最佳化** *constrained optimization*），有些則是搜尋整個參數空間。

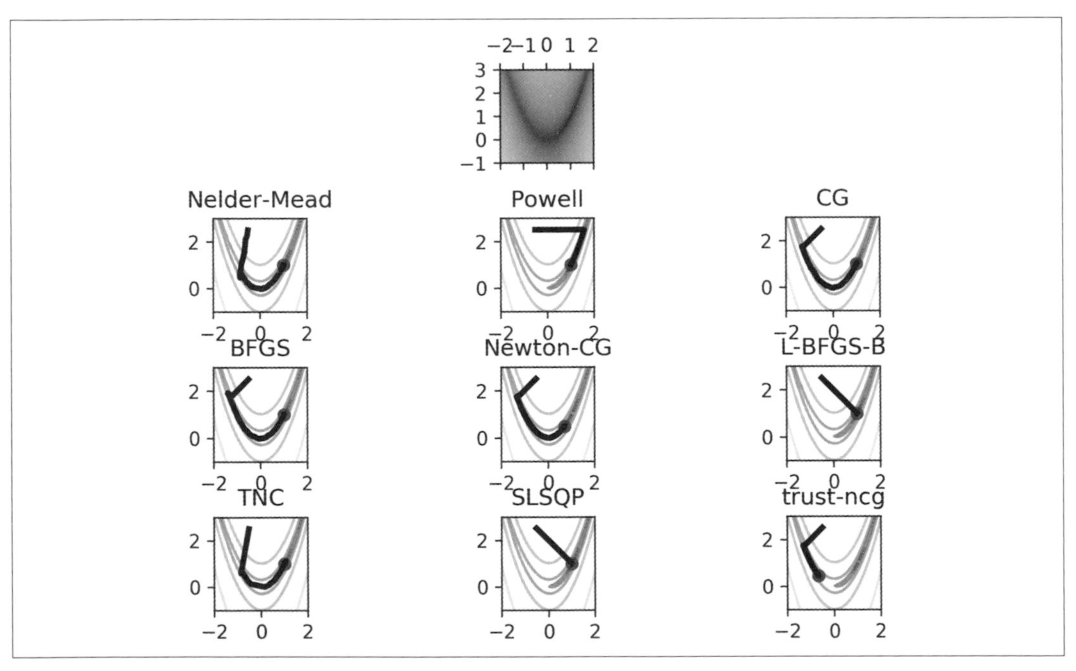

圖 7-1　在 Rosenbrock 函式（上方）上比較各種不同的最佳化演算法。Powell 方法沿著第一維度執行一個線性搜尋，然後做梯度下降。conjugate gradient 方法（CG）則是從開始點開始就做梯度下降

1　最佳化演算法對於這個問題有多種解決方法，但通常可以分為線性搜尋（line search）和信賴區間（trust region）兩種。線性搜尋法是你先想辦法找到一個指定維度的最小值，然後再想辦法找到其它維度的最小值。而信賴區間法就是往期待的方向去猜最小值；如果我們看見確實愈來愈接近最小值，就增加信心程度並縮小範圍，重複搜尋逼近，如果沒有愈來愈接近的話，就降低信心程度並將搜尋範圍放寬。

SciPy 的最佳化：scipy.optimize

本章接下來的內容，我們要使用 SciPy 的 optimize 模組來對齊兩張照片。會用到照片對齊（或稱配準）的應用，包括全影圖拚接（panorama stitching）、腦部掃描圖合併、超大影像以及天文領域中，透過合併多種曝光圖進行除雜訊。

和以前一樣，先準備好畫圖的環境：

```
# Make plots appear inline, set custom plotting style
%matplotlib inline
import matplotlib.pyplot as plt
plt.style.use('style/elegant.mplstyle')
```

讓我們從最簡化的問題開始：假若有兩張照片，其中有一張是位移過的，我們想把位移還原對齊另外一張照片。

我們的最佳化函式會“微調”其中一張照片，然後看看是微調後會減少差異，還是向其它的方向微調才會減少差異。重複執行這個動作，最終可以得最好的對齊位置。

一個範例：計算影像位移最佳化

還記得我們第三章出現的太空人 Eileen Collins 吧。現在要先將她的照片向右位移 50 個像素，然後將位移後的照片和原來的照片作比對，找到最佳位置還原位移。由於我們已經知道原先照片的位置，所以做這事情有點蠢，不過這樣我們才知道正確答案是什麼，而且重點是可以看看演算法的行為，以下是原本照片和位移照片：

```
from skimage import data, color
from scipy import ndimage as ndi

astronaut = color.rgb2gray(data.astronaut())
shifted = ndi.shift(astronaut, (0, 50))

fig, axes = plt.subplots(nrows=1, ncols=2)
axes[0].imshow(astronaut)
axes[0].set_title('Original')
axes[1].imshow(shifted)
axes[1].set_title('Shifted');
```

為了要套用最佳化演算法，所以需要有個方法定義“不像”這件事，這個方法就是我們的成本函式。將差別平方後求平均是最簡單的方法，通常稱為**均方誤差**（*mean squared error*）或縮寫為 MSE。

```
import numpy as np

def mse(arr1, arr2):
    """Compute the mean squared error between two arrays."""
    return np.mean((arr1 - arr2)**2)
```

如果兩張照片完美的對齊的話，那這個函式會回傳 0，否則的話就會回傳大於 0 的值。有了這個成本函式後，就可以對兩張照片進行比對：

```
ncol = astronaut.shape[1]

# Cover a distance of 90% of the length in columns,
# with one value per percentage point
shifts = np.linspace(-0.9 * ncol, 0.9 * ncol, 181)
mse_costs = []

for shift in shifts:
    shifted_back = ndi.shift(shifted, (0, shift))
    mse_costs.append(mse(astronaut, shifted_back))

fig, ax = plt.subplots()
ax.plot(shifts, mse_costs)
ax.set_xlabel('Shift')
ax.set_ylabel('MSE');
```

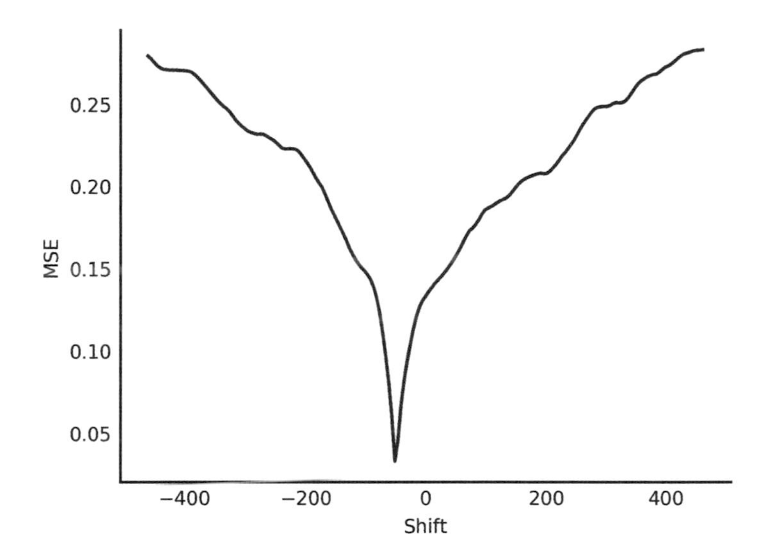

可以用 `scipy.optimize.minimize` 去搜尋最佳化參數：

```
from scipy import optimize

def astronaut_shift_error(shift, image):
    corrected = ndi.shift(image, (0, shift))
    return mse(astronaut, corrected)

res = optimize.minimize(astronaut_shift_error, 0, args=(shifted,),
                        method='Powell')

print(f'The optimal shift for correction is: {res.x}')

The optimal shift for correction is: -49.99997565757551
```

成功了！之前我們故意把照片移重 +50 像素，現在有了 MSE 幫助測量，SciPy 的 `optimize.minimize` 函式回傳了正確的回復照片位移（–50）。

前面這問題是一個設計過的簡單最佳化問題，用來帶出這類位最佳化問題主要的困難之處：MSE 數值在漸漸變好以前，也有可能會經歷一段漸漸變差的過程。

讓我們看一下位移照片的情況，由未修改的照片開始看：

```
ncol = astronaut.shape[1]

# Cover a distance of 90% of the length in columns,
# with one value per percentage point
```

```
shifts = np.linspace(-0.9 * ncol, 0.9 * ncol, 181)
mse_costs = []

for shift in shifts:
    shifted1 = ndi.shift(astronaut, (0, shift))
    mse_costs.append(mse(astronaut, shifted1))

fig, ax = plt.subplots()
ax.plot(shifts, mse_costs)
ax.set_xlabel('Shift')
ax.set_ylabel('MSE');
```

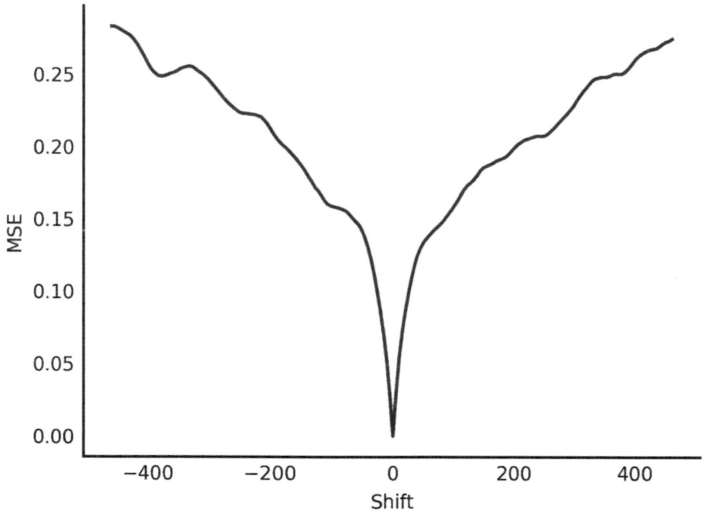

從位移 0 處開始看 MSE 值，隨著位移向負移動，MSE 持續變大，直到 –300 像素附近，竟然開始變小了！雖然只有一點點，但還是變小了，接著又在 –400 附近又開始變大。這就是所謂的“相對最小值”。由於這裡用的最佳化函式，只會存取成本函式中“鄰近”的點，所以如果向“錯誤”方向移動時，成本函式回傳成本變小，那麼取最小化程序也會隨之移動到錯誤的方向。所以，如果最小化程序目標是位移 –340 像素的照片：

```
shifted2 = ndi.shift(astronaut, (0, -340))
```

minimize 函式會認為還要再位移 40 像素左右，而不是還原原來的位移了：

```
res = optimize.minimize(astronaut_shift_error, 0, args=(shifted2,),
                        method='Powell')

print(f'The optimal shift for correction is {res.x}')

The optimal shift for correction is -38.51778619397471
```

一般這種問題的解法，是進行平滑或是縮小影像，縮小影像也有類似平滑影像的功能，我們看一下同一張照片用高斯濾波處理過後的情況：

```
from skimage import filters

astronaut_smooth = filters.gaussian(astronaut, sigma=20)

mse_costs_smooth = []
shifts = np.linspace(-0.9 * ncol, 0.9 * ncol, 181)
for shift in shifts:
    shifted3 = ndi.shift(astronaut_smooth, (0, shift))
    mse_costs_smooth.append(mse(astronaut_smooth, shifted3))

fig, ax = plt.subplots()
ax.plot(shifts, mse_costs, label='original')
ax.plot(shifts, mse_costs_smooth, label='smoothed')
ax.legend(loc='lower right')
ax.set_xlabel('Shift')
ax.set_ylabel('MSE');
```

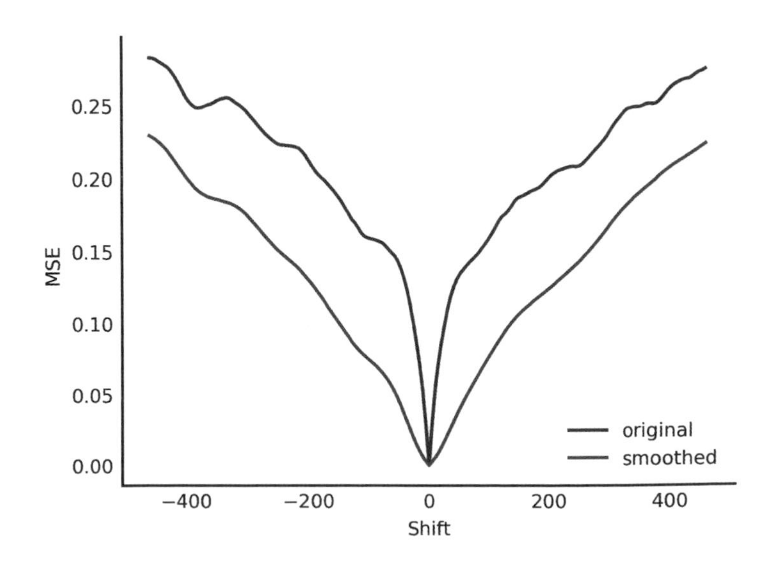

如你所見，如果是強烈的平滑處理後，函式的誤差會被均化，彈性也會變小。除了用平滑之外，也可以使用模糊達到差不多的效果。所以現代的對齊軟體用的是一種稱為**高斯金字塔**（*Gaussian pyramid*）的方法，其實用的就是目標影像取數張更低像素的版本，先在最低解析度（最模糊）中找到一個大概的對齊點，然後再重複的對解析度更高的版本進行對齊動作。

```
def downsample2x(image):
    offsets = [((s + 1) % 2) / 2 for s in image.shape]
    slices = [slice(offset, end, 2)
              for offset, end in zip(offsets, image.shape)]
    coords = np.mgrid[slices]
    return ndi.map_coordinates(image, coords, order=1)


def gaussian_pyramid(image, levels=6):
    """Make a Gaussian image pyramid.

    Parameters
    ----------
    image : array of float
        The input image.
    max_layer : int, optional
        The number of levels in the pyramid.

    Returns
    -------
    pyramid : iterator of array of float
        An iterator of Gaussian pyramid levels, starting with the top
        (lowest resolution) level.
    """
    pyramid = [image]

    for level in range(levels - 1):
        blurred = ndi.gaussian_filter(image, sigma=2/3)
        image = downsample2x(image)
        pyramid.append(image)

    return reversed(pyramid)
```

讓我們看金字塔中不同版本的對齊位置：

```
shifts = np.linspace(-0.9 * ncol, 0.9 * ncol, 181)
nlevels = 8
costs = np.empty((nlevels, len(shifts)), dtype=float)
astronaut_pyramid = list(gaussian_pyramid(astronaut, levels=nlevels))
for col, shift in enumerate(shifts):
```

```
        shifted = ndi.shift(astronaut, (0, shift))
        shifted_pyramid = gaussian_pyramid(shifted, levels=nlevels)
        for row, image in enumerate(shifted_pyramid):
            costs[row, col] = mse(astronaut_pyramid[row], image)

fig, ax = plt.subplots()
for level, cost in enumerate(costs):
    ax.plot(shifts, cost, label='Level %d' % (nlevels - level))
ax.legend(loc='lower right', frameon=True, framealpha=0.9)
ax.set_xlabel('Shift')
ax.set_ylabel('MSE');
```

如你所見，在金字塔中解析度最低的版本中，位於 –325 處的坑洞不見了。所以在這一級上，我們可以得到一個概約的對齊位置，然後一路向解析度更高的版本作，得到越來越準確的對齊位置（如圖 7-2）。

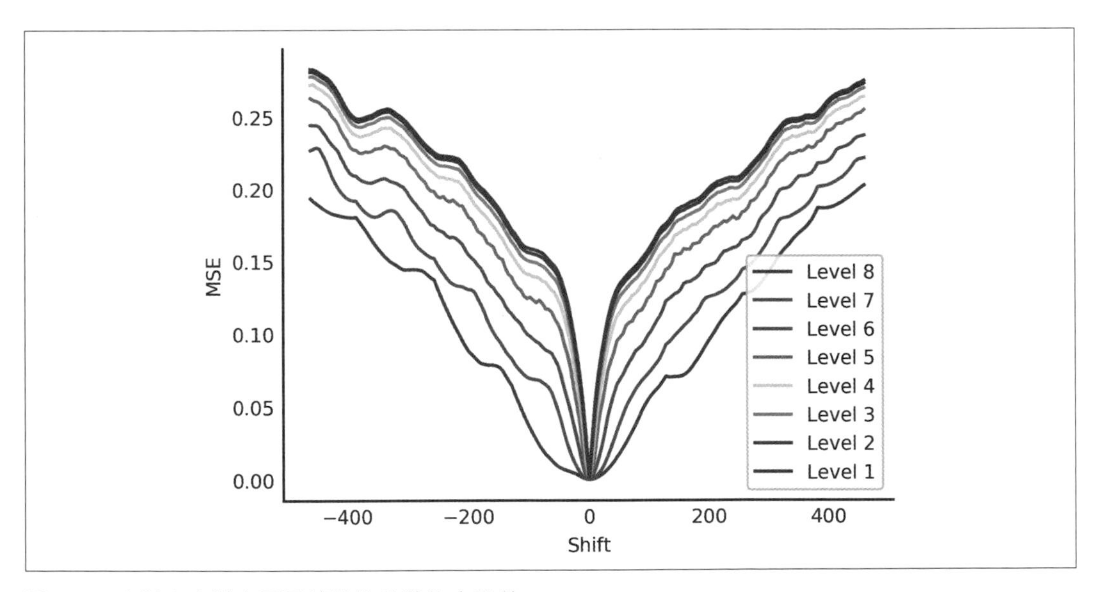

圖 7-2　高斯金字塔中不同等級的位移均方誤差

影像旋轉和最佳化

讓我們把流程結合起來，並在比較“真實”的對齊問題中，試看看三種不同的參數：旋轉、列方向位移和行方向位移。由於沒有任何（大小、歪斜或其它形變）的變形，所以這種對齊行為被稱為“剛性配準”（regid registration）問題。目標物是固定的，而且會一值被移用（包括旋轉）直到找到匹配位置。

為了簡化程式碼，我們要用 scikit-image 的 `transform` 模組進行照片位移和旋轉計算。SciPy 的 `optimize` 函式需要輸入一個向量參數，所以我們要先做一個可以接受這個向量的函式，然後參輸入向量產生剛性轉換（regid transformation）資訊。

```
from skimage import transform

def make_rigid_transform(param):
    r, tc, tr = param
    return transform.SimilarityTransform(rotation=r,
                                         translation=(tc, tr))

rotated = transform.rotate(astronaut, 45)

fig, axes = plt.subplots(nrows=1, ncols=2)
axes[0].imshow(astronaut)
axes[0].set_title('Original')
axes[1].imshow(rotated)
axes[1].set_title('Rotated');
```

接著，我們還需要一個成本函式，就一樣用 MSE，不過 SciPy 有指定的格式：第一個參數必需是**參數向量**（*parameter vector*），也就是最佳化的參數。接下來的參數可以利用 `args` 作多參數傳遞，但是值不能改變：只有參數向量會被最佳化，在我們的範例中，這個參數是旋轉角度和兩個方向的位移：

```
def cost_mse(param, reference_image, target_image):
    transformation = make_rigid_transform(param)
    transformed = transform.warp(target_image, transformation, order=3)
    return mse(reference_image, transformed)
```

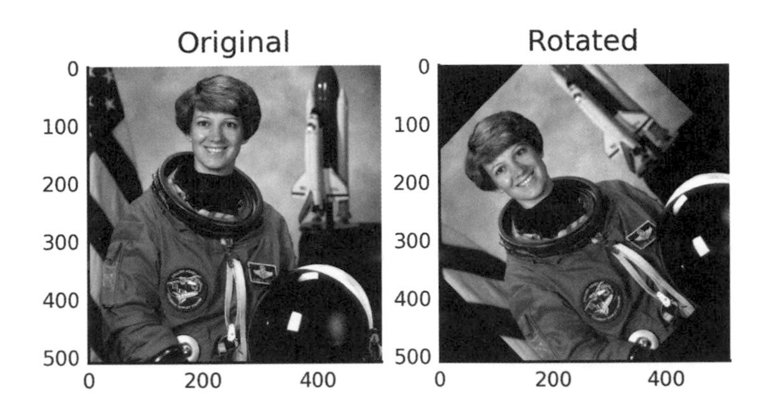

最後，我們要寫自己的對齊函式，這個函式在不同層級的高斯金字塔中，會使用前一層所得到的最佳化位置，作為下一層的開始位置，漸進地對我們的成本函式做最佳化：

```
def align(reference, target, cost=cost_mse):
    nlevels = 7
    pyramid_ref = gaussian_pyramid(reference, levels=nlevels)
    pyramid_tgt = gaussian_pyramid(target, levels=nlevels)

    levels = range(nlevels, 0, -1)
    image_pairs = zip(pyramid_ref, pyramid_tgt)

    p = np.zeros(3)

    for n, (ref, tgt) in zip(levels, image_pairs):
        p[1:] *= 2

        res = optimize.minimize(cost, p, args=(ref, tgt), method='Powell')
        p = res.x

        # print current level, overwriting each time (like a progress bar)
        print(f'Level: {n}, Angle: {np.rad2deg(res.x[0]) :.3}, '
              f'Offset: ({res.x[1] * 2**n :.3}, {res.x[2] * 2**n :.3}), '
              f'Cost: {res.fun :.3}', end='\r')

    print('')  # newline when alignment complete
    return make_rigid_transform(p)
```

現在用太空人的照片作實驗，我們將這照片旋轉 60 度，並加上一些雜訊，SciPy 可以將照片轉回正確位置嗎？（見圖 7-3）

```
from skimage import util

theta = 60
rotated = transform.rotate(astronaut, theta)
rotated = util.random_noise(rotated, mode='gaussian',
                            seed=0, mean=0, var=1e-3)

tf = align(astronaut, rotated)
corrected = transform.warp(rotated, tf, order=3)

f, (ax0, ax1, ax2) = plt.subplots(1, 3)
ax0.imshow(astronaut)
ax0.set_title('Original')
ax1.imshow(rotated)
ax1.set_title('Rotated')
ax2.imshow(corrected)
ax2.set_title('Registered')
for ax in (ax0, ax1, ax2):
    ax.axis('off')
Level: 1, Angle: -60.0, Offset: (-1.87e+02, 6.98e+02), Cost: 0.0369
```

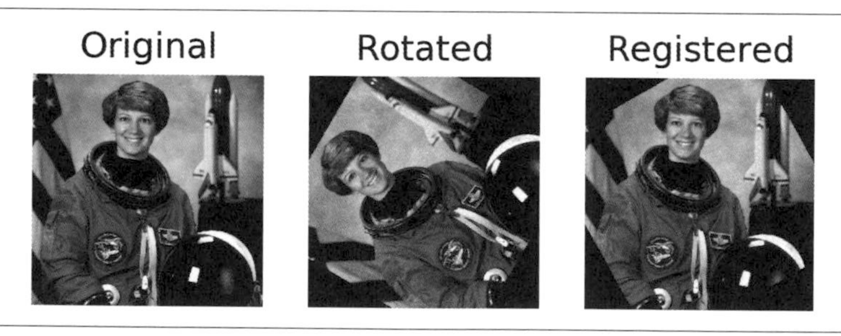

圖 7-3　影像對齊最佳化

看起來還不錯阿，但是我們所選的參數其實會影響到最佳化的難度，讓我們看看若是旋轉 50 度，也就是和原來的照片更小一點的旋轉角度，會發生什麼事情：

```
theta = 50
rotated = transform.rotate(astronaut, theta)
rotated = util.random_noise(rotated, mode='gaussian',
                            seed=0, mean=0, var=1e-3)

tf = align(astronaut, rotated)
corrected = transform.warp(rotated, tf, order=3)
```

```
f, (ax0, ax1, ax2) = plt.subplots(1, 3)
ax0.imshow(astronaut)
ax0.set_title('Original')
ax1.imshow(rotated)
ax1.set_title('Rotated')
ax2.imshow(corrected)
ax2.set_title('Registered')
for ax in (ax0, ax1, ax2):
    ax.axis('off')
```

```
Level: 1, Angle: 0.414, Offset: (2.85, 38.4), Cost: 0.141
```

選了一個更接近原始照片的角度，結果竟無法復原旋轉（圖 7-4）。這是因為最佳化方法有可能卡在本地最小值中，一個小小絆腳石擋住了通往成功的路，一如之前在只有位移的那個範例中所見到的一樣。很容易因為選擇的初始參數，而導致失敗。

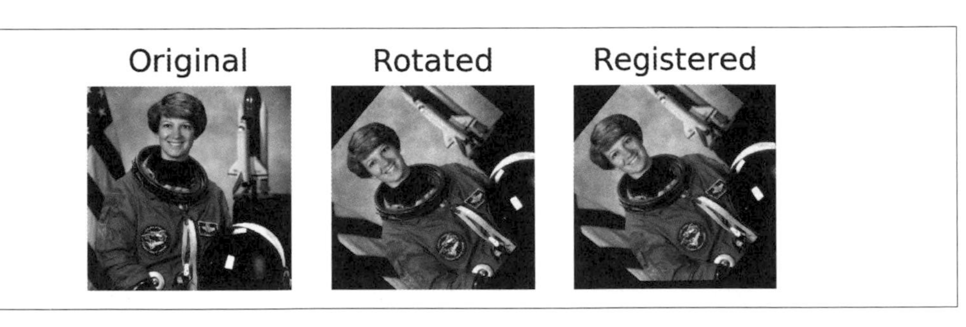

圖 7-4　最佳化失敗

用 Basin Hopping 避免本地最小值

David Wales 和 Jonathan Doyle[2] 在 1997 年提出了一個稱為 basin hopping 的演算法，這個演算法的目的是想藉試著最佳化一些初始參數，達到避免掉入本地最小值的情況，並且在發現本地最小值後，向隨機的方向離開。還可以給定隨機方向離開一個適當的間距，以避免再掉入相同的本地最小值中，和簡單的梯度最佳化方法比起來，這個方法可以向更大的區域作搜尋。

2　David J. Wales and Jonathan P.K. Doyle, "Global Optimization by Basin-Hopping and the Lowest Energy Structures of Lennard-Jones Clusters Containing up to 110 Atoms", *Journal of Physical Chemistry 101*, no. 28 (1997): 5111–16.

我們將 SciPy 實作 basin hopping 到我們的對齊函式法留給讀者作練習題，本章後面還會用上這個實作，所以如果練習的過程卡住的話，就翻到後面解答看看吧。

練習題：修改對齊函式

請試著用 `scipy.optimize.basinhopping` 修改 `align` 函式以避開本地最小值。

由於 basin hopping 是一個執行起來很慢的最佳化函式，如果對所有高斯金字塔中所有層級都進行作的話就會更久，所以請限制 basin hopping 方法只能用在金字塔的最高幾層。

“什麼是最好的？”：請選擇正確目標函式

講到這邊，我們已擁有一個可以良好運作的調整方法，不過目前我們只能解決最簡單的調整問題：對齊相同模態的照片，也就是只要關注目標照片中的亮度相像和要調整照片中的亮度相像是一樣的。

現在我們要進步到用同一張照片的彩色版了，不能假定所有的頻道都有一樣的模態。這個任務可是很有歷史意義的：在 1909~1915 年間，Mikhailovich Prokudin-Gorskii 在彩色照相還未被發明前，就為俄國皇室製作了彩色相片。他在鏡頭前用三個種單色遮色片為同一個拍攝場景拍了三張照片。

MSE 就可以做到將亮度像素對齊的功能，但現在不再適用了。讓我們拿 Saint John the Theologian 教堂的彩色玻璃窗的三張照片做為範例，這些照片是從 Congress Prokudin-Gorskii Collection 圖書館取得（*http://www.loc.gov/pictures/item/prk2000000263/*）（見圖 7-5）：

```
from skimage import io
stained_glass = io.imread('data/00998v.jpg') / 255  # use float image in [0, 1]
fig, ax = plt.subplots(figsize=(4.8, 7))
ax.imshow(stained_glass)
ax.axis('off');
```

圖 7-5　Prokudin-Gorskii 底片：用三種遮色片拍攝同一彩色玻璃窗

先看一下 St. John 的袍子：第一張是全黑，第一張是灰的，第三張裡境然是白的！如果使用前面的 MSE 方法，即使完全對齊的假設下，出來的分數也一定很難看。

來看一下我們可以做什麼，我們可以把不同的底片放別放到不同的色彩頻道中：

```
nrows = stained_glass.shape[0]
step = nrows // 3
channels = (stained_glass[:step],
            stained_glass[step:2*step],
            stained_glass[2*step:3*step])
channel_names = ['blue', 'green', 'red']
fig, axes = plt.subplots(1, 3)
for ax, image, name in zip(axes, channels, channel_names):
    ax.imshow(image)
    ax.axis('off')
    ax.set_title(name)
```

然後先重疊三張照片，看看三個色彩頻道是否需要作調整：

```
blue, green, red = channels
original = np.dstack((red, green, blue))
fig, ax = plt.subplots(figsize=(4.8, 4.8), tight_layout=True)
ax.imshow(original)
ax.axis('off');
```

你可以看到照片中物件周邊圍繞著色彩光暈，這代表色彩的位置快要對齊，但是還沒對準。讓我們用之前對齊太空人照片的方法，也就是使用 MSE，進行照片對齊。用綠色當基準，將藍色和紅色頻道對齊綠色。

```
print('*** Aligning blue to green ***')
tf = align(green, blue)
cblue = transform.warp(blue, tf, order=3)

print('** Aligning red to green ***')
tf = align(green, red)
cred = transform.warp(red, tf, order=3)

corrected = np.dstack((cred, green, cblue))
f, (ax0, ax1) = plt.subplots(1, 2)
ax0.imshow(original)
ax0.set_title('Original')
ax1.imshow(corrected)
ax1.set_title('Corrected')
for ax in (ax0, ax1):
    ax.axis('off')

*** Aligning blue to green ***
Level: 1, Angle: -0.0474, Offset: (-0.867, 15.4), Cost: 0.0499
** Aligning red to green ***
Level: 1, Angle: 0.0339, Offset: (-0.269, -8.88), Cost: 0.0311
```

做完以後，由於大片黃色天空的幫助，紅色和綠色頻道正確地被對齊了，所以做完的成果圖較原來的圖好一些（如圖 7-6）。不過，由於藍色頻道裡的亮處和綠色頻道裡的亮處不相符，所以藍色頻道仍然對不齊，這表示在該頻道中正確對齊的 MSE 的值比錯誤處來的低，所以使得一些藍色對齊了一些綠色部分。

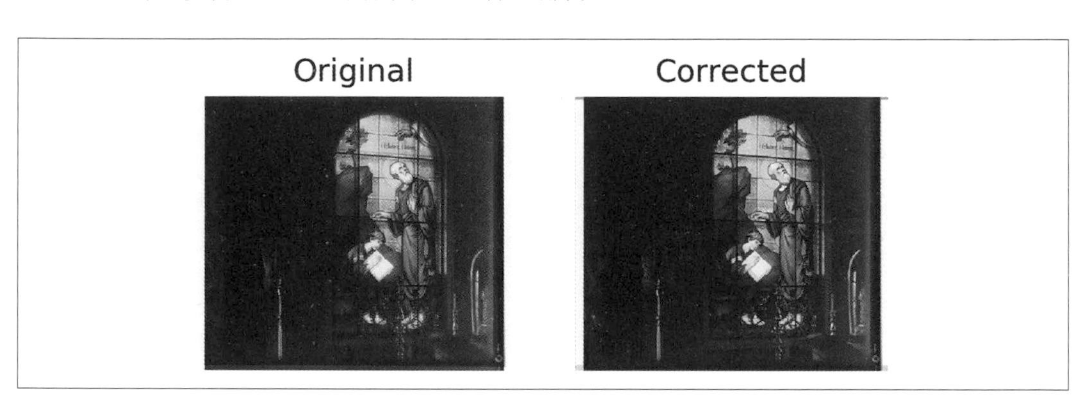

圖 7-6 用 MSE 為準的對齊結果，未完全消除色彩光暈

現在要改用一種叫標準化共同資訊量（normalized mutual information,NMI）的方法，這種方法會測量不同影像中不同的亮度區間的相關關係。當影像被完美的對齊時，不同色彩頻道的漸變之間，若有一致的物件，則產生大量的相對關係值，以及生成相對大的 NMI 值。某種意義上，NMI 測量的是用一張影像中的像素來預測另外一張影像中的對應像素的難易程度。這個方法的定義在論文 "An Overlap Invariant Entropy Measure of 3D Medical Image Alignment"（*http://bit.ly/2trbaFu*）中：[3]

$$I(X, Y) = \frac{H(X)+H(Y)}{H(X,Y)},$$

其中 $H(X)$ 是 X 的熵，而 $H(X,Y)$ 是 X,Y 共中的熵。分子是兩張影像分開計算的熵，而分母是兩張合在一起看的熵。結果值範圍可能從 1（最大程度匹配）到 2（最小程度匹配）之間[4]，詳情請可看第 5 章。

---

3 C. Studholme, D. L. G. Hill, and D. J. Hawkes, "An Overlap Invariant Entropy Measure of 3D Medical Image Alignment," Pattern Recognition 32, no. 1 (1999): 71–86.

4 一個快速而大略的說明是，熵度是由關注物的數量直方圖計算而來，如果 $X = Y$，那麼聯合直方圖 (X,Y) 會呈對角線，而該對角線表示 X 和 Y 的計算是完全相同的，也就是 $H(X) = H(Y) = H(X,Y)$，而且 $I(X,Y) = 2$。

在 Python 程式碼中，寫成這樣：

```
from scipy.stats import entropy

def normalized_mutual_information(A, B):
    """Compute the normalized mutual information.

    The normalized mutual information is given by:

                H(A) + H(B)
      Y(A, B) = -----------
                  H(A, B)

    where H(X) is the entropy ``- sum(x log x) for x in X``.

    Parameters
    ----------
    A, B : ndarray
        Images to be registered.

    Returns
    -------
    nmi : float
        The normalized mutual information between the two arrays, computed at a
        granularity of 100 bins per axis (10,000 bins total).
    """
    hist, bin_edges = np.histogramdd([np.ravel(A), np.ravel(B)], bins=100)
    hist /= np.sum(hist)

    H_A = entropy(np.sum(hist, axis=0))
    H_B = entropy(np.sum(hist, axis=1))
    H_AB = entropy(np.ravel(hist))

    return (H_A + H_B) / H_AB
```

接下來是訂想要最佳化的函式，跟之前定 cost_mse 格式一樣：

```
def cost_nmi(param, reference_image, target_image):
    transformation = make_rigid_transform(param)
    transformed = transform.warp(target_image, transformation, order=3)
    return -normalized_mutual_information(reference_image, transformed)
```

最後，將它用在我們的 basin hopping 最佳化對齊工具上（圖 7-7）：

```
print('*** Aligning blue to green ***')
tf = align(green, blue, cost=cost_nmi)
cblue = transform.warp(blue, tf, order=3)

print('** Aligning red to green ***')
tf = align(green, red, cost=cost_nmi)
cred = transform.warp(red, tf, order=3)

corrected = np.dstack((cred, green, cblue))
fig, ax = plt.subplots(figsize=(4.8, 4.8), tight_layout=True)
ax.imshow(corrected)
ax.axis('off')

*** Aligning blue to green ***
Level: 1, Angle: 0.444, Offset: (6.07, 0.354), Cost: -1.08
** Aligning red to green ***
Level: 1, Angle: 0.000657, Offset: (-0.635, -7.67), Cost: -1.11
(-0.5, 393.5, 340.5, -0.5)
```

圖 7-7　使用標準化共同資訊量作 Prokudin-Gorskii 色彩頻道的對齊

照片很漂亮了噢！這可是一個在彩色攝影發現前就製被造出的藝術品！注意上帝的純白袍子、John 的白鬍子，還有 Prochorus 手上拿的書頁，還有上面的筆記，這些如果用 MSE 為基礎的對齊是無法做到的，但改用 NMI 之後，一切都妥善對齊了，注意看還有前景燭台反射的金光。

在這一章中，我們說明了兩個在作函式最佳化中的重點觀念：理解什麼是本地最小值，和如何避開它們，以及選用正確的方法來對特定的目標作最佳化。有了這些觀念後，你就可以應用最佳化解決更多科學研究上的問題了！

第八章

在小電腦中用 Toolz 處理大數據

葛芮絲：就用把小刀？那傢伙可是有 12 呎高耶！

傑克：是 7 呎，嘿～別擔心，我能解決他。

—傑克 波頓，妖魔大鬧唐人街

串流本身並不是 SciPy 的功能，比較像是讓我們可以有效率的處理巨大資料集合的一個方法，而在做科學研究時就會有很多資料巨大資料集合。Python 語言含有一些基礎的串流資料工具，這些工作可以和 Matt Rocklin 的 Toolz 函式庫合併使用產出高效簡捷，記憶體消耗極少的程式碼。在本章，我們要讓你看看如何應用這些串流的觀念，使得用你電腦有限的記憶體就可以處理巨大資料集合。

你有可能在沒有感覺的情況下已經做過某些串流的動作，最簡單的串流是從檔案中逐行讀入處理，而不是把整個讀到記憶體中再行處理，動作可能類似下面程式程，逐行讀入加總再計算平均：

```
import numpy as np
with open('data/expr.tsv') as f:
    sum_of_means = 0
    for line in f:
        sum_of_means += np.mean(np.fromstring(line, dtype=int, sep='\t'))
print(sum_of_means)
1463.0
```

這種解法只適用於可以逐行處理的問題，如果你的程式碼變得更複雜的話，這種方法很可能馬上就不適用了。

在串流程式中，由一個函式負責得到部分輸入資料，回傳處理過的資料片段，然後後面流程的函式們繼續處理該資料片段，然後前面的函式再繼續拿一段新的輸入資料，周而復始這個流程。這些事情都是同時進行的！要把這流程簡單搞定很不容易吧？

我們以前也覺得很難，直到 Tooz 函式庫的出現，這個函式庫讓串流程式變得很優雅，以致於我們寫這本書時，不能不用一章來說明它。

讓我們重新定義清楚什麼是“串流”，以及為何你會用到它。假設你在一個文字檔中有些資料，而且你想要以將資料以 $\log(x + 1)$ 計算過後，算出每欄的平均值。一般的方法，會用 NumPy 的陣列讀入值，然後在一個包含所有值的矩陣中，將 log 函式計算裡面所有的值之後，沿第一軸作平均：

```
import numpy as np
expr = np.loadtxt('data/expr.tsv')
logexpr = np.log(expr + 1)
np.mean(logexpr, axis=0)
array([ 3.11797294,  2.48682887,  2.19580049,  2.36001866,  2.70124539,
        2.64721531,  2.43704834,  3.28539133,  2.05363724,  2.37151577,
        3.85450782,  3.9488385 ,  2.46680157,  2.36334423,  3.18381635,
        2.64438124,  2.62966516,  2.84790568,  2.61691451,  4.12513405])
```

可以作出正確的結果，而且還是依大家熟悉的輸出輸入模型做完計算，但這方法其實很沒效率！由於我們一開始需要一個包含所有值的矩陣（1），然後還要有一個對所有元素加 1 的矩陣（2），然後為了計算 log 又要一個矩陣（3），最後才將它傳給 `np.mean` 作處理。這樣一來這個甚至一個完整矩陣都不需要的計算動作，就花去三個資料矩陣的記憶體空間，更別說是其它“大”數據動作了，這方法是行不通的。

Python 發明者暗知這個事情，所以建了一個叫 `yield` 的關鍵字，這關鍵字用來呼喚一個函式，這函式只處理一小段資料，然後把處理結果傳給下一個程序，當這小段資料處理連續動作完成以後，再接著作下一小段資料。“給于（yield）”這個名字取的還蠻好的：喚起的函式控制權給于下一個函式，進入等待狀態，直到所有後方的處理函式都完成工作後，才回復動作。

用 yield 作串流

前面說的控制流程要實作是有點複雜，但 Python 的一個很棒的功能就是將這個複雜的動作抽象化了，讓你只要關注自己要用的功能就可以了。在想法上是這麼想的：對於所有接收串列 資料（一群資料），並把這串列資料加以處理的處理函式，你都可以將這個函式重寫為接收串流，並將每個元素的結果給于其後的處理函式。

以下是我們將資列串列中的每個元素都作 log 的兩種範例，一種是之前的資料拷貝法，另外一種是串流方法：

```
def log_all_standard(input):
    output = []
    for elem in input:
        output.append(np.log(elem))
    return output

def log_all_streaming(input_stream):
    for elem in input_stream:
        yield np.log(elem)
```

檢查一下是否兩種方法得到的結果一致：

```
# We set the random seed so we will get consistent results
np.random.seed(seed=7)
# Set print options to show only 3 significant digits
np.set_printoptions(precision=3, suppress=True)

arr = np.random.rand(1000) + 0.5
result_batch = sum(log_all_standard(arr))
print('Batch result: ', result_batch)
result_stream = sum(log_all_streaming(arr))
print('Stream result: ', result_stream)

Batch result:  -48.2409194561
Stream result:  -48.2409194561
```

不管是要計算加總是寫出到磁碟或其它的動作，串流方法的優點是，你還不需要的資料暫時就不會被處理。這個優點在你有許多的輸入資料項或是每個資料項很大時（或又多又大時），都能節省記憶體的花用。下面的一段話是從 Matt 的部落格文章（*http://bit.ly/2trkKZ6*）節取來的，非常簡明的總結串流資料分析的功能：

> 在我簡短的經歷裡，發現大家很少使用 [串流] 這種方法，他們通常把 Python 寫成將數據載入記憶體的單一執行緒執行到底，並且追尋相對高生產力高負擔大數據框架（Big Data Infrastructure）的解法。

得確，一語道儘我們在計算機領域的情況，但是其實一些折衷方法比你想的更有用。在某些情況，藉由除去多核協同工作負擔以及資料庫隨機存取的成本，這些折衷方法至比超級電腦還更有執行效率。（舉例來說，請見 Frank McSherry 的部落格文章 “Bigger data; same laptop”（*http://bit.ly/2trD0BL*），他在自己的筆記型電腦上處理 128 億 edge 的圖，比在超級電腦上使用圖資料庫還快）。

為了要澄清串流函式的使用流程和控制，所以這些函式作成 verbose 版本，這樣一來在每個動作進行時都會輸出一個訊息。

```
import numpy as np

def tsv_line_to_array(line):
    lst = [float(elem) for elem in line.rstrip().split('\t')]
    return np.array(lst)

def readtsv(filename):
    print('starting readtsv')
    with open(filename) as fin:
        for i, line in enumerate(fin):
            print(f'reading line {i}')
            yield tsv_line_to_array(line)
    print('finished readtsv')

def add1(arrays_iter):
    print('starting adding 1')
    for i, arr in enumerate(arrays_iter):
        print(f'adding 1 to line {i}')
        yield arr + 1
    print('finished adding 1')

def log(arrays_iter):
    print('starting log')
    for i, arr in enumerate(arrays_iter):
        print(f'taking log of array {i}')
        yield np.log(arr)
    print('finished log')

def running_mean(arrays_iter):
    print('starting running mean')
    for i, arr in enumerate(arrays_iter):
        if i == 0:
            mean = arr
        mean += (arr - mean) / (i + 1)
        print(f'adding line {i} to the running mean')
    print('returning mean')
    return mean
```

讓我們先用一個小的範例檔看看程式跑的情況：

```
fin = 'data/expr.tsv'
print('Creating lines iterator')
lines = readtsv(fin)
print('Creating loglines iterator')
loglines = log(add1(lines))
print('Computing mean')
mean = running_mean(loglines)
print(f'the mean log-row is: {mean}')

Creating lines iterator
Creating loglines iterator
Computing mean
starting running mean
starting log
starting adding 1
starting readtsv
reading line 0
adding 1 to line 0
taking log of array 0
adding line 0 to the running mean
reading line 1
adding 1 to line 1
taking log of array 1
adding line 1 to the running mean
reading line 2
adding 1 to line 2
taking log of array 2
adding line 2 to the running mean
reading line 3
adding 1 to line 3
taking log of array 3
adding line 3 to the running mean
reading line 4
adding 1 to line 4
taking log of array 4
adding line 4 to the running mean
finished readtsv
finished adding 1
finished log
returning mean
the mean log-row is: [ 3.118  2.487  2.196  2.36   2.701  2.647  2.437  3.285
                       2.054  2.372
  3.855  3.949  2.467  2.363  3.184  2.644  2.63   2.848  2.617  4.125]
```

注意：

- 在讀行資料（create lines）和作 log 的迭代中，沒有任何動作的原因是因為迭代器被指定了 *lazy*，表示在有人需要它們的處理結果前，並不會被執行。
- 當終於由呼叫 running_mean 觸發了計算動作時，它會在所有函式間跳來跳去執行，每行資料都要經過數種計算動作，一種結束以後換下一種。

Toolz 串流函式庫

在本章由 Matt Rocklin 提供的程式碼範例中，只用了少數幾行程式碼，就在五分鐘內建好了一個完整的果蠅基因的 Markov 模型。（有稍為修改這個模式以利後續程序使用。）Matt 的範例原本使用人類基因，但我們的筆記型電腦還是太慢了，所以改用果蠅基因取代（大概是 1/20 的大小）。在這一章中，我們會將這個模型擴展成從壓縮資料開始（大概沒人想把未壓縮資料集存在硬碟裡吧？），相對於 Matt 的強大的範例來說這個修改很微小。

```
import toolz as tz
from toolz import curried as c
from glob import glob
import itertools as it

LDICT = dict(zip('ACGTacgt', range(8)))
PDICT = {(a, b): (LDICT[a], LDICT[b])
         for a, b in it.product(LDICT, LDICT)}

def is_sequence(line):
    return not line.startswith('>')

def is_nucleotide(letter):
    return letter in LDICT  # ignore 'N'

@tz.curry
def increment_model(model, index):
    model[index] += 1


def genome(file_pattern):
    """Stream a genome, letter by letter, from a list of FASTA filenames."""
    return tz.pipe(file_pattern, glob, sorted,  # Filenames
                   c.map(open),  # lines
                   # concatenate lines from all files:
                   tz.concat,
```

```
                    # drop header from each sequence
                    c.filter(is_sequence),
                    # concatenate characters from all lines
                    tz.concat,
                    # discard newlines and 'N'
                    c.filter(is_nucleotide))


def markov(seq):
    """Get a 1st-order Markov model from a sequence of nucleotides."""
    model = np.zeros((8, 8))
    tz.last(tz.pipe(seq,
                    c.sliding_window(2),        # each successive tuple
                    c.map(PDICT.__getitem__),   # location in matrix of tuple
                    c.map(increment_model(model))))  # increment matrix
    # convert counts to transition probability matrix
    model /= np.sum(model, axis=1)[:, np.newaxis]
    return model
```

然後做以下的動作，以得到果蠅的基因重複序列（repetitive sequence）的 Markov 模型：

```
%%timeit -r 1 -n 1
dm = 'data/dm6.fa'
model = tz.pipe(dm, genome, c.take(10**7), markov)
# we use `take` to just run on the first 10 million bases, to speed things up.
# the take step can just be removed if you have ~5-10 mins to wait.

1 loop, average of 1: 24.3 s +- 0 ns per loop (using standard deviation)
```

這個範列還有很多未說明的部分，所以我們會一段一段的補齊說明，本章的最後就會實際執行完整範例。

第一個要注意的事情，是有多少函式是從 Toolz 函式庫來的（*http:// toolz.readthedocs.org/en/latest/*）。舉例來說，從 Toolz 中取用的函式有 `pipe`、`sliding_window`、`frequencies` 以及柯里（curry）版本的 `map`（本章後面會再說明更多）。會這麼用是因為 Toolz 本身取用了 Python 迭代器的優點，以及易於操作串流的特性。

讓我們從 `pipe` 開始看，這個函式只是個糖衣語法，讓巢式函式呼叫變得比較好讀。它很重要，因為可以讓你可用典型的架構做迭代器處理。

讓我們將計算平均數程式以 pipe 重寫作為簡單範例：

```
import toolz as tz
filename = 'data/expr.tsv'
mean = tz.pipe(filename, readtsv, add1, log, running_mean)

# This is equivalent to nesting the functions like this:
# running_mean(log(add1(readtsv(filename))))

starting running mean
starting log
starting adding 1
starting readtsv
reading line 0
adding 1 to line 0
taking log of array 0
adding line 0 to the running mean
reading line 1
adding 1 to line 1
taking log of array 1
adding line 1 to the running mean
reading line 2
adding 1 to line 2
taking log of array 2
adding line 2 to the running mean
reading line 3
adding 1 to line 3
taking log of array 3
adding line 3 to the running mean
reading line 4
adding 1 to line 4
taking log of array 4
adding line 4 to the running mean
finished readtsv
finished adding 1
finished log
returning mean
```

本來要寫很多行，或是要用寫一堆很糟的括號的地方，現在的表示法清楚的說明輸入資料循序要經過哪些處理，好讀多了！

比起原來 NumPy 的實作還有另外一個優點：如果我們的資料變大成幾百萬或幾億列的話，統統讀入記憶體的方法可能會讓我們的電腦執行的很吃力。新的方法可以只從磁碟一次讀只少數幾行，而且運作上只要占用與少數幾行資料相當的成本而已。

k-mer 計數和錯誤修正

這一節和第一、二章的 DNA 和基因資訊有關，簡短的來說，你的基因資訊，就是構成你的藍圖，被編碼在你基因的化學鹼基序列中。這些鹼基很小、很小，小到你無法用顯微鏡看。你也無法將它們的列序以一長串讀出來：這樣錯誤會累積，而且讀出來的結果不可信。（新的技術正在改進中，但我們是以時下所用的短序列資料為準）幸運地，你的每個細胞中含的基因都是一樣的，所以我們可以將這些細胞打成微小碎片（大概 100 個鹼基長度），然後用 30 億個披薩碎片組出一個巨大披薩一樣回復基因資訊。

在執行重組前，進行 read 校正（譯按：一個 read，就是讀一個小碎片）是很重要的一步，在 DNA 定序時，有些鹼基讀錯了，需要修正，不然鹼基就會造成重組錯誤。（可以想象成披薩碎片形狀不對）

有一種校正策略是在你的資料集中找到相近的其它 read，然後從這些 read 中取得校正訊息以修正錯誤。另外一個方法是，有錯的 read 就丟棄不用。

不過，真正做起來很沒有效率，因為要找到相近的 read，表示你要將每個 read 和其它的 read 作比較。這是個時間複雜度 N^2 的運算，對 30 億筆 read 資料集來說就是 9×10^{14} ！（而且比較這個動作成本也很高噢。）

現在有一另外一個方法，Pavel Penzner 和伙伴（*http://www.pnas.org/content/98/17/9748.full*）發現，read 可以再拆解成更小的，可以儲存在 hash table 中（Python 中的一種 dictionary 型態），長度為 k 的子鍊 k-mer。這樣的做法產生了諸多好處，最主要的好處是不用再和所有的 read 作計算，那實在太巨大了，我們可以只對 k-mers 的數量作計算即可，這個數量和基因大小差不多，和 read 相比會少 1 到 2 個次方。

如果我們令 *k* 為一個足夠大長度，大到令任意 k-mer 只在該基因中出現一次，那麼一個 k-mer 出現的總次數，就會跟從基因該片段中提取的 read 數量相同，這被稱為該區的覆蓋率。

如果 read 中含有錯誤的話，有很高的機率在基因中踩到該錯誤的 k-mer 數量只會有一個或接近一個。打個打方：如果你拿到莎士比亞（Shakespeare）的所有 read，其中一個有錯的 read 是 “to be or nob to be,”，它的 6-mer “nob to” 出現的機率非常低甚至不出現，而正確的 “not to” 就會常常出現。

這就是 k-mer 用來作錯誤修正的基本概念：將 read 拆解成 k-mer，計算每個 k-mer 出現的次數，並使用一樣的的邏輯將極少出現的 k-mer 替換成常出現的 k-mer。（或，另外一個方法是，將含有錯誤 k-mer 的 read 直接丟棄，這是可行的，因為 read 的數量超多，所以丟掉有錯的並不妨礙。

這也是一個為何串流很重要的例子，之前提過由於 read 的數量很多，所以我們也不想將所有的 read 儲存在記憶體中。

DNA 序列資料通常是以 FASTA 格式存放，這是一種純文字格式，每個檔案由一個或多個 DNA 序列組成，一個序列由它的名稱和實際的基因順序組成。

以下是一個 FASTA 檔的例子：

```
> sequence_name1
TCAATCTCTTTTATATTAGATCTCGTTAAAGTAAAATTTTGGTTTGTGTTAAAGTACAAG
GGGTACCTATGACCACGGAACCAACAAAGTGCCTAAATAGGACATCAAGTAACTAGCGGT
ACGT

> sequence_name2
ATGTCCCAGGCGTTCCTTTTGCATTTGCTTCGCATTAACAGAATATCCAGCGTACTTAGG
ATTGTCGACCTGTCTTGTCGTACGTGGCCGCAACACCAGGTATAGTGCCAATACAAGTCA
GACTAAAACTGGTTC
```

現在我們需要以下的資訊，以便將 FASTA 檔中的行，以串流的方法轉換為 k-mer 的計數：

- 過濾只取出含序列的行
- 為每個序列製作 k-mer 串流
- 每個 k-mer 都加到 dictionary 計數器

以下是用純 Python 的作法，只有使用到內建的東西，沒有用到其它工具：

```
def is_sequence(line):
    line = line.rstrip()  # remove '\n' at end of line
    return len(line) > 0 and not line.startswith('>')

def reads_to_kmers(reads_iter, k=7):
     for read in reads_iter:
         for start in range(0, len(read) - k):
             yield read[start : start + k]  # note yield, so this is a generator
```

```
def kmer_counter(kmer_iter):
    counts = {}
    for kmer in kmer_iter:
        if kmer not in counts:
            counts[kmer] = 0
        counts[kmer] += 1
    return counts

with open('data/sample.fasta') as fin:
    reads = filter(is_sequence, fin)
    kmers = reads_to_kmers(reads)
    counts = kmer_counter(kmers)
```

這樣就可以正常動作，而且是以串流的方法，將 read 從磁碟中一次一個讀出，然後轉成 k-mer，並加到 k-mer 計數器。我們可以為計數畫出分佈圖，藉以看出確實有兩群代表正確和錯誤的 k-mer：

```
# Make plots appear inline, set custom plotting style
%matplotlib inline
import matplotlib.pyplot as plt
plt.style.use('style/elegant.mplstyle')

def integer_histogram(counts, normed=True, xlim=[], ylim=[],
                      *args, **kwargs):
    hist = np.bincount(counts)
    if normed:
        hist = hist / np.sum(hist)
    fig, ax = plt.subplots()
    ax.plot(np.arange(hist.size), hist, *args, **kwargs)
    ax.set_xlabel('counts')
    ax.set_ylabel('frequency')
    ax.set_xlim(*xlim)
    ax.set_ylim(*ylim)

counts_arr = np.fromiter(counts.values(), dtype=int, count=len(counts))
integer_histogram(counts_arr, xlim=(-1, 250))
```

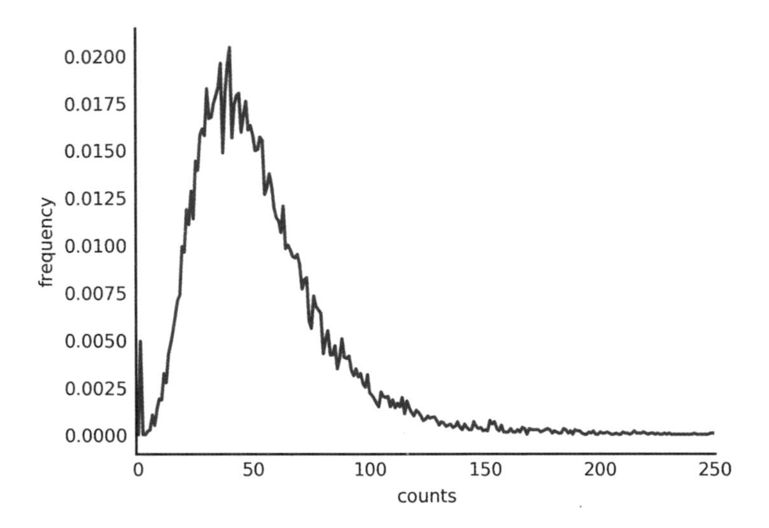

k-mer 出現頻率的分佈形狀很好，其中只出現一次的 k-mer 變多的（見圖左側），出現頻率這麼低的 k-mer 應該就是有錯。

有了前面的程式碼後，我們能做的事還有更多。我們寫在 for 迴圈和 yield 關鍵字的動作其實是串流操作：將一種串流資料轉換成另外一種資料，並持續加總到最後。Toolz 裡有一堆串流操作基本工具，讓我們可以只用一個函式呼叫將上面的程式碼簡化；而且，你若知道了轉換函式名稱，就更容易想像到底在你的資料串流中做了什麼。

sliding window 函式就是一例，這個函式就是我們要拿來作 k-mer 的工具：

```
print(tz.sliding_window.__doc__)
 A sequence of overlapping subsequences

    >>> list(sliding_window(2, [1, 2, 3, 4]))
    [(1, 2), (2, 3), (3, 4)]

    This function creates a sliding window suitable for transformations like
    sliding means / smoothing

    >>> mean = lambda seq: float(sum(seq)) / len(seq)
    >>> list(map(mean, sliding_window(2, [1, 2, 3, 4])))
    [1.5, 2.5, 3.5]
```

另外，*frequencies* 函式用來計算一個資料串流中，每種東西出現的次數。和 pipe 一起使用的話，我們就可以在一個函式呼叫中把 k-mer 計數做完了：

```
from toolz import curried as c

k = 7
counts = tz.pipe('data/sample.fasta', open,
                 c.filter(is_sequence),
                 c.map(str.rstrip),
                 c.map(c.sliding_window(k)),
                 tz.concat, c.map(''.join),
                 tz.frequencies)
```

等一下，那些從 `toolz.curried` 來的 `c.function` 函式呼叫是什麼呢？

柯里化：串流的調味

稍早我們簡單用了柯里版本的 `map` 函式，在串流中做特定的功能。接下來我們要用更多的柯里呼叫，所以是時候告訴你它究竟是什麼了！這裡的柯里（Curry, 音柯里，意思是咖哩）並不是指調味料的品牌（即使它得確可為程式碼增添風味）。它的名字是從發明它概念的數學家 Haskell Curry 而來，以 Haskell Curry 為名的還有 Haskell 程式語言，裡面所有的函式都是柯里函式！

“柯里化” 指的是將一個函式部分解析，並回傳另外一個 “較小” 的函式。一來說在寫 Python 時，如果你沒有給足函式要求的所有參數，它會大發脾氣。相對的，一個柯里版本的函式，可以只收到部分參數。如果該柯里函式收到參數不足時，它會回傳一個新的函式，新函式接受剩下的參數。一旦呼叫新函式時給足了剩下的參數，它便能開始執行原來的任務。柯里化也被稱為部分解析，在撰寫函式程式時，柯里化是一個能產生新函式，並以新函式等待稍後接收剩餘參數的一種功能。

所以，當 `map(np.log, numbers_list)` 被呼叫時，是將 `numbers_list` 裡的所有數字傳入 `np.log` 函式中（回傳一連串作完 log 的數值），如果呼叫的是 `toolz.curried.map(np.log)`，那麼這呼叫回傳的新函式，就會期待收到一連串數值當輸入參數，回傳一連串作完 log 的數值結果。

結果這樣可以只輸入部分參數的函式，非常適合用在串流上！在之前用到柯里化和 pipe 的程式碼中已經可一窺它的威力之處了。

不過，如果你是剛接觸柯里函式的人，可能會覺得有點不適應，所以接下來我們會用一些簡單的例子來說明它如何動作，讓我們從寫一個簡單的函式（非柯里函式）開始：

```
<def add(a, b):
    return a + b

add(2, 5)
7
```

然後寫一個手動柯里化的簡單函式：

```
def add_curried(a, b=None):
    if b is None:
        # second argument not given, so make a function and return it
        def add_partial(b):
            return add(a, b)
        return add_partial
    else:
        # Both values were given, so we can just return a value
        return add(a, b)
```

現在試一下我們柯里化過的函式動作有沒有符合預期：

```
add_curried(2, 5)

7
```

看起來在兩個參數都給的時候動作正常，那現在讓我們只給第一個參數：

```
add_curried(2)

<function __main__.add_curried.<locals>.add_partial>
```

如預期般，它回傳了一個新的函式，那現在讓我們來用這個新的函式：

```
add2 = add_curried(2)
add2(5)

7
```

可以使用了，但是 `add_curried` 不是一個好的函式名稱，可能導致以後我們忘記這程式碼是幹嘛的。幸運地，Toolz 有工具可以幫助我們，用法如下：

```
import toolz as tz

@tz.curry  # Use curry as a decorator
def add(x, y):
    return x + y
```

```
add_partial = add(2)
add_partial(5)

7
```

總結一下前面做了什麼，我們把 add 作成柯里函式，所以它可以只接受一個參數，並回傳另外一個函式 add_partial，add_partial 函式會記住已傳的那個參數。

事實上，所有 Toolz 函式在 toolz.curried 名稱空間中都有柯里版本。某些好用的 Python 高階函式像是 map、filter 和 reduce 也有 Toolz 的柯里版本。將引入柯里函式名稱空間命令為 c，讓我們的程式碼不會太混亂，比方說，map 的柯里版本叫 c.map。注意柯里函式（如：c.map）和 @curry 修飾字不同，@curry 修飾字是用來建立柯里函式的。

```
from toolz import curried as c
c.map

<class 'map'>
```

提醒你，map 是一個內建函式，文件（*https://docs.python.org/3.4/library/functions.html#map*）裡說：

```
map(function, iterable, ...)
回傳一個迭代器，該迭代器可將能迭代的東西傳到函式，並且作 yeild 宣告。
```

一個柯里版的 map 配和 Toolz 的 pipe 特別好用，你可以只傳一個函式作為參數到 c.map，之後再用 tz.pipe 配合迭代器使用串流，用我們讀基因的函式看看實際上要怎麼做。

```
def genome(file_pattern):
    """Stream a genome, letter by letter, from a list of FASTA filenames."""
    return tz.pipe(file_pattern, glob, sorted,  # Filenames
                   c.map(open),  # lines
                   # concatenate lines from all files:
                   tz.concat,
                   # drop header from each sequence
                   c.filter(is_sequence),
                   # concatenate characters from all lines
                   tz.concat,
                   # discard newlines and 'N'
                   c.filter(is_nucleotide))
```

回到 k-mer

好了，現在我們搞懂柯里化以後，回到計算 k-mer 程式碼，以下是使用柯里函式的程式碼：

```
from toolz import curried as c

k = 7
counts = tz.pipe('data/sample.fasta', open,
                 c.filter(is_sequence),
                 c.map(str.rstrip),
                 c.map(c.sliding_window(k)),
                 tz.concat, c.map(''.join),
                 tz.frequencies)
```

現在可以觀察看看不同 k-mer 的頻率：

```
counts = np.fromiter(counts.values(), dtype=int, count=len(counts))
integer_histogram(counts, xlim=(-1, 250), lw=2)
```

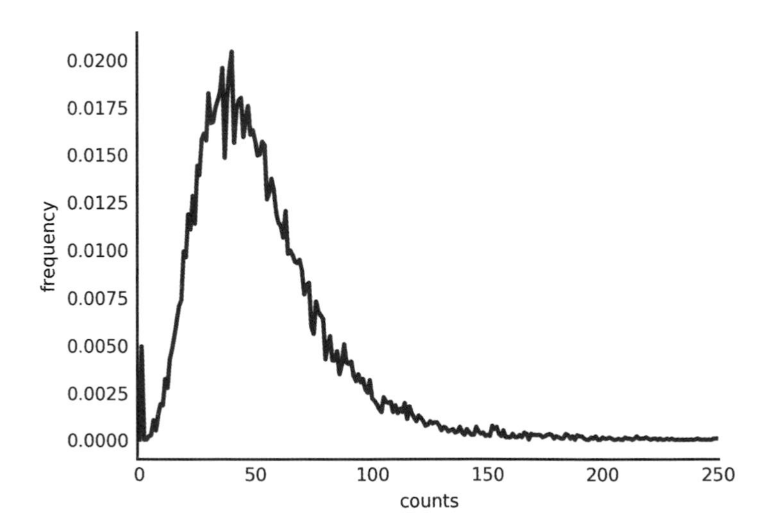

串流使用的技巧

- 用 tz.concat 將“串列的串列”轉為“長串列”
- 請理解：
  — 迭代器會有用完的時候，所以如果你在串流中弄了個會生產東西的物件，但是後面的程序卻失敗了，你得重新建立該生產物件，因為原來那個已經不在了。
  — 迭代器有 lazy 的特性，有時候你得刻意讓它執行。
- 如果你的 pipe 中有一大堆函式要執行，出錯時有時很難偵錯。此時請取簡短串流，並逐一將函式自左而右加入，直到找到有問題的那個函式。你也可以插入 `map(do(print))`（`map` 和 `do` 是 `toolz.curried` 函式）在串流的任意處，用以印出串流通過時的物件。

練習題：串流資料的 PCA

在 scikit-learn 函式庫中有一個叫 `IncrementalPCA` 的類別，這個類別讓你可以作一個資料主成份分析，而不需要將整個資料集放入記憶體。但你得把資料自行先切好一段段，這個前置動作難處理。所以請寫一個可以將資料樣本串流並執行 PCA 的函式。然後使用該函式計算 iris 機器學習資料集合的 PCA，該資料集在 */data/iris.csv* 中。（你也可以從 scikit-learn 中的 `datasets` 模組得到這個資料集合，請使用 `datasets.load_iris()`。）你也可以自由選擇依 *data/iris-garget.csv* 中的生物編號上色資料點。

`IncreamentalPCA` 類別在 `sklearn.decomposition` 中，需要有批量大小大於 1 的資料來訓練模型，關於如何從資料串流建立分批資料，請查看 `toolz.curried.partition` 函式相關說明。

完整基因的 Markov 模型

回到我們原來的範例，什麼是 Markov 模型，為什麼它很有用？

一般來說，一個 Markov 模型前提假設一個系統移動到特定的狀態時，其機率完全取決於前一個特定狀態。舉例來說，如果現在是大晴天，那明天有很高的機率也是大晴天，明天的狀態和昨天下大雨是無關的。在這個基礎上，用來預算未來的所需資訊，完全就只存在於東西的目前狀態上，與它的過往是無關的。這個假設用在簡化一些難以解決的問題上十分好用，而且成效也不錯，移動通訊的訊號處理以及衛星通訊上都使用了 Markov 模型。

在基因的世界中，負責不同功能的基因區域，在相似的狀態間有不同的轉換機率，藉觀察一個新基因中的這個特性，我們可以預測基因區域屬於哪些功能。如果用天氣的邏輯作說明，由晴天轉換到雨天的機率，視你身處於洛杉磯或是倫敦差異相當大。所以，如果我給你一個每天天氣的字串（晴天，晴天，晴天，雨天，晴天，...），假設你的模型已預先完成訓練的話，就可以猜出來這是字串是描述洛杉磯或是倫敦的天氣。

在這一章，我們接下來要看的是如何建立模型。

請你下載 Drosophila melanogaster（果蠅）的基因檔案 *dm6.fa.gz*（*http://hgdownload.cse.ucsc.edu/goldenPath/dm6/bigZips/*），並用指令 `gzip -d dm6.fa.gz` 解壓縮它。

在基因資料中的基因序，通常是由字母 A、C、G 和 T 組成的重複序列編碼，是 DNA 的一個特定分類，藉小寫（重複）或大寫（非重複），在建立 Markov 模型時可以利用這個資訊。

我們想要將 Markov 模型編寫成 NumPy 陣列，用 dictionary 型態建立從字母到 [0, 7] 的索引（`LDICT` 代表“字母字典”），一對字母到（[0, 7], [0, 7]）的索引（`PDICT` 代表“一對字母字典”）：

```
import itertools as it

LDICT = dict(zip('ACGTacgt', range(8)))
PDICT = {(a, b): (LDICT[a], LDICT[b])
        for a, b in it.product(LDICT, LDICT)}
```

我們還想要濾掉無序的資料：如在檔案中位於以 > 符號開頭的序列名稱，以及以 N 標記的未知序列，用以下的的函式過濾除：

```
def is_sequence(line):
    return not line.startswith('>')

def is_nucleotide(letter):
    return letter in LDICT  # ignore 'N'
```

終於，當我們拿到新的核苷酸對（比方說一對 (A, T)）時，會想在到 Markov 模型（也就是 NumPy 陣列）中對應的地方作值遞增，所以現在讓我們建一個柯里函式來作這件事：

```
import toolz as tz

@tz.curry
def increment_model(model, index):
    model[index] += 1
```

現在可以將上面的元素集合，然後串流一個基因到我們的 NumPy 矩陣中了。注意，如果下面的 seq 是串流的話，我們就不用儲存整個基因，甚至不用儲存大段的基因資料在記憶體中！

```
from toolz import curried as c

def markov(seq):
    """Get a 1st-order Markov model from a sequence of nucleotides."""
    model = np.zeros((8, 8))
    tz.last(tz.pipe(seq,
                    c.sliding_window(2),        # each successive tuple
                    c.map(PDICT.__getitem__),   # location in matrix of tuple
                    c.map(increment_model(model)))) # increment matrix
    # convert counts to transition probability matrix
    model /= np.sum(model, axis=1)[:, np.newaxis]
    return model
```

接下來只要建立基因串流，並建立 Markov 模型：

```
from glob import glob

def genome(file_pattern):
    """Stream a genome, letter by letter, from a list of FASTA filenames."""
    return tz.pipe(file_pattern, glob, sorted,  # Filenames
                   c.map(open),  # lines
                   # concatenate lines from all files:
                   tz.concat,
```

```
                    # drop header from each sequence
                    c.filter(is_sequence),
                    # concatenate characters from all lines
                    tz.concat,
                    # discard newlines and 'N'
                    c.filter(is_nucleotide))
```

讓我們用 Drosophila（果蠅）的基因試試看：

```
# Download dm6.fa.gz from ftp://hgdownload.cse.ucsc.edu/goldenPath/dm6/bigZips/
# Unzip before using: gzip -d dm6.fa.gz
dm = 'data/dm6.fa'
model = tz.pipe(dm, genome, c.take(10**7), markov)
# we use `take` to just run on the first 10 million bases, to speed things up.
# the take step can just be removed if you have ~5-10 mins to wait.
```

產出的資料矩陣如下：

```
print('    ', '      '.join('ACGTacgt'), '\n')
print(model)

     A      C      G      T      a      c      g      t

[[ 0.348  0.182  0.194  0.275  0.     0.     0.     0.   ]
 [ 0.322  0.224  0.198  0.254  0.     0.     0.     0.   ]
 [ 0.262  0.272  0.226  0.239  0.     0.     0.     0.   ]
 [ 0.209  0.199  0.245  0.347  0.     0.     0.     0.   ]
 [ 0.003  0.003  0.003  0.003  0.349  0.178  0.166  0.296]
 [ 0.002  0.002  0.003  0.003  0.376  0.195  0.152  0.267]
 [ 0.002  0.003  0.003  0.002  0.281  0.231  0.194  0.282]
 [ 0.002  0.002  0.003  0.003  0.242  0.169  0.227  0.351]]
```

將產出圖型化應該看的比較清楚（圖 8-1）：

```
def plot_model(model, labels, figure=None):
    fig = figure or plt.figure()
    ax = fig.add_axes([0.1, 0.1, 0.8, 0.8])
    im = ax.imshow(model, cmap='magma');
    axcolor = fig.add_axes([0.91, 0.1, 0.02, 0.8])
    plt.colorbar(im, cax=axcolor)
    for axis in [ax.xaxis, ax.yaxis]:
        axis.set_ticks(range(8))
        axis.set_ticks_position('none')
        axis.set_ticklabels(labels)
    return ax

plot_model(model, labels='ACGTacgt');
```

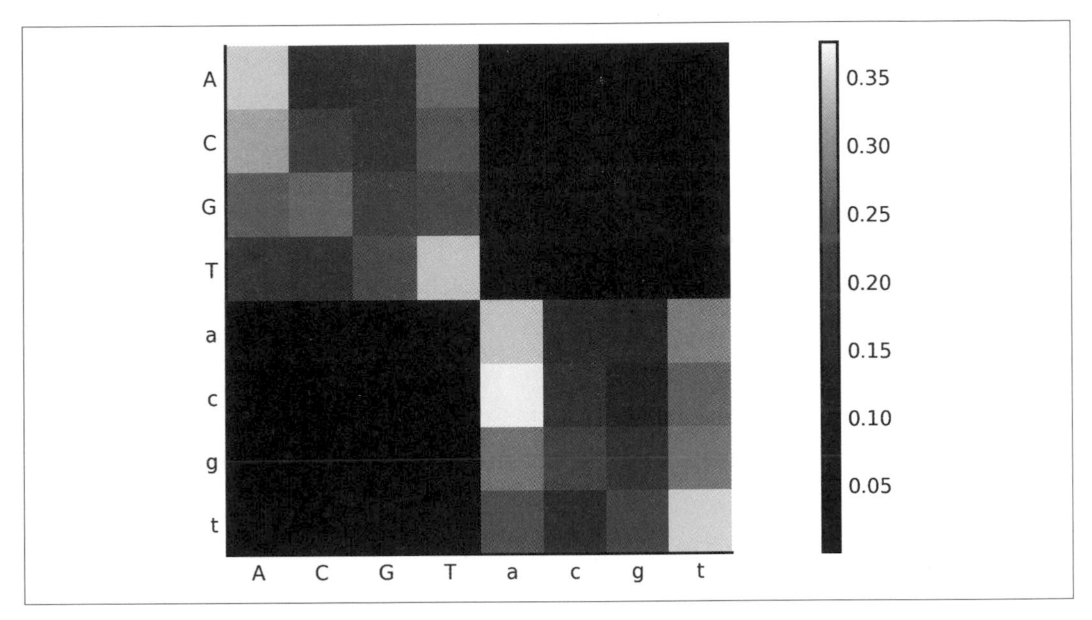

圖 8-1 果蠅的基因序列的轉換機率矩陣

注意看 C-A 以及 G-C 間的轉換，在重複和非重複基因處的不同，這種資訊可以被用來區分出未曾出現過的 DNA 序列。

練習題：串流解壓縮

請在 pipe 中加入解壓縮步驟，這樣一來就不用在本地磁碟中儲存解壓縮後的資料，像果蠅基因資料，和未壓縮的資料量比，用 `gzip` 壓過的資料大概占不到 1/3 的磁碟空間使用量，而且，對，解壓縮也可以串流化！

在 Python 標準函式庫中的 `gzip` 套件，讓你打開 *.gz* 檔有如一般檔案一般。

希望我們已經至少讓你知道，只要用幾個抽象工具，如 Toolz 所提供的工具，在 Python 中做串流是易如反掌的一件事。

串流可以讓你更有生產力，由於大型資料比小型資料要多花上很多時間。由於作業系統忙著將資料在磁碟和 RAM 中間搬來搬去，造成在巨量分析的資料多到可能跟本跑不完，或 Python 乾脆罷工不幹，只留給你一個 `MemoryError` 錯誤！使用串流的話，對於很多的分析工作，跟本不需要準備高規格的電腦才能進行分析，而且，只要小型串流資料測試通過，那大型資料也不會有問題！

這一章讓你帶走的概念是：當你寫一個演算法或是方析方法時，都想想是否能用串流的方法做。如果答案是可以的話，那就從開始時就動手做，未來的你會感謝你的，不然之後再做會變難，而且最後結果會像圖 8-2。

圖 8-2　歷史上的備忘（*http://bit.ly/2sXPg9u*）（Manu Cornet 的漫畫，已取得使用同意）
（譯：備忘（Giovanni）：在 1272 年冬天以前加強南邊地基）

結語

品質的真義，就是沒人在看的時候，也把事情做對。

—亨利 福特

這本書出版的用意，就是要推廣 NumPy 和 SciPy 函式庫令人驚艷的用途。藉由教你如何用 SciPy 進行有效率的科學研究分析時，我們也希望能讓你認同有品質的程式碼值得耕耘。

未來發展

現在你已經具備足夠的 SciPy 技能進行各種需要的資料分析，那下一步又是什麼呢？在本書開頭時，我們曾說過無法將所有函式庫相關內容都寫進書裡，不過在我們說再見以前，希望把一些可能幫助你的資源寫出來。

Mailing List 郵件討論串

在前言中提到 SciPy 是一個社群，所以一個很棒的學習方法就是訂閱 NumPy、SciPy、pandas、Matplotlib、scikit-image 和其它你有興趣的函式庫郵件討論串，並周期性地閱讀它們。

而當你在自己的工作上碰到瓶頸時，不要害怕去討論串上求助！我們是很友善的一群人！只要求在你要求幫忙解決問題時，展現一點你已自行嚐試去解決問題的態度，並提供簡潔的描述與足夠的樣本資料來說明你的問題，以及你之前試過的方法為何。

- **請不要：**“我需要產生一個隨機高斯的大矩陣，有人可以幫忙嗎？”
- **也不要：**“我有一個很大的函式庫，如果你看看它的靜態函式庫的話，裡面有個地方真的需要一個隨機高斯矩陣，有大大可以幫忙看一下嗎？？？”
- **請這樣：**“我試圖去產生一個大的高斯矩陣，如：`gauss=[np.ramdom.randn()] * 10**5`。但當我計算 `np.mean(gauss)` 時，我預期得到一個接近 0 的值，但它的結果和我預期的差了十萬八千里，請問我哪裡做錯了呢？我的程式碼列在下面”

GitHub

在前言中我們也談過 GitHub，所以我們書中用的程式都從 GitHub 來：

- NumPy（*https://github.com/numpy/numpy*）
- SciPy（*https://github.com/scipy/scipy*)

除了上述的部分，其它程式碼也在 GitHub 上。當你碰到執行起來和你預期不同時，可能就是遇見 bug 了，在除錯之後，若確認碰見的真的是個 bug，請你到相關的 GitHub repository 中的“issues”頁，並建立一個新的 issue。這個動作會確保該函式庫的開發者持續關注這個 bug，並且（希望）下一個版本就會被修好。而且，這個回報 bug 的原則同時也適用於文件：如果函式庫的文件你看不懂、不夠清楚，可以一樣去發 issue ！

一個更好的發 bug 方法是發送一個 *pull request*，一個能提昇函式庫的文件品質的 pull request 是你嚐試開源合作的好開始！相關內容在這裡不會多談，但有很多書和資源任你取用：

- Anthony Scopatz 和 Katy Huff 的 *Effective Computation in Physics*（O’Reilly 出版 2015）內容包含很多其它科學研究計算主題的 Git 和 GitHub 資源。
- *Introducing GitHub*（O’Reilly 出版 2015），作者 Peter Bell 和 Brent Beer，裡面仔細的介紹了 GitHub。
- Software Carpentry（*https://so ware-carpentry.org*）中有 Git 的教學課程，已好幾年都在世界各地有免費的專題研討會。
- 從上述的課程中取材，本書作者之一建了一個 Git 和 GitHub pull request 介紹。“Open Source Science with Git and GitHub”（*http://jni.github.io/git-tutorial/*）。
- 最後，很多在 GitHub 上的開源專案都會有一個“CONTRIBUTING”檔（*http://bit.ly/2uFYZo5*），裡面會有說明對該專案作出程式碼貢獻的方法。

所以，有了這些資源的陪伴，你一路走不會孤單的！

我們鼓勵你儘量多貢獻到 SciPy 生態圈，你的幫助不僅是讓函式庫更好，而且也是你提昇程式能力的最好機會。每次送出 pull request 後，你都會收到關於你程式碼的一些指教，這些指教讓你功力大增。你也會變得更熟悉 GitHub 的貢獻流程和禮節，這些在今日職場中都是重要的技能。

研討會

基於同一個原因，我們也高度建議你參加領域內的程式研討會。SciPy 的研討會每年在 Austin 舉辦，它很好玩，如果你對本書內容興致很高的話，去一趟值回票價。這個研討會有歐洲版本 EuroSciPy，每兩年會換地方舉辦。最後還有主題比較廣的 PyCon 研討會，在美國舉辦，不過世界各地都有分支，例如在澳洲的就叫 PyCon-AU，這研討會中有一個 "Science and Data"（科學與資料分析）子研討會，會在主研討會前一天舉辦。

不管你選擇參加哪一個研討會，一定要留到最後參加 coding sprint，coding sprint 是一個隊伍密集的進行程式碼開發衝刺的時間，而且不論你的程式技巧如何，這是一個學習開源貢獻的最佳機會，這也是本書作者之一的 Juan，開始他開源之旅的地方。

在 SciPy 之外

SciPy 函式庫不止是由 Python 寫成，還包含了高度優化過的 C 以及 Fortran 程式碼，這兩種具有 Python 相接的介面。加上 NumPy 及其它的函式庫的話，企圖涵蓋即將面臨的科學研究資料分析，並提供非常快速的解法。不過，還是有機會碰到未被囊括支援，而且用純 Python 跑起來又太慢的情況，這時該如何呢？

Micha Gorelick 和 Ian Ozsvald 合著的 *High Performance Python*（O'Reilly 出版 2014）這本書裡面有說如何處理這種情況： 如何找到可以提昇速度，以及如何提昇速度的選擇，我們高度推薦這本書。

在此處，我要簡短的介紹兩個和 SciPy 特別相關的提昇速度選項。

第一個是 Cython，它是 Python 的一種變型，可以被編譯成 C，然後引入到 Python 中。它對 Python 的變數提供了一些型態描述，這個意思是，編出來的 C 程式碼最終跑起來的結果，可能比 Python 編出來的快上數百或數千倍。Cython 是目前業界標準，並在 NumPy、SciPy 和其它許多相關函式庫中被使用（如 scikit-image），提供以陣列為基礎的快速演算法。Kurt Smith 寫了一本就叫 Cython（O'Reilly 出版 2015）的書，教你這個語言的重要基礎。

一個較 Cython 更易用的選擇叫 Numba，它是個陣列為基礎的 Python 即時（JIT）編譯器。JIT 這種編譯器的行為是，一旦推論所有函式的參數和回傳型態時，就將程式碼編成高效型式並執行函式。在 Numba 程式碼中，你不需要宣告型態：當一個函式首次被呼叫時，Numba 會推論它的型態，你只要確認你用的都是基礎型態（整數、浮點數等等）或陣列，而不能使用其它複雜的 Python 物件即可。如果符合條件的話，Numba 會將 Python 程式碼編譯成非常有效率的程式碼，以次方級加快執行速度。

Numba 才剛開始發展，但它已經非常有用了。重點是，它展現了 Python JIT 可以做到什麼，而這些 JIT 也愈來愈常見了：Python 3.6 加入了更容易使用新的 JIT 的功能（Pyjion JIT 也是這樣用的）。你可以到 Juan 的部落格（*https://ilovesymposia.com/tag/numba/*）看看幾個 Numba 使用範例，包括如何和 SciPy 合併使用等，Numba 也有自己非常活躍友善的郵件討論串。

貢獻給本書

本書的程式碼在 GitHub 上（*https://github.com/elegant-scipy/elegant-scipy*）（也可在 Elegant SciPy 網站上（*http://elegant-scipy.org*）找到）。如果你對其它的開源專案作貢獻一般，如果你找到 bug 或錯誤可以發 issue 或 pull request，我們會非常感謝你的。

我們使用了能找到的最好的程式碼，來展示 SciPy 及 NumPy 函式庫的不同面向。如果你有更好的範例，請到 GitHub 的 repository 中發 issue，我們會很開心的將它納入本書未來版本。

我們也有 Twitter 的聯絡方法，在 @elegantscipy（*https://twitter.com/elegantscipy*）。如果對本書有任何想討論的地方，請發給我們訊息！各別作者的聯絡資訊為 @jnuneziglesias（*https://twitter.com/jnuneziglesias*）、@stefanvdwalt（*https://twitter.com/stefanvdwalt*） 以及 @hdashnow（*https://twitter.com/hdashnow*）。

我們特別想要聽到你將本書的內容或程式碼應用到你的科學研究之中，這也就是 SciPy 存在的根本義意！

下回 ...

此時，我們希望你閱讀本書的過程中很開心，而且發現它真的很有用。如果是這樣的話，麻煩幫我們廣為宣傳，並到郵件討論串、研討會、GitHub 上或 Twitter 裡來打聲招呼。謝謝你閱讀，SciPy 比這本書所傳達的更為優雅！

附錄

練習題解答

解答：加入格線

這是 57 頁“練習題：加入格線”的解答。

我們可以使用 NumPy 切片來選擇出現格線的列，將像素設為藍色，然後選擇出現格線的行，也將它們設為藍色（圖 A-1）：

```
def overlay_grid(image, spacing=128):
    """Return an image with a grid overlay, using the provided spacing.

    Parameters
    ----------
    image : array, shape (M, N, 3)
        The input image.
    spacing : int
        The spacing between the grid lines.

    Returns
    -------
    image_gridded : array, shape (M, N, 3)
        The original image with a blue grid superimposed.
    """
    image_gridded = image.copy()
    image_gridded[spacing:-1:spacing, :] = [0, 0, 255]
    image_gridded[:, spacing:-1:spacing] = [0, 0, 255]
    return image_gridded

plt.imshow(overlay_grid(astro, 128));
```

圖 A-1　加入格線的太空人照片

請注意，我們用 -1 代表該軸的最後一個值，這是 Python 索引的標準用法。你也可以不寫這個 -1，但是意義就會有點不一樣。如果沒寫（如 spacing::spacing），你會一路做到陣列最尾巴處，包括最後一欄或最後一列。所以當你使用 -1 來停止索引時，就可避免最後一列被選中，在畫格線時通常是這樣的吧。

解答：康威的生命遊戲

這是 66 頁“練習題：康威的生命遊戲”的解答。

Nicolas Rougier（*https://github.com/rougier*）（@NPRougier）在他的 100 個 NumPy 練習（*http://www.labri.fr/perso/nrougier/teaching/numpy.100/*）這個網頁上，練習題第 79 題是以純 NumPy 寫成的解答：

```
def next_generation(Z):
    N = (Z[0:-2,0:-2] + Z[0:-2,1:-1] + Z[0:-2,2:] +
         Z[1:-1,0:-2]                + Z[1:-1,2:] +
         Z[2:  ,0:-2] + Z[2:  ,1:-1] + Z[2:  ,2:])

    # Apply rules
    birth = (N==3) & (Z[1:-1,1:-1]==0)
    survive = ((N==2) | (N==3)) & (Z[1:-1,1:-1]==1)
    Z[...] = 0
    Z[1:-1,1:-1][birth | survive] = 1
    return Z
```

開始一個空白的基板：

```
random_board = np.random.randint(0, 2, size=(50, 50))
n_generations = 100
for generation in range(n_generations):
    random_board = next_generation(random_board)
```

使用通用濾波器讓程式更簡單：

```
def nextgen_filter(values):
    center = values[len(values) // 2]
    neighbors_count = np.sum(values) - center
    if neighbors_count == 3 or (center and neighbors_count == 2):
        return 1.
    else:
        return 0.

def next_generation(board):
    return ndi.generic_filter(board, nextgen_filter,
                              size=3, mode='constant')
```

還好生命遊戲規劃是使用所謂的環型基板，意思是最左和最右其實是"連在一起"的，最上和最下也是一樣。在使用 `generic_filter` 時，要注意設定這種特性才行：

```
def next_generation_toroidal(board):
    return ndi.generic_filter(board, nextgen_filter,
                              size=3, mode='wrap')
```

現在可以用這個環型版跑個幾代看看：

```
random_board = np.random.randint(0, 2, size=(50, 50))
n_generations = 100
for generation in range(n_generations):
    random_board = next_generation_toroidal(random_board)
```

解答：索貝爾梯度量值

這是 67 頁 “練習題：索貝爾梯度量值” 的解答。

```
hsobel = np.array([[ 1,  2,  1],
                   [ 0,  0,  0],
                   [-1, -2, -1]])

vsobel = hsobel.T

hsobel_r = np.ravel(hsobel)
vsobel_r = np.ravel(vsobel)

def sobel_magnitude_filter(values):
    h_edge = values @ hsobel_r
    v_edge = values @ vsobel_r
    return np.hypot(h_edge, v_edge)
```

現在拿硬幣的圖來試一下：

```
sobel_mag = ndi.generic_filter(coins, sobel_magnitude_filter, size=3)
plt.imshow(sobel_mag, cmap='viridis');
```

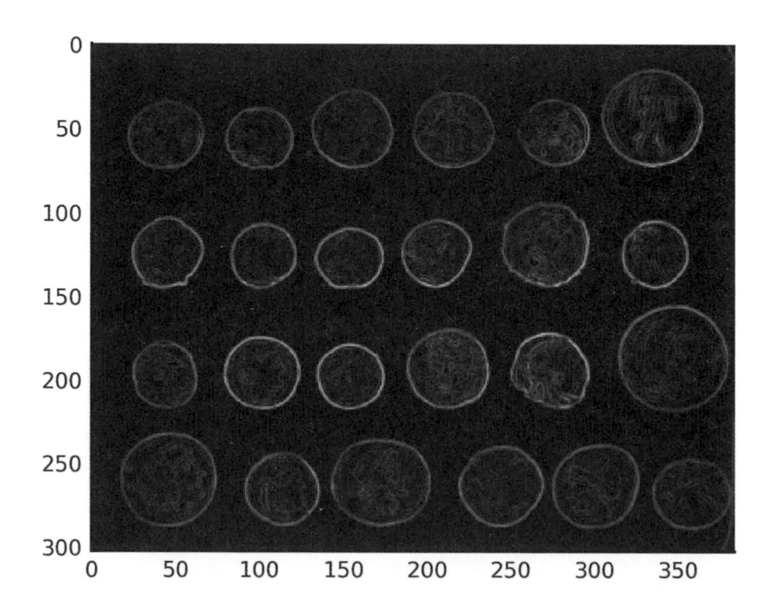

解答：用 SciPy 繪製貼合曲線

這是 71 頁“練習題：用 SciPy 繪製貼合曲線”的解答。

先看一下 curve_fit 的注釋：

```
Use nonlinear least squares to fit a function, f, to data.

Assumes ``ydata = f(xdata, *params) + eps``

Parameters
----------
f : callable
    The model function, f(x, ...).  It must take the independent
    variable as the first argument and the parameters to fit as
    separate remaining arguments.
xdata : An M-length sequence or an (k,M)-shaped array
    for functions with k predictors.
    The independent variable where the data is measured.
ydata : M-length sequence
    The dependent data --- nominally f(xdata, ...)
```

看起來我們只要提供一個以資料指標和其它參數的函式，並回傳預測值就可以了。我們想要做的事是累積剩餘頻率 $f(d)$，而且它和 $d^{-\gamma}$ 正相關，所以我們需要 $f(d) = \alpha d^{-gamma}$：

```
def fraction_higher(degree, alpha, gamma):
    return alpha * degree ** (-gamma)
```

然後為了計算 fit，需要取得 $d > 10$ 的情況下 X 和 Y 的值：

```
x = 1 + np.arange(len(survival))
valid = x > 10
x = x[valid]
y = survival[valid]
```

現在用 curve_fit 取得 fit 參數：

```
from scipy.optimize import curve_fit

alpha_fit, gamma_fit = curve_fit(fraction_higher, x, y)[0]
```

然後把結果畫出圖：

```
y_fit = fraction_higher(x, alpha_fit, gamma_fit)

fig, ax = plt.subplots()
ax.loglog(np.arange(1, len(survival) + 1), survival)
```

```
ax.set_xlabel('in-degree distribution')
ax.set_ylabel('fraction of neurons with higher in-degree distribution')
ax.scatter(avg_in_degree, 0.0022, marker='v')
ax.text(avg_in_degree - 0.5, 0.003, 'mean=%.2f' % avg_in_degree)
ax.set_ylim(0.002, 1.0)
ax.loglog(x, y_fit, c='red');
```

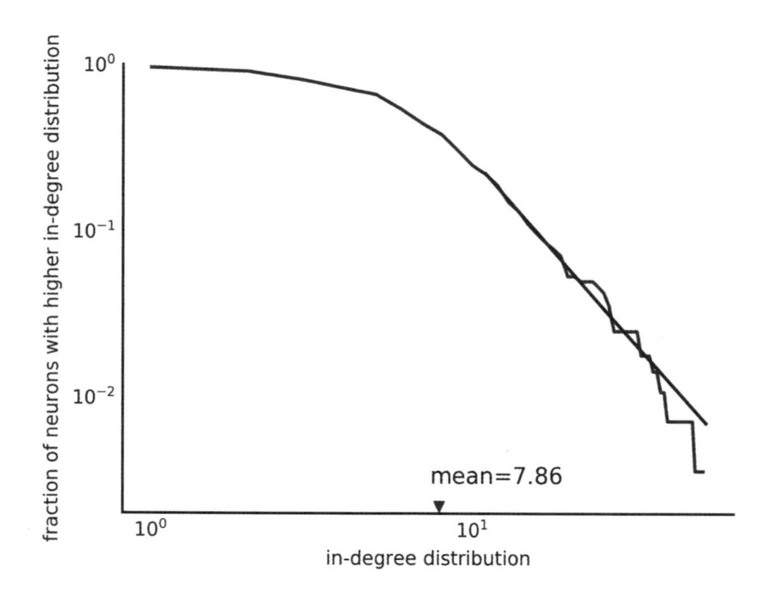

登登！完整的 6B 圖！

解答：影像卷積

這是 118 頁 “練習題：影像卷積” 的解答。

```
from scipy import signal

x = np.random.random((50, 50))
y = np.ones((5, 5))

L = x.shape[0] + y.shape[0] - 1
Px = L - x.shape[0]
Py = L - y.shape[0]

xx = np.pad(x, ((0, Px), (0, Px)), mode='constant')
yy = np.pad(y, ((0, Py), (0, Py)), mode='constant')
```

```
zz = np.fft.ifft2(np.fft.fft2(xx) * np.fft.fft2(yy)).real
print('Resulting shape:', zz.shape, ' <-- Why?')

z = signal.convolve2d(x, y)

print('Results are equal?', np.allclose(zz, z))

Resulting shape: (54, 54)  <-- Why?
Results are equal? True
```

解答：列聯矩陣的計算複雜度

這是 122 頁“練習題：列聯矩陣的計算複雜度”的解答。

第一章中有 `arr == k`，這個動作會建立一個和 `arr` 一樣大小的布林（`True` 或 `False`）陣列。在這邊你可能會覺得需要把 `arr` 整個走過，所以如果用上面的解法，我們對 `pred` 和 `gt` 內的任何值組合，都要走過一次 `pred` 和 `gt`。原則上，計算 `cont` 只要穿過兩個陣列各一次即可，所以不用重複的走過多次陣列。

解答：計算列聯矩陣的另一種演算法

這是 122 頁“練習題：計算列聯矩陣的另一種演算法”的解答。

這裡列出兩種解法，但解法其實還有更多。

第一個解法是用 Python 內建的 `zip` 式，將 `pred` 和 `gt` 裡的標籤配對在一起。

```
def confusion_matrix1(pred, gt):
    cont = np.zeros((2, 2))
    for i, j in zip(pred, gt):
        cont[i, j] += 1
    return cont
```

第二種解法是迭代過所有可能的 `pred` 和 `gt` 索引，然後手動從每個陣列裡取出對應值：

```
def confusion_matrix1(pred, gt):
    cont = np.zeros((2, 2))
    for idx in range(len(pred)):
        i = pred[idx]
        j = gt[idx]
        cont[i, j] += 1
    return cont
```

第一種解法和第二種解法比起來，比較像 Python 的寫法，但第二種解法轉換到編譯成其它像 C、Cython 或 Numba（另外一本書的主題）語言或工具會更簡單。

解答：多種分類的列聯矩陣

這是 123 頁“練習題：多種分類的列聯矩陣”的解答。

我們只需要走一次兩個輸入陣列，取得它們的最大標籤值。然後，因為有標籤 0 以及 Python 的索引是 0 開頭，所以將取得值加上 1，就可以和上面一樣建立矩陣並填值：

```
def general_confusion_matrix(pred, gt):
    n_classes = max(np.max(pred), np.max(gt)) + 1
    cont = np.zeros((n_classes, n_classes))
    for i, j in zip(pred, gt):
        cont[i, j] += 1
    return cont
```

解答：COO 的表示方法

這是 124 頁“練習題：COO 的表示方法”的解答。

首先從左到右、從上到下將陣列中非零元素列出來，跟一般讀書的習慣相同：

```
s2_data = np.array([6, 1, 2, 4, 5, 1, 9, 6, 7])
```

然後用同樣的順序把列索引列出來：

```
s2_row = np.array([0, 1, 1, 1, 1, 2, 3, 4, 4])
```

行索引也要做：

```
s2_col = np.array([2, 0, 1, 3, 4, 1, 0, 3, 4])
```

只要檢查列和行方向的量，就可輕鬆檢驗矩陣是否正確：

```
s2_coo0 = sparse.coo_matrix(s2)
print(s2_coo0.data)
print(s2_coo0.row)
print(s2_coo0.col)

[6 1 2 4 5 1 9 6 7]
[0 1 1 1 1 2 3 4 4]
[2 0 1 3 4 1 0 3 4]
```

以及：

```
s2_coo1 = sparse.coo_matrix((s2_data, (s2_row, s2_col)))
print(s2_coo1.toarray())

[[0 0 6 0 0]
 [1 2 0 4 5]
 [0 1 0 0 0]
 [9 0 0 0 0]
 [0 0 0 6 7]]
```

解答：照片旋轉

這是 132 頁“練習題：照片旋轉”的解答。

兩種換轉可以藉相乘組合在一起。我們現在已知如何繞原點旋轉照片，也知道怎麼位移照片，所以可以將照片中心位移到原點處，對它進行旋轉，然後再把它移回去。

```
def transform_rotate_about_center(shape, degrees):
    """Return the homography matrix for a rotation about an image center."""
    c = np.cos(np.deg2rad(angle))
    s = np.sin(np.deg2rad(angle))

    H_rot = np.array([[c, -s,  0],
                      [s,  c,  0],
                      [0,  0,  1]])
    # compute image center coordinates
    center = np.array(image.shape) / 2
    # matrix to center image on origin
    H_tr0 = np.array([[1, 0, -center[0]],
                      [0, 1, -center[1]],
                      [0, 0,          1]])
    # matrix to move center back
    H_tr1 = np.array([[1, 0, center[0]],
                      [0, 1, center[1]],
                      [0, 0,         1]])
    # complete transformation matrix
    H_rot_cent = H_tr1 @ H_rot @ H_tr0

    sparse_op = homography(H_rot_cent, image.shape)

    return sparse_op
```

試看看是不是成功：

```
tf = transform_rotate_about_center(image.shape, 30)
plt.imshow(apply_transform(image, tf));
```

解答：減少記憶體使用

這是 134 頁“練習題：減少記憶體使用”的解答。

我們建立的 np.ones 陣列是唯讀的：它只會在 coo_matrix 加總時使用，我們可以用 broadcast_to 建立一個類似但只有一個元素的陣列，然後“虛擬”地重複 n 次：

```
def confusion_matrix(pred, gt):
    n = pred.size
    ones = np.broadcast_to(1., n)  # virtual array of 1s of size n
    cont = sparse.coo_matrix((ones, (pred, gt)))
    return cont
```

試看看是不是成功：

```
cont = confusion_matrix(pred, gt)
print(cont.toarray())

[[ 3.  1.]
 [ 2.  4.]]
```

哇嗚！我們改為只建立大小為 1 的陣列，而不去建立包含所有資料陣列，隨著要處理的資料集合越來越大，這樣的優化調整變得更為重要。

解答：計算條件熵

為了得到條件機率表，所以我們將表格除以它的總數，範例中這個總數是 12：

這是 139 頁 “練習題：計算條件熵” 的解答。

```
print('table total:', np.sum(p_rain_g_month))
p_rain_month = p_rain_g_month / np.sum(p_rain_g_month)

table total: 12.0
```

現在我們可以計算指定下雨天時月份的條件熵了。（這就像問：如果已知某日是下雨天，平均來說需要多少資訊量才能弄清楚該日是屬於幾月？）

```
p_rain = np.sum(p_rain_month, axis=0)
p_month_g_rain = p_rain_month / p_rain
Hmr = np.sum(p_rain * p_month_g_rain * np.log2(1 / p_month_g_rain))
print(Hmr)

3.5613602411
```

拿來和月份的熵作比較：

```
p_month = np.sum(p_rain_month, axis=1)  # 1/12, but this method is more general
Hm = np.sum(p_month * np.log2(1 / p_month))
print(Hm)

3.58496250072
```

所以可以看到，知道今天是否下雨這件事，讓我們猜中今日屬於幾月的機率提昇了百分之二！所以千萬別為打這個賭上壓上全部身家。

解答：旋轉矩陣

這是 155 頁的“練習題：旋轉矩陣”的解答。

第一部分：

```
import numpy as np

theta = np.deg2rad(45)
R = np.array([[np.cos(theta), -np.sin(theta), 0],
              [np.sin(theta),  np.cos(theta), 0],
              [            0,              0, 1]])

print("R times the x-axis:", R @ [1, 0, 0])
print("R times the y-axis:", R @ [0, 1, 0])
print("R times a 45 degree vector:", R @ [1, 1, 0])
```

```
R times the x-axis: [ 0.70710678  0.70710678  0.        ]
R times the y-axis: [-0.70710678  0.70710678  0.        ]
R times a 45 degree vector: [  1.11022302e-16   1.41421356e+00   0.00000000e+00]
```

第二部分：

由於把 R 乘上一個向量，會讓向量旋轉 45 度，如果再乘一 R，則向量就會和原來的值差 90 度。矩陣乘法具有交換性，也就是 $R(Rv) = (RR)v$，所以 $S = RR$ 就可讓向量沿 Z 軸旋轉 90 度。

```
S = R @ R
S @ [1, 0, 0]
```

```
array([  2.22044605e-16,   1.00000000e+00,   0.00000000e+00])
```

第三部分：

```
print("R @ z-axis:", R @ [0, 0, 1])
```

```
R @ z-axis: [ 0.  0.  1.]
```

R 旋轉了 x 和 y 軸，但不轉 z 軸。

第四部分：

查看 **eig** 的文件，我們知道它會回傳兩個值：一個特徵值的一維陣列，和一個二維陣列，二維陣列中每個欄有對應每個特徵值的特徵向量。

```
np.linalg.eig(R)

(array([ 0.70710678+0.70710678j,  0.70710678-0.70710678j,  1.00000000+0.j        ]),
 array([[ 0.70710678+0.j        ,  0.70710678-0.j        ,  0.00000000+0.j        ],
        [ 0.00000000-0.70710678j,  0.00000000+0.70710678j,  0.00000000+0.j        ],
        [ 0.00000000-0.j        ,  0.00000000+0.j        ,  1.00000000+0.j        ]]))
```

除了一些值很複雜的特徵值和向量之外，我們也看到和向量 $[0, 0, 1]^T$ 相關的 1。

解答：關聯視圖

這是 165 頁“練習題：關聯視圖”的解答。

在關聯視圖中，和 x 軸做過的一樣，我們改用 Q 的正規化第三特徵向量，而不用 y 軸的處理深度。（也和做 x 軸時一樣，如果有必要，我們會反轉它）

```
y = Dinv2 @ Vec[:, 2]
asjl_index = np.argwhere(neuron_ids == 'ASJL')
if y[asjl_index] < 0:
    y = -y

plot_connectome(x, y, C, labels=neuron_ids, types=neuron_types,
                type_names=['sensory neurons', 'interneurons',
                            'motor neurons'],
                xlabel='Affinity eigenvector 1',
                ylabel='Affinity eigenvector 2')
```

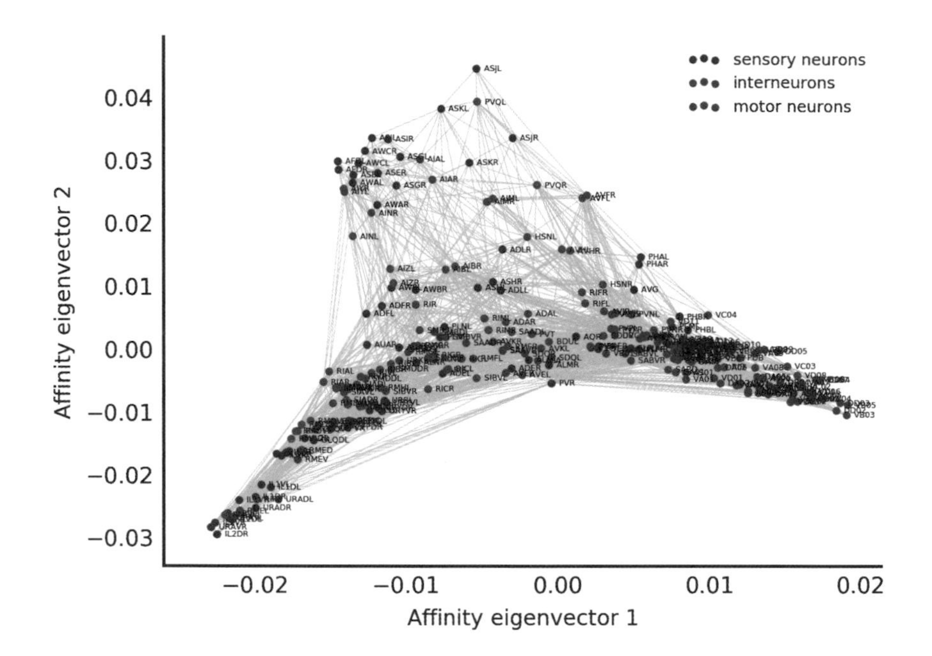

接受挑戰題：稀疏矩陣線性代數

這是 165 頁“練習挑戰題：稀疏矩陣線性代數”的解答。

呼應挑戰題的目的，由於進行視覺化後會比較清楚，我們要使用小的連接組。在這個挑戰題的後面部分，我們會使用這些技巧來分析一個大的網路。

首先，我們要做一個相鄰矩陣 A，格式是稀疏矩陣 CSR，這是線性代數最常用到的格式。我們會將 s 加到所有矩陣名稱之後，藉以標明這是稀疏矩陣。

```
from scipy import sparse
import scipy.sparse.linalg

As = sparse.csr_matrix(A)
```

我們可以用同樣的方法建立連接矩陣：

```
Cs = (As + As.T) / 2
```

為了要做出分支度矩陣，我們要用“diags”稀疏格式，可以內存放對角線和非對角線矩陣。

```
degrees = np.ravel(Cs.sum(axis=0))
Ds = sparse.diags(degrees)
```

然後就可以拿到拉普拉斯了：

```
Ls = Ds - Cs
```

現在要處理深度，由於會是密集的矩陣（稀疏矩陣的相反一定不會還是稀疏矩陣），所以記得我們不需要取得拉普拉斯的偽逆矩陣。不過，我們的確使用了偽逆行為去計算一個滿足 $Lz = b$ 的向量 z，其中 $b = C \odot \text{sign}(A - A^T)\,\mathbf{1}$。（你可以在 Varshney et al 的補充文件中看到這個）在密集矩陣中，我們可以使用 $z = L^{+}b$。在稀疏矩陣中，我們可以使用 `sparse.linglg.isolve` 中的一個解法，於 L 和 b 具備的情況下得到 z 向量－也不會用反轉！

```
b = Cs.multiply((As - As.T).sign()).sum(axis=1)
z, error = sparse.linalg.isolve.cg(Ls, b, maxiter=10000)
```

然後，我們要找到分支度正規化拉普拉斯矩陣 Q 中，對應它第二或第三小特徵值的特徵向量。

你可能還記得第 5 章中提到，在稀疏矩陣中的數值資料是存在 `.data` 屬性中。我們要拿它來反轉分支度矩陣：

```
Dsinv2 = Ds.copy()
Dsinv2.data = 1 / np.sqrt(Ds.data)
```

然後，用 SciPy 的稀疏線性代數函式找到想要的特徵向量。由於 Q 矩陣是對稱的，所以我們選用 `eigsh` 函式做計算，該函式就是用在對稱矩陣上的。在參數上使用 `which` 關鍵字以指定我們要的是對應最小特徵值的那些特徵向量，用 `k` 指定要的是第三小的：

```
Qs = Dsinv2 @ Ls @ Dsinv2
vals, Vecs = sparse.linalg.eigsh(Qs, k=3, which='SM')
sorted_indices = np.argsort(vals)
Vecs = Vecs[:, sorted_indices]
```

最後，正規化特徵向量以得到 x 和 y 坐標（若有需要可以翻轉）：

```
_dsinv, x, y = (Dsinv2 @ Vecs).T
if x[vc2_index] < 0:
    x = -x
if y[asjl_index] < 0:
    y = -y
```

（請注意，對應到最小特徵值的特徵向量，必為都是 1 的向量，我們不必使用。）現在可以畫圖了：

```
plot_connectome(x, z, C, labels=neuron_ids, types=neuron_types,
                type_names=['sensory neurons', 'interneurons',
                            'motor neurons'],
                xlabel='Affinity eigenvector 1', ylabel='Processing depth')

plot_connectome(x, y, C, labels=neuron_ids, types=neuron_types,
                type_names=['sensory neurons', 'interneurons',
                            'motor neurons'],
                xlabel='Affinity eigenvector 1',
                ylabel='Affinity eigenvector 2')
```

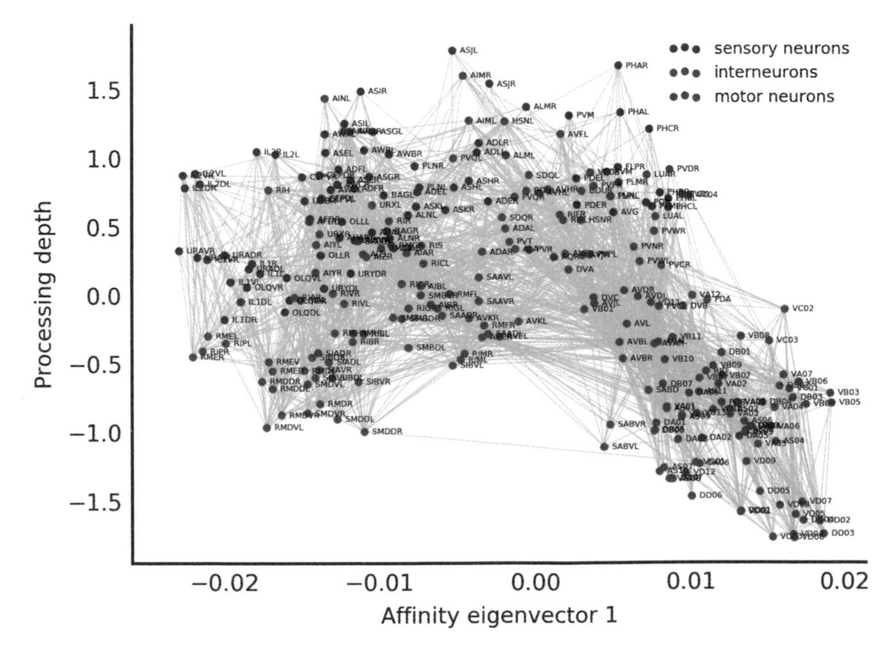

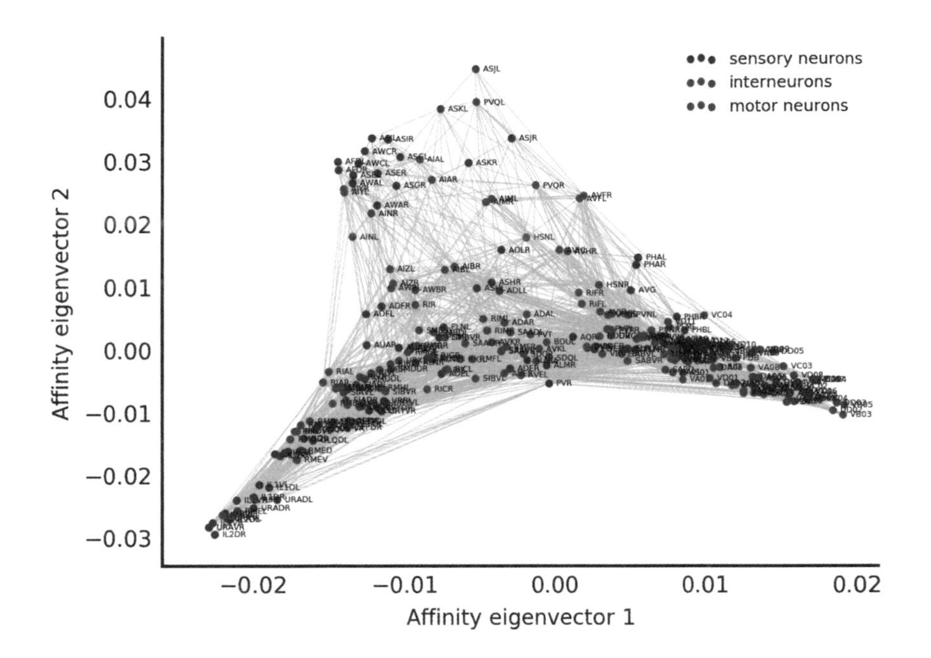

解答：處理不定值

這是 172 頁“練習題：處理不定值”的解法。

為了要得到隨機矩陣，所有轉移矩陣中的欄必須為 1。但這對不會被任可其它生物吃的生物是不正確的：因為這種生物所有的欄都會是 0。將那些欄都用 $1/n\mathbf{1}$ 取代，但是這個動作成本很高。

關鍵點是認清每一列都會藉目前的機率向量貢獻相同的量到轉置矩陣的乘法中。這也就是說，在這些欄中加上某值，等於迭代乘法的結果上加上一個單一值。那這個值是什麼呢？就是 $1/n$ 乘上代表不定值的 r 個元素。這可以被表示為在對應不定值位置有一個包含 $1/n$ 向量的點積，其它地方則為零 ，用向量 r 作為目前迭代。

```
def power2(Trans, damping=0.85, max_iter=10**5):
    n = Trans.shape[0]
    dangling = (1/n) * np.ravel(Trans.sum(axis=0) == 0)
    r0 = np.full(n, 1/n)
    r = r0
    for _ in range(max_iter):
        rnext = (damping * (Trans @ r + dangling @ r) +
                 (1 - damping) / n)
```

```
        if np.allclose(rnext, r):
            return rnext
        else:
            r = rnext
    return r
```

手動跑幾次看看。要注意的是，如果你用的是一個隨機向量（向量裡的元素都為 1），mbr 下一個向量也還是會是隨機向量。所以，這個函式中輸出的 PageRank 會是真機率向量，而該值就代表我們隨著食物練走，最終會停在哪種生物的機率。

解答：評估不同的特徵向量方法

這是 172 頁“練習題：評估不同的特徵向量方法”的解答。

np.corrcoef 會產生所有向量之間的 Pearson 關聯係數。僅當兩個向量是純量相乘時，這個係數將會等於。所以，一個關聯係數 1 就足以代表上面的方法可以產生一樣的 Rank 值。

```
pagerank_power = power(Trans)
pagerank_power2 = power2(Trans)
np.corrcoef([pagerank, pagerank_power, pagerank_power2])

array([[ 1.,  1.,  1.],
       [ 1.,  1.,  1.],
       [ 1.,  1.,  1.]])
```

解答：修改對齊函式

這是 186 頁“練習題：修改對齊函式”的解答。

我們要在金字塔的高層用 basin hopping，但在較低的層改用 Powell 方法，這是因為若用 basin hopping 來跑完整個金字塔，成本太高了：

```
def align(reference, target, cost=cost_mse, nlevels=7, method='Powell'):
    pyramid_ref = gaussian_pyramid(reference, levels=nlevels)
    pyramid_tgt = gaussian_pyramid(target, levels=nlevels)

    levels = range(nlevels, 0, -1)
    image_pairs = zip(pyramid_ref, pyramid_tgt)

    p = np.zeros(3)
```

```
    for n, (ref, tgt) in zip(levels, image_pairs):
        p[1:] *= 2
        if method.upper() == 'BH':
            res = optimize.basinhopping(cost, p,
                                        minimizer_kwargs={'args': (ref, tgt)})
            if n <= 4:  # avoid basin hopping in lower levels
                method = 'Powell'
        else:
            res = optimize.minimize(cost, p, args=(ref, tgt), method='Powell')
        p = res.x
        # print current level, overwriting each time (like a progress bar)
        print(f'Level: {n}, Angle: {np.rad2deg(res.x[0]) :.3}, '
              f'Offset: ({res.x[1] * 2**n :.3}, {res.x[2] * 2**n :.3}), '
              f'Cost: {res.fun :.3}', end='\r')

    print('')  # newline when alignment complete
    return make_rigid_transform(p)
```

現在來試一下對齊：

```
from skimage import util

theta = 50
rotated = transform.rotate(astronaut, theta)
rotated = util.random_noise(rotated, mode='gaussian',
                            seed=0, mean=0, var=1e-3)

tf = align(astronaut, rotated, nlevels=8, method='BH')
corrected = transform.warp(rotated, tf, order=3)

f, (ax0, ax1, ax2) = plt.subplots(1, 3)
ax0.imshow(astronaut)
ax0.set_title('Original')
ax1.imshow(rotated)
ax1.set_title('Rotated')
ax2.imshow(corrected)
ax2.set_title('Registered')
for ax in (ax0, ax1, ax2):
    ax.axis('off')

Level: 1, Angle: -50.0, Offset: (-2.09e+02, 5.74e+02), Cost: 0.0385
```

成功了！即使在 minimize 函式會出問題的情況下，Basin hopping 還是可以還原正確的對齊。

解答：scikit-learn 函式庫

這是 211 頁“練習題：串流資料的 PCA”的解答。

首先，我們要寫一個函式來訓練模型。這個函式要輸入樣本的串流，並輸出 PCA 模型，這個模型可以藉由將樣本從原來的 n 維空間投射到主要空件空間，以轉換新樣本。

```
import toolz as tz
from toolz import curried as c
from sklearn import decomposition
from sklearn import datasets
import numpy as np

def streaming_pca(samples, n_components=2, batch_size=100):
    ipca = decomposition.IncrementalPCA(n_components=n_components,
                                        batch_size=batch_size)
    tz.pipe(samples,  # iterator of 1D arrays
            c.partition(batch_size),  # iterator of tuples
            c.map(np.array),  # iterator of 2D arrays
            c.map(ipca.partial_fit),  # partial_fit on each
            tz.last)  # Suck the stream of data through the pipeline
    return ipca
```

現在我們可以用這個函式去訓練（或稱 *fit*）一個 PCA 模型：

```
reshape = tz.curry(np.reshape)

def array_from_txt(line, sep=',', dtype=np.float):
    return np.array(line.rstrip().split(sep), dtype=dtype)

with open('data/iris.csv') as fin:
    pca_obj = tz.pipe(fin, c.map(array_from_txt), streaming_pca)
```

最後，我們可以將原來的樣本以串流的方法流過我們模型中的 transform 函式。將樣本疊在一起，取得一個 n_samples 乘 n_components 的資料矩陣：

```
with open('data/iris.csv') as fin:
    components = tz.pipe(fin,
                         c.map(array_from_txt),
                         c.map(reshape(newshape=(1, -1))),
                         c.map(pca_obj.transform),
                         np.vstack)

print(components.shape)

(150, 2)
```

將新的元件畫出來：

```
iris_types = np.loadtxt('data/iris-target.csv')
plt.scatter(*components.T, c=iris_types, cmap='viridis');
```

可以檢驗和標準 PCA 是不是得到差不多的結果（圖 A-2 及 A-3 作比較）：

```
iris = np.loadtxt('data/iris.csv', delimiter=',')
components2 = decomposition.PCA(n_components=2).fit_transform(iris)
plt.scatter(*components2.T, c=iris_types, cmap='viridis');
```

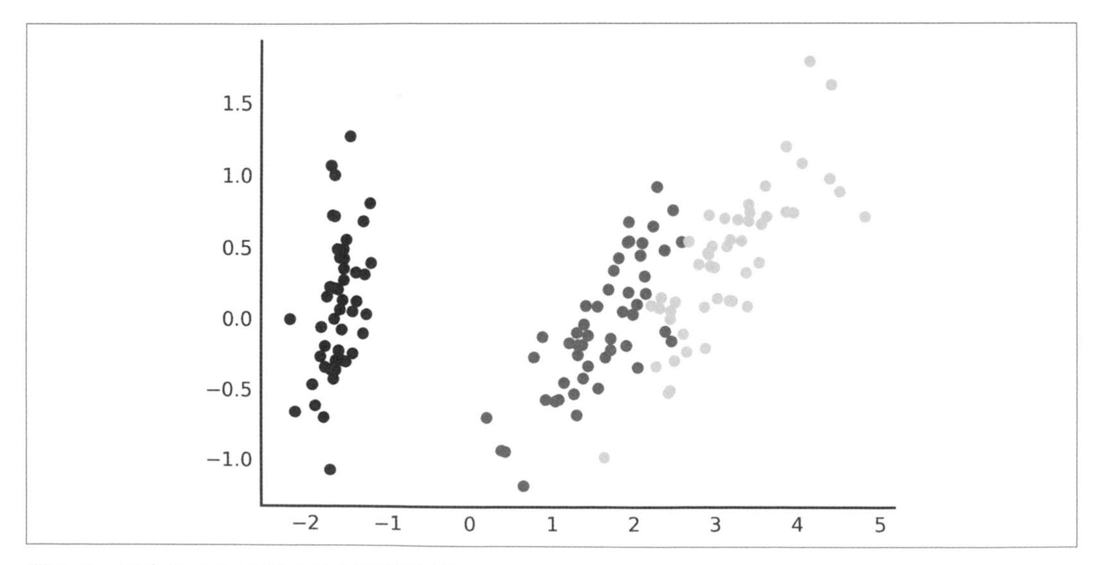

圖 A-2　用串流 PCA 算出虹膜的重要元件

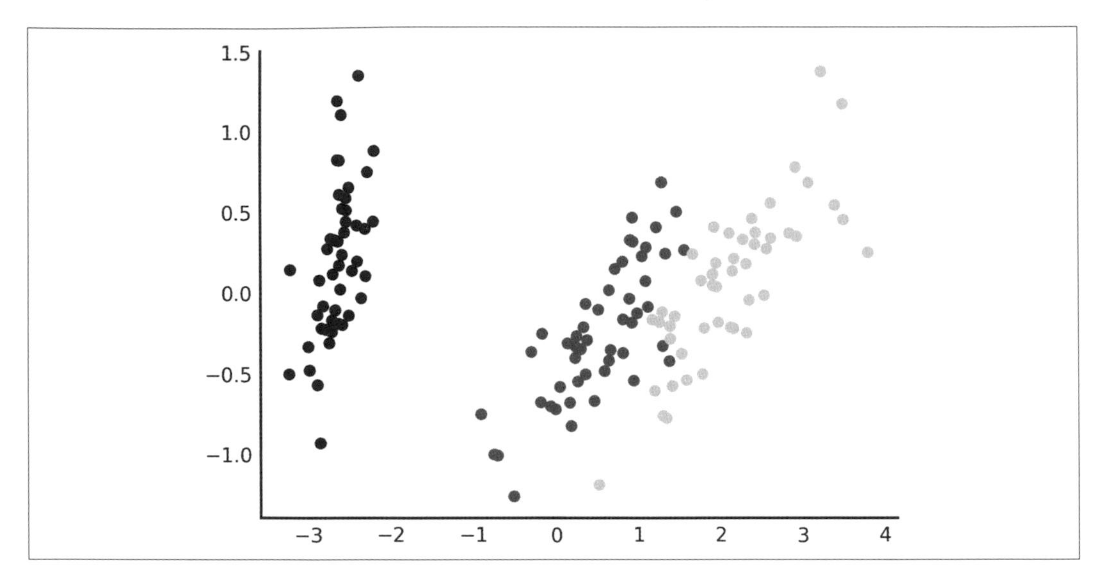

圖 A-3 用一般 PCA 算出虹膜的重要元件

兩者若真的要說有差異，那就是串流 PCA 可以拿去做巨大資料集合分析。

解答：在 pipe 流程開始處加一步

這是 215 頁“練習題：串流解壓縮”的解答。

要將原來的 genome 程式碼中柯里版的 gzip.open 取代成 open。原來預設的 gzip 的 open 函式是 rb（read bytes），而不是 Python 內鍵 open 的 rt（read text），所以我們要特別指定一下。

```
import gzip

gzopen = tz.curry(gzip.open)


def genome_gz(file_pattern):
    """Stream a genome, letter by letter, from a list of FASTA filenames."""
    return tz.pipe(file_pattern, glob, sorted,  # Filenames
                   c.map(gzopen(mode='rt')),  # lines
                   # concatenate lines from all files:
                   tz.concat,
                   # drop header from each sequence
                   c.filter(is_sequence),
```

```
    # concatenate characters from all lines
    tz.concat,
    # discard newlines and 'N'
    c.filter(is_nucleotide))
```

你可以用果蠅的基因檔案試看看：

```
dm = 'data/dm6.fa.gz'
model = tz.pipe(dm, genome_gz, c.take(10**7), markov)
plot_model(model, labels='ACGTacgt')
```

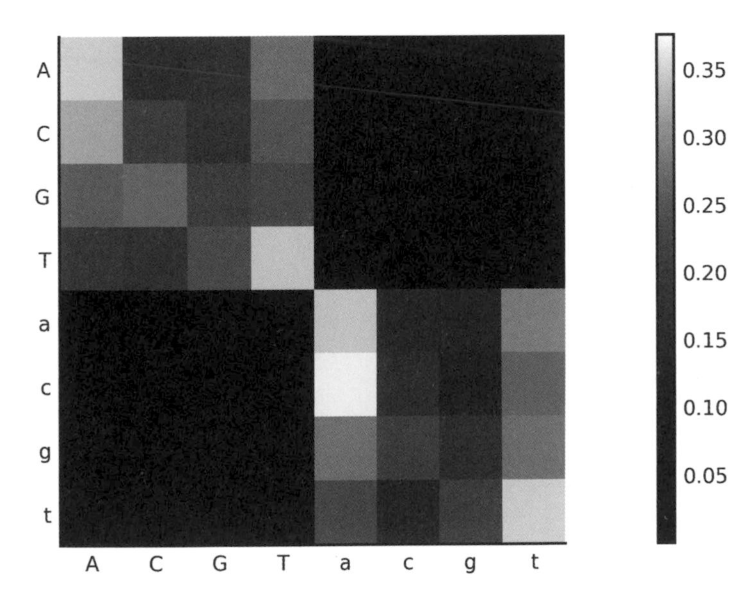

如果你只想要有一個 genome 函式，你可以寫一個自定的 open 函式，裡面從檔名去判斷要不要解壓縮，或是用試了不行就不做的邏輯來對付 *gzip* 檔。

同樣的，如果你有個 *.tar.gz* 的 FASTA 檔，你可以用 Python 的 tarfile 模組取代 glob，就可以把裡面的檔案一個個讀出來。唯一要注意的是，你得改用 bytes.decode 函式去解碼每一行，因為 tarfile 是以 bytes 型態回傳而不是 text 型態。

索引

※ 提醒您：由於翻譯書排版的關係，部份索引名詞的對應頁碼會和實際頁碼有一頁之差。

符號

A

B

C

D

E

F

G

H

I

J

K

L

M

N

O

P

Q

R

S

T

V

W

Y

關於作者

Juan Nunez-Iglesias 是一個自由顧問及澳洲 Melbourne 大學科學研究者，之前曾在 HHMI Janelia Farm（他和 Mitya Chklovskii 共事的地方）當研究助理，以及在南加大（在此向 Xianghong Jasmine Zhou 學習計算機生物學）的研究助理 / 博士研究生。他的主要研究興趣包括神經系統科學（neuroscience）及影像分析，以及生物訊息學（bioinformatics）及生物統計學（biostatistics）中的圖學方法。

Stéfan van der Walt 加洲大學資料科學柏克萊分校的助理研究員，以及南非 Stellenbosch 大學應用數學系的資深講師。他從事科學界開源軟體開發已超過十年，並且喜歡在研討會或工作坊教 Pyhton。Stéfan 是 scikit-imaget 的創立者，並且是 NumPy、SciPy 以及 cesium-ml 的貢獻者。

Harriet Dashnow 是個生物訊息專家，在 Melbourne 大學的生物化學部的 Murdoch Childrens Research Institute 及 Victorian Life Sciences Computation Initiative 中工作（VLSCI）。Harriet 具有 Melbourne 大學的心理學學士、遺傳與生物化學學士及生物訊息學碩士，她目前正為博士學位努力中。她也負責計算機技術工作坊的舉辦與教學，這些工作坊的主題包括基因、Software Carpentry、Python、R、Unix 及 Git 版本控制。

出版記事

本書封面動物是**天堂維達鳥**（*Vidua paradisaea*），或稱長尾天堂維達鳥。可以在東非南蘇丹和安哥拉南部，找到這種長得像小麻雀的鳥。

雄性與雌性天堂維達鳥在繁殖季之外幾乎無法分辨。但繁殖季來臨時，雄性會為繁殖換新羽毛，此時羽色蛻變為黑頭、棕胸、脖子頸背亮黃色以及腹部白色，並且有幾乎是身長三倍的黑尾。

維達天堂鳥在綠翅班腹雀的巢中寄生，雄性會模仿雄性綠翅班腹雀的鳥歌，因為雄性綠翅班腹雀更大隻且更大聲，引吸寄生巢綠翅班腹雀父母給予更多關注。巢寄生這個天性讓維達天堂鳥難以大量圈養，不過雄性維達天堂鳥在美國或其它國家，常常被當成寵物鳥販賣，維達天堂鳥被評為生存無危。

優雅的 SciPy｜Python 科學研究的美學

作　　者：Juan Nunez-Iglesias, Stefan van der Walt,
Harriet Dashnow
譯　　者：張靜雯
企劃編輯：蔡彤孟
文字編輯：詹祐甯
設計裝幀：陶相騰
發 行 人：廖文良

發 行 所：碁峰資訊股份有限公司
地　　址：台北市南港區三重路 66 號 7 樓之 6
電　　話：(02)2788-2408
傳　　真：(02)8192-4433
網　　站：www.gotop.com.tw
書　　號：A515
版　　次：2018 年 05 月初版
建議售價：NT$580

商標聲明：本書所引用之國內外公司各商標、商品名稱、網站畫面，其權利分屬合法註冊公司所有，絕無侵權之意，特此聲明。

版權聲明：本著作物內容僅授權合法持有本書之讀者學習所用，非經本書作者或碁峰資訊股份有限公司正式授權，不得以任何形式複製、抄襲、轉載或透過網路散佈其內容。
版權所有 ● 翻印必究

國家圖書館出版品預行編目資料

優雅的 SciPy：Python 科學研究的美學 / Juan Nunez-Iglesias, Stefan van der Walt, Harriet Dashnow 原著；張靜雯譯. -- 初版. -- 臺北市：碁峰資訊, 2018.05
面；　公分
譯自：Elegant SciPy
ISBN 978-986-476-787-8(平裝)
1.Python(電腦程式語言)
312.32P97　　107004670

讀者服務

- 感謝您購買碁峰圖書，如果您對本書的內容或表達上有不清楚的地方或其他建議，請至碁峰網站:「聯絡我們」\「圖書問題」留下您所購買之書籍及問題。(請註明購買書籍之書號及書名，以及問題頁數，以便能儘快為您處理)
http://www.gotop.com.tw

- 售後服務僅限書籍本身內容，若是軟、硬體問題，請您直接與軟體廠商聯絡。

- 若於購買書籍後發現有破損、缺頁、裝訂錯誤之問題，請直接將書寄回更換，並註明您的姓名、連絡電話及地址，將有專人與您連絡補寄商品。

- 歡迎至碁峰購物網
http://shopping.gotop.com.tw
選購所需產品。